高等职业教育“十三五”系列教材
高等职业院校建筑工程技术专业推荐教材

钢筋混凝土工程施工

白小斐　主编
雷海涛　赵迪　副主编

中国建筑工业出版社

图书在版编目（CIP）数据

钢筋混凝土工程施工 / 白小斐主编 ；雷海涛，赵迪副主编. — 北京 ：中国建筑工业出版社，2023.4

高等职业教育“十三五”系列教材 高等职业院校建筑工程技术专业推荐教材

ISBN 978-7-112-28406-1

Ⅰ.①钢… Ⅱ.①白… ②雷… ③赵… Ⅲ.①钢筋混凝土-混凝土施工-高等职业教育-教材 Ⅳ.①TU755

中国国家版本馆CIP数据核字（2023）第031303号

本书主要讲述施工员和质量员工作岗位在钢筋混凝土结构工程中应具备的施工指导、质量检查与验收能力。共分六个单元：独立基础施工、框架柱施工、框架梁施工、现浇板施工、现浇楼梯施工、剪力墙施工。编写理念是以小型框架剪力墙结构项目为案例进行编写，以房屋六大基本构件——基础、柱、墙、梁、板、楼梯为六大单元。

本书中的单位，除特别说明外，均为毫米（mm）。

本书教师课件获取方式为邮箱：350441803@qq.com。

责任编辑：徐仲莉 李天虹

责任校对：李美娜

高等职业教育“十三五”系列教材

高等职业院校建筑工程技术专业推荐教材

钢筋混凝土工程施工

白小斐 主编

雷海涛 赵迪 副主编

*

中国建筑工业出版社出版、发行（北京海淀三里河路9号）

各地新华书店、建筑书店经销

北京鸿文瀚海文化传媒有限公司制版

建工社（河北）印刷有限公司印刷

*

开本：787毫米×1092毫米 1/16 印张：17¼ 插页：14 字数：493千字

2023年5月第一版 2023年5月第一次印刷

定价：**69.00**元（赠教师课件）

ISBN 978-7-112-28406-1

（40856）

前 言

为深入推进习近平新时代中国特色社会主义思想进课程教材，依据《习近平新时代中国特色社会主义思想进课程教材指南》，同时为深入贯彻落实国务院《国家职业教育改革实施方案》（国发〔2019〕4 号）提出："建设一大批校企'双元'合作开发的国家规划教材，倡导使用新型活页式、工作手册式教材并配套开发信息化资源"文件精神，结合高职院校教材规划以及国家土建施工类教学标准和岗位标准《建筑与市政工程施工现场专业人员职业标准》JGJ/T 250—2011 编写本教材。

《钢筋混凝土工程施工》是高职院校土建施工类专业一门非常重要的专业核心课程，主要对接施工员和质量员岗位，旨在提高学生工种施工、质量检查与验收、施工管理三个方面的核心职业能力。而传统教材多以钢筋、模板、混凝土三大章节理论知识为主线，无法满足教学需求。因此本教材编写团队依据"项目引领，技能提升"的课程目标，按照生产实际和岗位需求编写该新型工作手册式教材，细化和疏理完成项目任务所需的岗位职业能力作为教材最小单元，按照房屋六大结构构件将课程内容整合为：项目 1 独立基础、项目 2 框架柱、项目 3 框架梁、项目 4 现浇板、项目 5 现浇楼梯和项目 6 剪力墙施工六个平行项目，形成本教材。

本教材特色：

1. 以"匠心筑造绿色建筑"为思政主题，对学生进行"绿色低碳·绿色施工"的思政教育。对接建筑行业施工现行国家标准《混凝土结构工程施工规范》GB 50666 和《混凝土结构工程施工质量验收规范》GB 50204，培养学生质量意识；引进建筑行业铝模板施工技术和现行国家标准《建筑工程绿色施工规范》GB/T 50905，培养学生绿色施工意识，充分体现建筑行业"四新"和岗位技能要求。

2. 以真实项目案例统领教材，校企人员共同确定本教材对应的岗位职责和典型工作任务，细化和疏理完成典型工作任务所需的岗位职业能力，以职业能力作为最小教材单元进行教材开发，教材内容注重对接国家标准和行业标准。

3. 教材编写实现三对接，即工作任务与学习任务的对接、工作标准与学习标准的对接、工作过程与学习过程的对接，提高职业院校教育教学的针对性，突出职业教育教材的类型特征，满足学校教学和企业一线培训使用。

4. 本教材采用新一代信息技术构建新的教材形态和多元的内容呈现方式，支撑职业教育多元混合式和项目化教学改革，使提高学生实践能力真正落地。

本书由咸阳职业技术学院白小斐任主编，咸阳职业技术学院雷海涛、赵迪任副主编。参加编写的人员：咸阳职业技术学院朱凤君、段薇薇、姚书闲、韩蕊、赵小雨、房伟、陈彤瑞，陕西工业职业技术学院侯经文，宝鸡职业技术学院贾虹，陕西能源职业技术学院张京，编写分工如下。

项目 A：白小斐；项目 B：贾虹、白小斐、朱凤君、韩蕊；项目 C：白小斐；项目 D：雷海涛、白小斐、段薇薇、赵小雨；项目 E：侯经文、白小斐、房伟、姚书闲；项目 F：赵迪、白小斐、张京、陈彤瑞；附录：白小斐。全书由白小斐整理统稿，陕西建工集团有限公司总工石会荣和咸阳职业技术学院许方伟老师主审。

由于作者水平有限，编写中的疏漏和不足在所难免，敬请读者提出宝贵意见，以利再版时修改。

目 录

A 独立基础施工

工作任务描述

进行本工程项目钢筋混凝土独立基础施工，工程项目图纸见附图。

工作任务分解

1. 钢筋混凝土独立基础整体工艺流程

放线→独立基础钢筋安装→独立基础模板及支撑安装→独立基础混凝土施工→独立基础模板及支撑拆除。

2. 钢筋混凝土独立基础施工可分解为

（1）工作任务 A-1 独立基础钢筋施工。

（2）工作任务 A-2 独立基础模板安装与拆除。

（3）工作任务 A-3 独立基础混凝土施工。

工作任务实施

工作任务 A-1 独立基础钢筋施工

工作任务描述

进行独立基础钢筋施工。

工作任务分解

（1）职业能力 A-1-1 能识读独立基础施工图。

（2）职业能力 A-1-2 能进行独立基础钢筋进场验收。

（3）职业能力 A-1-3 能进行独立基础钢筋下料。

（4）职业能力 A-1-4 能进行独立基础钢筋加工。

（5）职业能力 A-1-5 能进行独立基础钢筋连接及验收。

（6）职业能力 A-1-6 能进行独立基础钢筋安装及验收。

工作 任务实施

职业能力 A-1-1 能识读独立基础施工图

【学习目标】

（1）掌握《混凝土结构施工图平面整体表示方法制图规则和构造详图（独立基础、条形基础、筏形基础、桩基础）》22G101-3（以下简称22G101-3）独立基础平法施工图制图规则。

（2）能识读独立基础施工图。

【基础知识】

《混凝土结构施工图平面整体表示方法制图规则和构造详图（独立基础、条形基础、筏形基础、桩基础）》22G101-3独立基础平法施工图制图规则原文重点摘录。

2.1 独立基础平法施工图的表示方法

2.1.1 独立基础平法施工图，有平面注写、截面注写和列表注写三种表达方式，设计者可根据具体工程情况选择一种，或两种方式相结合进行独立基础的施工图设计。

2.2 独立基础编号

2.2.1 各种独立基础编号按表2.2规定。

表2.2 独立基础编号

类型	基础底板截面形状	代号	序号
普通独立基础	阶形	DJ_J	××
	锥形	DJ_Z	××
杯口独立基础	阶形	BJ_J	××
	锥形	BJ_Z	××

2.3 独立基础的平面注写方式

2.3.1 独立基础的平面注写方式，分为集中标注和原位标注两部分内容。

2.3.2 普通独立基础和杯口独立基础的集中标注，系在基础平面图上集中引注：基础编号、截面竖向尺寸、配筋三项必注内容，以及基础底面标高（与基础底面基准标高不同时）和必要的文字注解两项选注内容。

素混凝土普通独立基础的集中标注，除无基础配筋内容外均与钢筋混凝土普通独立基础相同。

独立基础集中标注的具体内容规定如下：

1. 注写独立基础编号（必注内容），见表2.2。

独立基础底板的截面形状通常有两种：

（1）阶形截面编号加下标“J”，如.DJ_J××、BJ_J××。

（2）锥形截面编号加下标“Z”，如DJ_Z××、BJ_Z××。

2. 注写独立基础截面竖向尺寸（必注内容）。下面按普通独立基础和杯口独立基础分别进行说明。

(1) 普通独立基础。注写 h_1/h_2……，具体标注为：

1) 当基础为阶形截面时，见示意图 2.3.2-1。

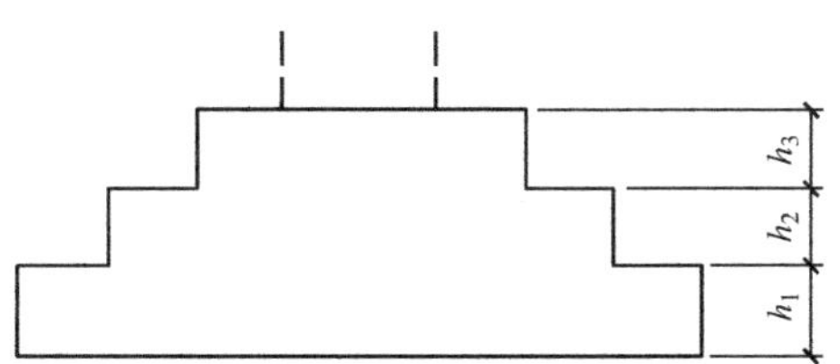

图 2.3.2-1 阶形截面普通独立基础竖向尺寸

【例】 当阶形截面普通独立基础 DJ_J××的竖向尺寸注写为 400/300/300 时，表示 h_1=400、h_2=300、h_3=300，基础底板总高度为 1000。

上例及图 2.3.2-1 为三阶。当为更多阶时，各阶尺寸自下而上用“/”分隔顺写。

当基础为单阶时，其竖向尺寸仅为一个，即为基础总高度，见示意图 2.3.2-2。

2) 当基础为锥形截面时，注写为用 h_1/h_2，见示意图 2.3.2-3。

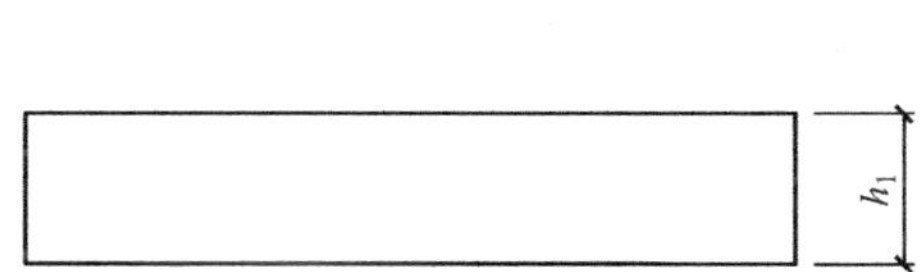

图 2.3.2-2 单阶普通独立基础竖向尺寸

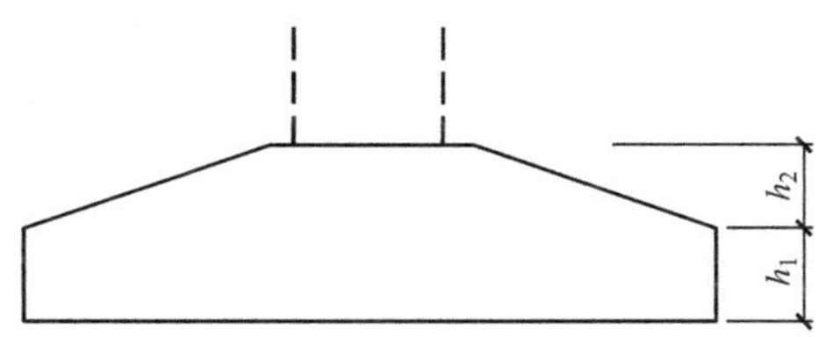

图 2.3.2-3 锥形截面普通独立基础竖向尺寸

【例】 当锥形截面普通独立基础 DJ_Z××的竖向尺寸注写为 350/300 时，表示 h_1=350、h_2=300，基础底板总高度为 650。

(2) 杯口独立基础：(略)。

3. 注写独立基础配筋（必注内容）。

(1) 注写独立基础底板配筋。普通独立基础和杯口独立基础的底部双向配筋注写规定如下：

1) 以 B 代表各种独立基础底板的底部配筋。

2) X 向配筋以 X 打头、Y 向配筋以 Y 打头注写。当两向配筋相同时，则以 X&Y 打头注写。

【例】 当独立基础底板配筋标注为：B：X⏀16@150，Y⏀16@200。表示基础底板底部配置 HRB400 级钢筋，X 向钢筋直径为 16，间距 150。Y 向钢筋直径为 16，间距 200。见示意图 2.3.2-10。

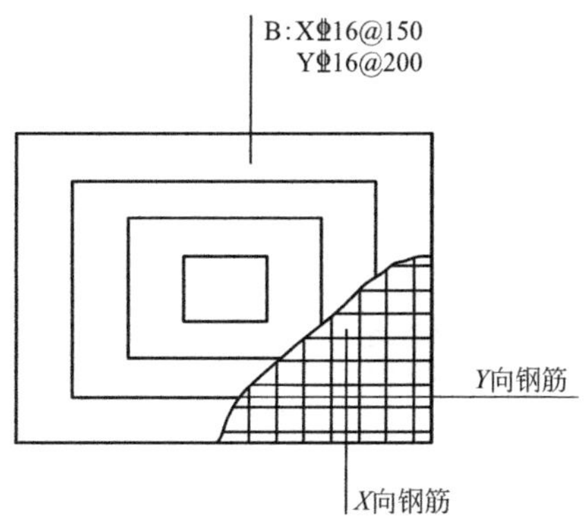

图 2.3.2-10 独立基础底板底部双向配筋示意

4. 注写普通独立基础带短柱竖向尺寸及钢筋。当独立基础埋深较大，设置短柱时，短柱配筋应注写在独立基础中。具体注写规定如下：

1）以 DZ 代表普通独立基础短柱。

2）先注写短柱纵筋，再注写箍筋，最后注写短柱标高范围。注写为：角筋/长边中部筋/短边中部筋，箍筋，短柱标高范围。当短柱水平截面为正方形时，注写为：角筋/X 边中部筋/Y 边中部筋，箍筋，短柱标高范围。

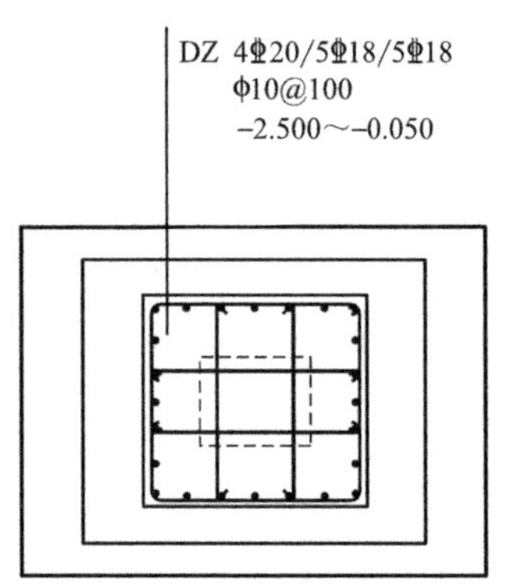

图 2.3.2-15　独立基础短柱配筋示意

【例】 当短柱配筋标注为：DZ：4Φ20/5Φ18/5Φ18，ϕ10@100，−2.500～−0.050。表示独立基础的短柱设置在−2.500～−0.050 高度范围内，配置 HRB400 级竖向纵筋和 HPB300 级箍筋。其竖向纵筋为：4Φ20 角筋、5Φ18X 边中部筋和 5Φ18Y 边中部筋。其箍筋直径为 10，间距 100，见示意图 2.3.2-15。

5. 注写基础底面标高（选注内容）。当独立基础的底面标高与基础底面基准标高不同时，应将独立基础底面标高直接注写在“（）”内。

6. 必要的文字注解（选注内容）。当独立基础的设计有特殊要求时，宜增加必要的文字注解。例如，基础底板配筋长度是否采用减短方式等，可在该项内注明。

2.3.3　钢筋混凝土和素混凝土独立基础的原位标注，系在基础平面布置图上标注独立基础的平面尺寸。对相同编号的基础，可选择一个进行原位标注。当平面图形较小时，可将所选定进行原位标注的基础按比例适当放大。其他相同编号者仅注编号。

原位标注的具体内容规定如下：

1. 普通独立基础。原位标注 x、y，x_c、y_c（或圆柱直径 d_c），x_i、y_i，$i=1$，2，3……其中，x、y 为普通独立基础两向边长，x_c、y_c 为柱截面尺寸，x_i、y_i 为阶宽或锥形平面尺寸（当设置短柱时，尚应标注短柱的截面尺寸）。

对称阶形截面普通独立基础的原位标注，见图 2.3.3-1。非对称阶形截面普通独立基础的原位标注，见图 2.3.3-2。设置短柱独立基础的原位标注，见图 2.3.3-3。

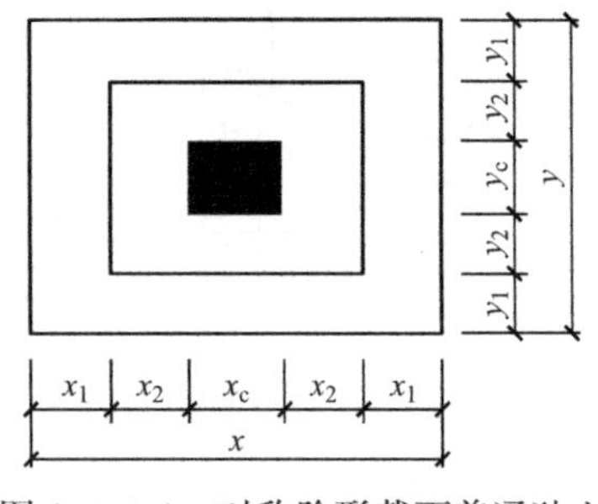

图 2.3.3-1　对称阶形截面普通独立基础原位标注

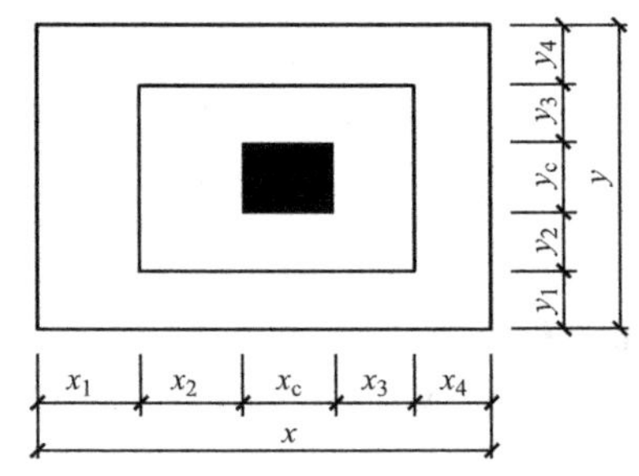

图 2.3.3-2　非对称阶形截面普通独立基础原位标注

对称锥形截面普通独立基础的原位标注，见图 2.3.3-4。非对称锥形截面普通独立基础的原位标注，见图 2.3.3-5。

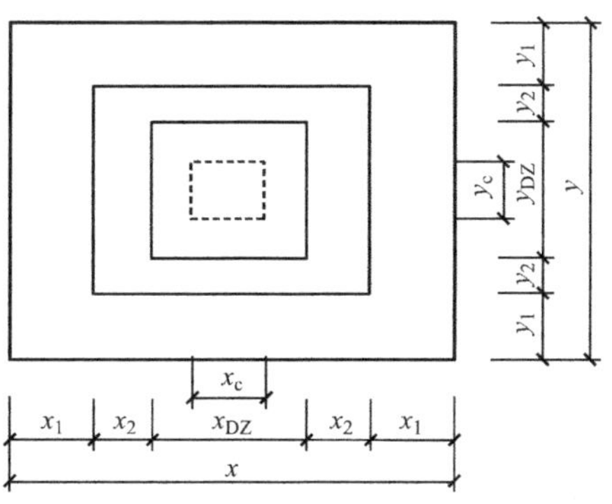

图 2.3.3-3 带短柱独立基础的原位标注

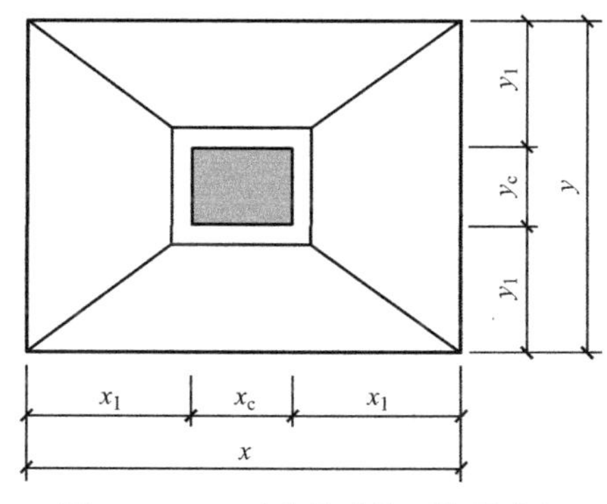

图 2.3.3-4 对称锥形截面普通独立基础原位标注

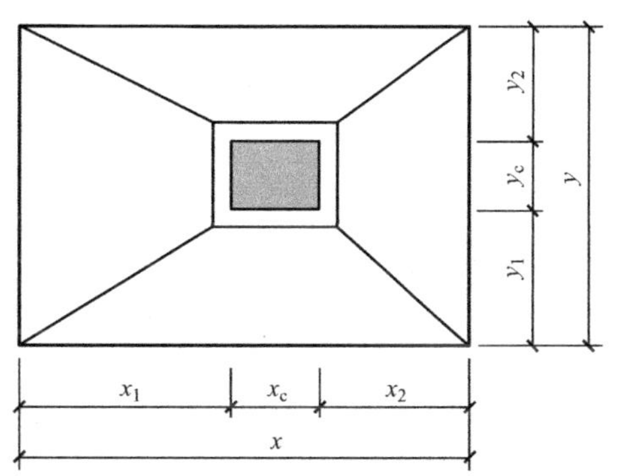

图 2.3.3-5 非对称锥形截面普通独立基础原位标注

2.3.4 普通独立基础采用平面注写方式的集中标注和原位标注综合设计表达示意，见图 2.3.4-1。

带短柱独立基础采用平面注写方式的集中标注和原位标注综合设计表达示意，见图 2.3.4-2。

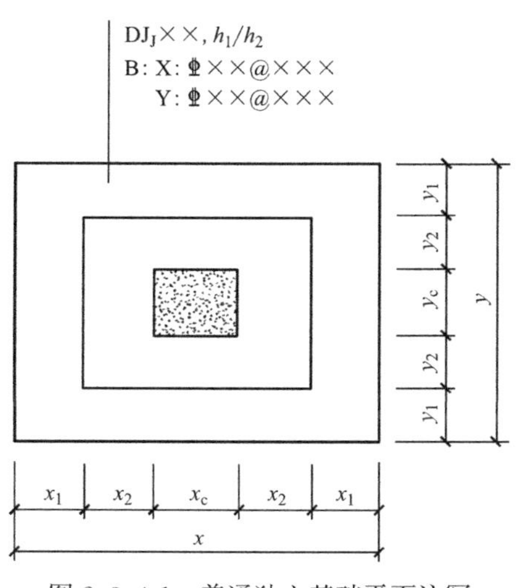

图 2.3.4-1 普通独立基础平面注写方式设计表达示意

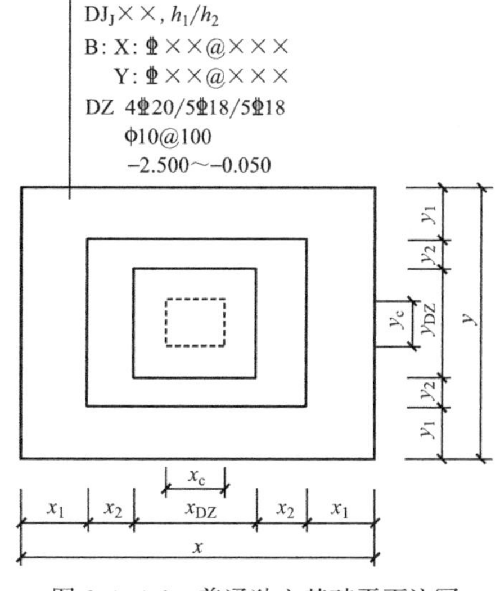

图 2.3.4-2 普通独立基础平面注写方式设计表达示意

2.3.6 独立基础通常为单柱独立基础，也可为多柱独立基础（双柱或四柱等）。多柱独立基础的编号、几何尺寸和配筋的标注方法与单柱独立基础相同。

当为双柱独立基础且柱距较小时，通常仅配置基础底部钢筋。当柱距较大时，除基础底部配筋外，尚需在两柱间配置基础顶部钢筋或设置基础梁。当为四柱独立基础时，通常可设置两道平行的基础梁，需要时可在两道基础梁之间配置基础顶部钢筋。

多柱独立基础顶部配筋和基础梁的注写方法规定如下：

1. 注写双柱独立基础底板顶部配筋。双柱独立基础的顶部配筋，通常对称分布在双柱中心线两侧。以大写字母“T”打头，注写为：双柱间纵向受力钢筋/分布钢筋。当纵向受力钢筋在基础底板顶面非满布时，应注明其总根数。

【例】 T：9⌀18@100/ϕ10@200。表示独立基础顶部配置纵向受力钢筋 HRB400 级，直径为 18，设置 9 根，间距 100。分布筋 HPB300 级，直径为 10，间距 200。见示意图 2.3.6-1。

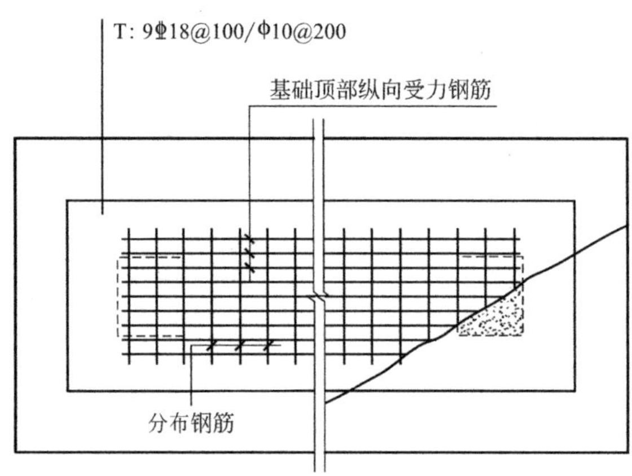

图 2.3.6-1 双柱独立基础顶部配筋示意

2. 注写双柱独立基础的基础梁配筋。当双柱独立基础为基础底板与基础梁相结合时，注写基础梁的编号、几何尺寸和配筋。如 JL××（1）表示该基础梁为 1 跨，两端无外伸。JL××（1A）表示该基础梁为 1 跨，一端有外伸。JL××（1B）表示该基础梁为 1 跨，两端均有外伸。

通常情况下，双柱独立基础宜采用端部有外伸的基础梁，基础底板则采用受力明确、构造简单的单向受力配筋与分布筋。基础梁宽度宜比柱截面宽不小于 100（每边不小于 50）。

基础梁的注写规定与条形基础的基础梁注写规定相同，详见本规则第 3 章的相关内容。注写示意图见图 2.3.6-2。

3. 注写双柱独立基础的底板配筋。双柱独立基础底板配筋的注写，可以按条形基础底板的注写规定（详见本规则第 3 章的相关内容），也可以按独立基础底板的注写规定。

4. 注写配置两道基础梁的四柱独立基础底板顶部配筋。当四柱独立基础已设置两道平行的基础梁时，根据内力需要可在双梁之间及梁的长度范围内配置基础顶部钢筋，注写为：梁间受力钢筋/分布钢筋。

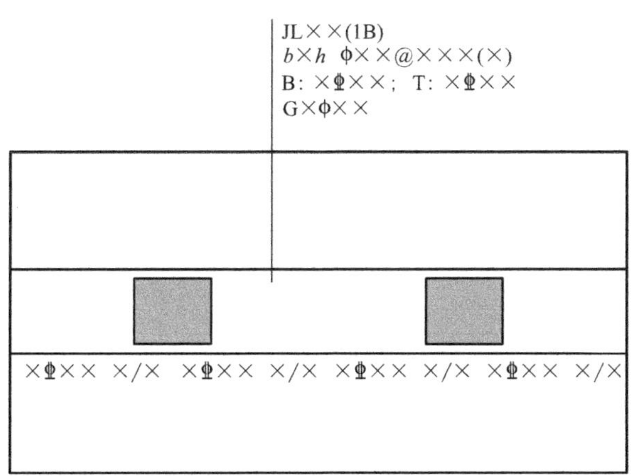

图 2.3.6-2 双柱独立基础的基础梁配筋注写示意

【例】T：Φ16@120/ф10@200。表示在四柱独立基础顶部两道基础梁之间配置受力钢筋 HRB400 级，直径为 16，间距 120。分布筋 HPB300 级，直径为 10，分布间距 200。见示意图 2.3.6-3。

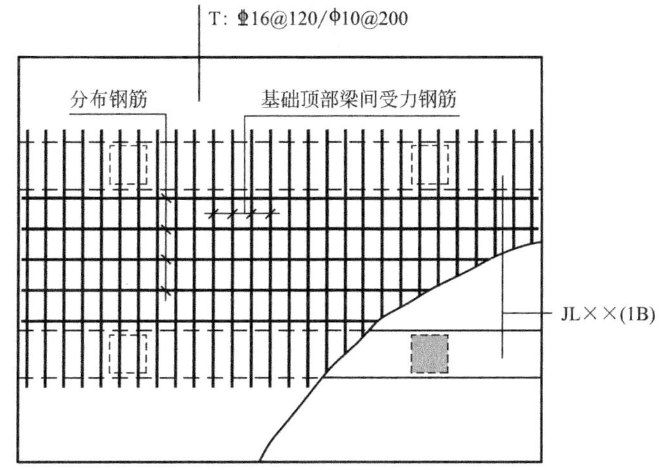

图 2.3.6-3 四柱独立基础底板顶部基础梁间配筋注写示意

平行设置两道基础梁的四柱独立基础底板配筋，也可按双梁条形基础底板配筋的注写规定（详见本规则第一部分第 3 章的相关内容）。

【实践操作】

1. 教师演示

（1）读图整体思路是先建筑施工图（以下简称建施）后结构施工图（以下简称结施）。

在读结构施工图之前，应该先通过读建筑施工图了解工程整体概况，由于本教材主要研究结构部分，关于建筑施工图的识读，读者可以自行完成，也可根据本职业能力【拓展 3】的指导进行。

（2）结构施工图的组成及读图顺序是什么？

封皮、目录、混凝土结构设计说明、基础平面布置图和基础配筋图、柱平面布置图和柱配筋图（或剪力墙平面布置图和剪力墙配筋图）、结构平面布置图（即梁板平面布置图）和梁配筋图与板配筋图、楼梯详图。

说明：在读本工程项目附录图纸结施-03 之前应该先读封皮、目录、混凝土结构设计说明，特别是混凝土结构设计说明。

（3）读结施-03 基础平面布置图具体如表 A-1 所示。

独立基础施工图识读 **表 A-1**

步骤	操作及说明	标准与指导	备注
(1)读图名、比例、注释	基础平面布置图、1∶100、注释(注释 1. 基础底面标高为－1.500m,注释 2. 基础垫层为 100 厚 C15 素混凝土,基础说明二关键信息,基础类型柱下独立基础)	要求查找迅速、准确； 注释只找标高、尺寸、材料等关键信息,多于三点用速读法浏览即可,后面用到哪条看哪条	
(2)读总长、总宽、轴线	总长 45800,总宽 18100。 纵向轴线 A-M,横向轴线 1-13	要求查找迅速、准确	
(3)读构件的尺寸和配筋	独立基础中构件只有 DJ_Z(锥形独立基础),以 DJ_Z06 为例先找其集中标准,由下到上 $h_1=300mm$,$h_2=200mm$,B 表示底部钢筋 X 和 Y 方向均配置钢筋 HRB400 级,直径为 12mm,间距均为 110mm	根据独立基础构造知,构件主要为 DJ_Z	
(4)从左到右、从下到上读构件名称、细部尺寸、特殊部位	可以发现在 G-F 轴交 1 轴段有 JL1(基础梁 1),基础梁宽 400,基础梁高 700,箍筋为三级钢筋,直径为 10mm,间距为 100mm,四肢箍	该步骤是对上一步骤的查漏补缺,目的是看除构件 DJ_Z 外还有其他什么特殊的构件代号或图线,需要重点细读	
(5)从施工角度说明基础平面图涉及哪些工种？如何计算各自的工程量？	例如:混凝土体积如何计算？ DJ_Z06 第一阶为长方体,体积$=2900\times2900\times300=2.523(m^3)$。 第二阶为四棱台,体积$=[S_上+S_下+\sqrt{(S_上\times S_下)}]\times h/3=0.687(m^3)$。 DJ_Z06 体积$=2.523+0.687=3.21(m^3)$	还可以思考:土方工程的土工(基坑开挖、地基处理、土方回填)、混凝土工(混凝土量)、钢筋工(钢筋量)、木工(支模量)等	还可思考一下模板用什么类型、怎么施工、需要多少人工工期等。 钢筋怎么加工、怎么安装、需要多少人工工期等。 但考虑到钢筋和模板工程量计算都是系统工程,所以在读图时可以不用考虑这么多,留至编制施工方案或编制钢筋配料单时进行

注：附录的本工程项目图纸按照《混凝土结构施工图平面整体表示方法制图规则和构造详图（独立基础、条形基础、筏形基础、桩基础）》16G101-3 进行设计，图中独立基础 DJ_P06（表示坡形独立基础 06），在《混凝土结构施工图平面整体表示方法制图规则和构造详图（独立基础、条形基础、筏形基础、桩基础）》22G101-3 中命名改为 DJ_Z06（表示锥形独立基础 06），下同。

2. 学生实施

依据教师所给任务进行独立基础施工图识读。

3. 验收与评价

教师根据学生识读图纸完成情况进行打分与点评。

【课后拓展】

【拓展 1】 由总长、总宽可以确定基础的大小，然后垫层外放 100，灰土垫层地基外放 1000，取大值即可确定需要开挖基坑底部的大小。

以 DJ_Z06 为例，基坑底部垫层大小为 3100×3100，详细过程请同学们自己思考。

【拓展 2】 垫层底标高是多少？

−1.6m（请同学们自行计算）。

【拓展 3】 建筑平面图的读图方法是什么？

（1）图名、比例、指北针。

（2）总长、总宽、轴线。

（3）出入口。

（4）墙、柱的材料及尺寸。

（5）从左到右、从下到上读细部尺寸。

（6）涉及哪些工种？如何计算各自的工程量？

职业能力 A-1-2 能进行独立基础钢筋进场验收

【学习目标】

（1）能进行独立基础钢筋进场资料与外观验收。

（2）能进行独立基础钢筋进场复试的抽样工作。

04教学视频

【基础知识】

1. 钢筋的种类

按生产工艺分为热轧钢筋、冷轧带肋钢筋、冷轧扭钢筋、钢绞丝、消除应力钢丝、热处理钢筋等。

建筑工程中常用的钢筋按轧制外形可分为光面钢筋和变形钢筋（螺纹、人字纹及月牙纹）。

按化学成分，钢筋可分为碳素钢钢筋和普通低合金钢钢筋。碳素钢钢筋按含碳量多少，又可分为低碳钢、中碳钢、高碳钢钢筋，随着含碳量增加，钢筋强度和硬度增大，但塑性和韧性降低，脆性增大，可焊性变差。普通低合金钢筋是在低碳钢和中碳钢中加入含量不超过 3%的某些合金元素（如钛、钒、锰等）冶炼而成。

按结构构件的类型不同，钢筋分为普通钢筋（热轧钢筋）和预应力钢筋。普通钢筋按强度分为四种，级别越高，强度及硬度越高，塑性则逐级降低。

钢筋按直径大小可分为钢丝（直径 3～5mm）、直径≥6mm 为钢筋。通常将直径 6～10mm 的钢筋制成盘圆。直径大于 12mm 的钢筋每根长度为 6～12m。

2. 钢筋进场验收要点

（1）主控项目验收

1）钢筋进场时，应按国家现行相关标准的规定抽取试件作屈服强度、抗拉强度、伸长率、弯曲性能和重量偏差检验，检验结果必须符合相关标准的规定。

检查数量：按进场批次和产品的抽样检验方案确定。

检验方法：检查质量证明文件（质量证明文件主要为产品合格证和出厂检验报告）和抽样复验报告。

2）成型钢筋进场时（成型钢筋的类型指箍筋、纵筋、焊接网、钢筋笼等），应抽取试件作屈服强度、抗拉强度、伸长率和重量偏差检验，检验结果必须符合相关标准的规定。

检查数量：同一工程、同一类型、同一原材料来源（即同一企业生产）、同一组生产设备生产的成型钢筋，检验批量不应大于30t。

检验方法：检查质量证明文件和抽样复检报告。

3）钢筋进场检验，当满足下列条件之一时，其检验批容量可扩大一倍：

① 经产品认证符合要求的钢筋。

② 同一工程、同一厂家、同一牌号、同一规格的钢筋、成型钢筋，连续三次进场检验均一次检验合格。

4）对按一、二、三级抗震等级设计的框架和斜撑构件（含梯段）中的纵向受力普通钢筋应采用HRB335E、HRB400E、HRB500E、HRBF335E、HRBF400E或HRBF500E钢筋，其强度和最大力下总伸长率的实测值应符合下列规定：

① 钢筋的抗拉强度实测值与屈服强度实测值的比值不应小于1.25。

② 钢筋的屈服强度实测值与屈服强度标准值的比值不应大于1.30。

③ 钢筋的最大力下总伸长率不应小于9%。

检查数量：按进场的批次和产品的抽样检验方案确定。

检查方法：检查抽样复验报告。

本条为强制性条文，必须严格执行。

（2）一般项目验收

钢筋应平直、无损伤，表面不得有裂纹、油污、颗粒状或片状老锈。

检查数量：全数检查。

检验方法：观察。

【实践操作】

1. 教师演示

独立基础钢筋进场验收如表A-2所示。

2. 技术交底

钢筋进场验收内容有资料验收、外观检验以及力学性能检验（复试）。

（1）资料验收。检查钢筋的产品合格证和出厂检验报告，每捆（或盘）钢筋的标牌（标明厂标、钢号、炉罐批号、规格等）。

独立基础钢筋进场验收　　表 A-2

步骤	操作及说明	标准与指导	备注
(1)资料验收	检查钢筋出厂检验报告和质量合格证。每捆(盘)钢筋应有标牌(由资料员负责)	出厂合格证要求填写齐全,不得漏填或填错,同时须填明批量。若批量较大时,提供的出厂合格证又较少时,可做复印件或抄件备查,并应注明原件证号、存放处,同时应有抄件人签字、抄件日期	
(2)外观检验	由质量员进行外观验收	钢筋应逐批检查,要求钢筋应平直、无损伤,其表面不得有生锈、裂纹、折叠、结疤、分层及夹杂。 带肋钢筋表面的标志应清晰明了,标志主要包括强度级别、厂名(汉语拼音字头表示)和直径(mm)数字	钢筋表面氧化铁皮(铁锈)质量不大于16kg/t
(3)力学性能检验(复试)	把同一厂别、同一炉罐号、同一规格、同一交货状态的每 30t 热轧钢筋(不足 30t 也应按一批计)作为一个验收批。 每一验收批应取拉伸试件 2 根,每根长 = $5d$ +(250～300),弯曲试件 2 根,每根长 = $5d$ + 150(由试验员进行抽样)	任选 2 盘(根),每盘钢筋先去掉端部 500mm 后,分别截取 1 根拉伸、1 根弯曲试样	检验如不合格,则应取双倍数量的试样进行复检,如仍有试样不合格,则该批钢筋不予验收通过

(2) 外观检验。要求钢筋应平直、无损伤，表面不得有裂纹、油污、结疤和折叠，表面不应有颗粒状或片状老锈，钢筋的外形尺寸应符合规定。

(3) 力学性能检验（复试）。对于热轧钢筋和热处理钢筋，在每批钢筋中任选 2 根，从每根钢筋中分别截取 2 个试样，1 根做抗拉试验，1 根做冷弯试验。抗拉试验主要测试钢筋的屈服强度、抗拉强度和伸长率，冷弯试验主要检测钢筋的塑性性能。检验结果应符合要求。

3. 安全技术交底

(1) 进入施工现场人员必须正确戴好合格的安全帽，系好下颚带，锁好带扣。严禁赤脚、穿拖鞋、高跟鞋、凉鞋等进入施工现场。严禁穿短裙、短裤、背心等进入施工现场，应穿长袖工服进入。女同学留长发者必须将长发盘好并戴好安全帽。

(2) 钢筋抽样复试应符合钢筋切断机安全操作规程要求。钢筋切断操作过程严禁嬉戏打闹，30cm 以内的短料必须用钳子夹住短料。

4. 人员分工

采用角色扮演，1 人扮演材料供应商，1 人扮演质量员，1 人扮演试验员，1 人扮演资料员，1 人扮演安全员，进行组内角色扮演。

5. 实施准备

材料、机具、验收规范及工作页和考核表等的实施准备如图 A-1 所示。

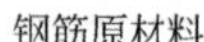
钢筋原材料

钢筋切断机

游标卡尺

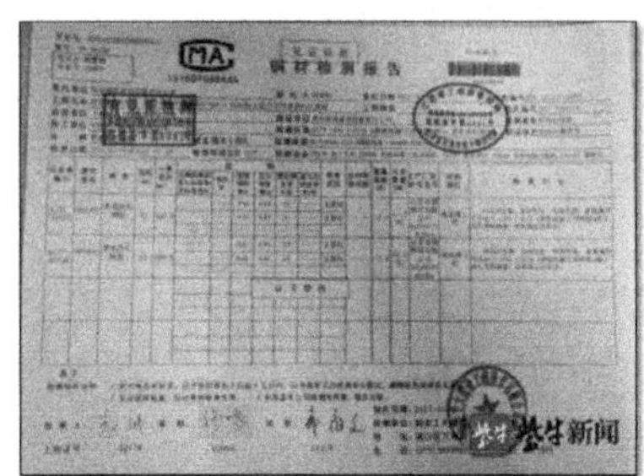
钢筋检测报告

验收规范

工作页和考核表

图 A-1　钢筋进场验收实施准备

6. 学生实施

依据教师所给任务单进行独立基础所需钢筋的进场验收，见附表 1，并组织小组成员进行自检与互检。实施过程中应符合以下要求：

（1）听从老师和组长指挥，能和其他组员以正确方式沟通交流，能积极帮助其他组员，体现出合作意识和团队精神。

（2）具有质量意识，能严格执行现行国家标准《混凝土结构工程施工质量验收规范》GB 50204 相关要求进行钢筋进场验收。

（3）具有安全意识，严格按照钢筋切断机安全操作规程要求进行抽样，钢筋切断操作过程中没有嬉戏打闹等不安全行为。

（4）具有文明施工和绿色施工意识，不浪费材料，工完场清，6S 标准。

7. 验收与评价

进行组内评价、小组互评、教师点评，见附表 2。出现不符合规范要求应及时分析原因并进行整改，必要时课后对关键环节和技能点进行强化练习。

【课后拓展】

【拓展】钢筋存放

钢筋进场后，必须严格按批分等级、牌号、直径、长度挂牌存放，不得混淆。钢筋应尽量堆入仓库或料棚内。堆放时钢筋下部应垫高，离地至少 20cm 高，以防止钢筋锈蚀。

职业能力 A-1-3 能进行独立基础钢筋下料

【学习目标】

（1）掌握独立基础钢筋下料的方法。

（2）能进行独立基础钢筋下料计算。

【基础知识】

1. 钢筋配料单的编制

钢筋配料是指识读工程图纸（结构施工图）、计算钢筋下料长度和编制配筋表。

钢筋配料单的编制步骤包括：

（1）熟悉图纸。

（2）计算钢筋下料长度。

（3）编制钢筋配料单（图 A-2）。

（4）制作钢筋配料牌（图 A-3）。

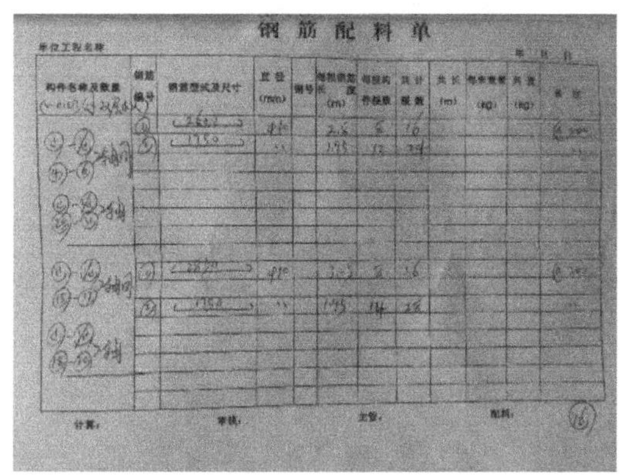

钢 筋 配 料 单

图 A-2 钢筋配料单

图 A-3 钢筋配料牌

2. 钢筋下料长度计算原则及规定

钢筋下料长度：是指图纸中成品钢筋应截取原材料钢筋的长度。

（1）钢筋长度。施工图（钢筋图）中所指的钢筋长度是钢筋外缘至外缘之间的长度，即外包尺寸（图 A-4）。

图 A-4 外包尺寸示意图

（2）混凝土保护层厚度。混凝土保护层厚度是指受力钢筋外边缘至混凝土表面的距离（其作用是保护钢筋在混凝土中不被锈蚀）。

混凝土保护层厚度，一般用水泥砂浆垫块或塑料卡垫在钢筋与模板之间来控制。水泥砂浆垫块见图 A-5。

塑料卡的形状有塑料垫块和塑料环圈两种，塑料卡见图 A-6。塑料环圈用于垂直构件，见图 A-7。塑料垫块用于水平构件，见图 A-8。

图 A-5　水泥砂浆垫块

图 A-6　塑料卡

图 A-7　塑料环圈

（3）钢筋接头增加值。由于钢筋直条的供货长度为 6～12m，而有些钢筋混凝土结构尺寸较大，需要对钢筋进行接长。

（4）弯曲量度差值。钢筋有弯曲时，在弯曲处的内侧发生收缩，外皮却出现延伸，而

图 A-8 塑料垫块

中心线则保持原有尺寸。

钢筋弯曲以后，存在一个量度差值，在计算下料长度时必须减去相应量值，见表 A-3。

钢筋弯曲量度差值表 表 A-3

钢筋弯曲角度	30°	45°	60°	90°	135°
钢筋弯曲调整值	0.35*d*(0.3*d*)	0.5*d*	0.85*d*(1*d*)	2*d*	2.5*d*(3*d*)

注："（）"内数值为常用近似值。

（5）钢筋弯钩增加值。受力钢筋弯钩形式最常用的有半圆弯钩、直弯钩和斜弯钩。受力钢筋弯钩增加长度见图 A-9。箍筋弯钩常为 135°，箍筋弯钩增加值为 12*d*。

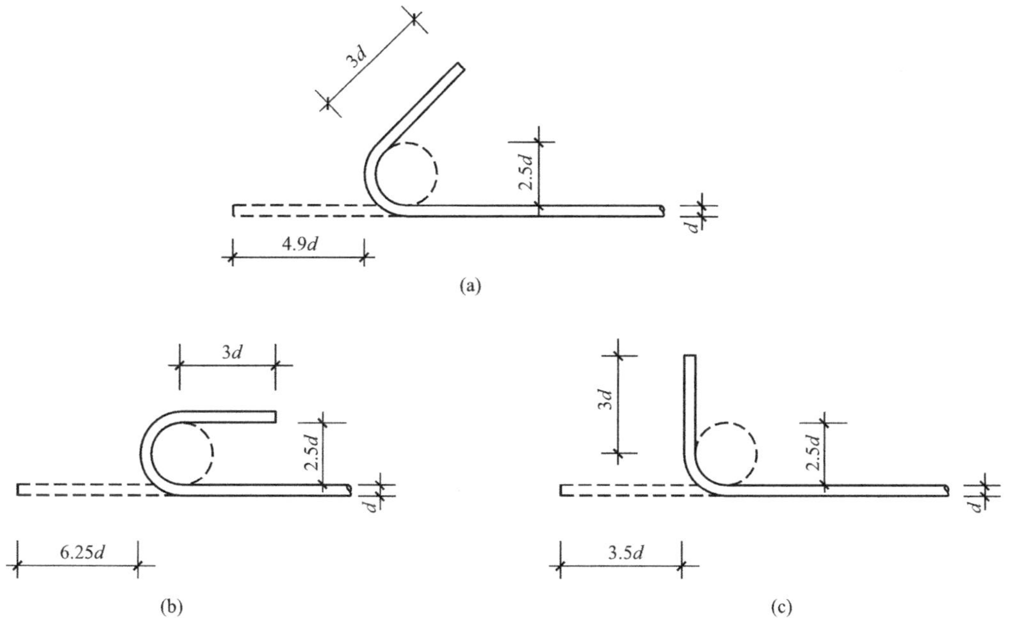

图 A-9 受力钢筋弯钩增加长度

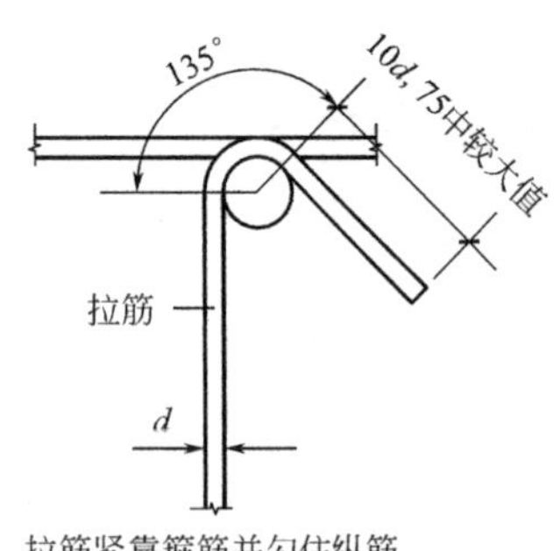

图 A-10　箍筋弯钩示意

受力钢筋的弯钩和弯折应符合下列要求：

除焊接封闭式箍筋外，箍筋末端应作弯钩，弯钩形式应符合设计要求，当无具体要求时，应符合下列要求：

① 箍筋弯钩的弯弧内直径除应满足上述要求外，尚应不小于受力钢筋直径。

② 箍筋弯钩的弯折角度：对于一般结构≥90°。对于有抗震要求的结构应为 135°，见图 A-10。

③ 箍筋弯后平直部分长度：对于一般结构不宜小于箍筋直径的 5 倍。对于有抗震要求的结构，不应小于箍筋直径的 10 倍和 75mm。

④ 箍筋弯钩增加值（表 A-4）

箍筋弯钩增加值　　　　**表 A-4**

箍筋形式	箍筋弯钩增加值
135°/135°	$7d$（$12d$）
90°/180°	$7d$（$12d$）
90°/90°	$5.5d$（$10.5d$）

注：表中括号内数值为抗震时箍筋弯钩增加值

（6）钢筋下料长度计算：

直筋下料长度＝构件长度－保护层厚度＋弯钩增加长度＋搭接长度；

弯起钢筋下料长度＝直段长度＋斜段长度－弯折减少长度＋弯钩增加长度＋搭接长度；

箍筋下料长度＝直段长度－弯折减少长度＋弯钩增加长度。

06教学视频

3. 钢筋配料过程中应注意的事项

钢筋配料过程中应注意的事项主要有以下几条：

（1）归整相同规格和材质的钢筋。

（2）合理利用钢筋的接头位置。对于有接头的配料，在满足构件中接头的对接焊或搭接长度，接头错开的前提下，必须根据钢筋原材料的长度来考虑接头的布置。如果能使一根钢筋正好分成几段钢筋的下料长度，则是最佳方案。一般余 0.4m 以下为废料。

（3）钢筋配料应注意的事项：

配料计算时，在满足设计要求的前提下要考虑钢筋的形状和尺寸，要有利于加工安装。配料时，要考虑施工需要的附加钢筋。如板双层钢筋中保证上层钢筋位置的撑脚（马凳筋）。

根据钢筋下料长度计算结果和配料选择后，汇总编制钢筋配料单。在钢筋配料单中必须反映工程部位、构件名称、钢筋编号、钢筋简图及尺寸、钢筋直径、钢号、数量、下料长度、钢筋重量等。列入加工计划的配料单，将每一编号的钢筋制作一块料牌作为钢筋加工的依据。

【实践操作】

1. 教师演示

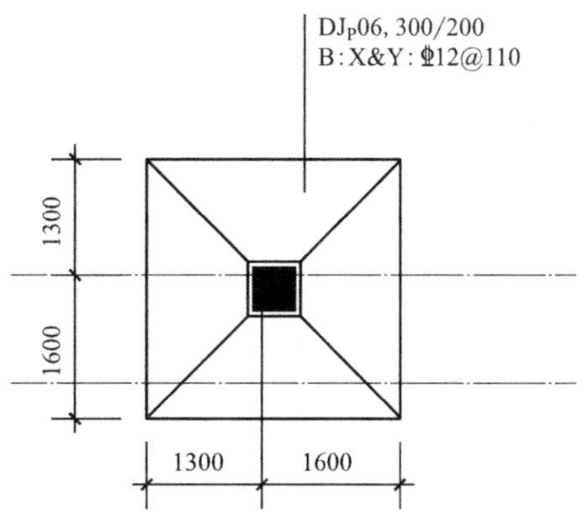

图 A-11 DJ_Z06（即 DJ_P06）平面图

独立基础钢筋计算分为两部分：一部分为底板钢筋的计算，另一部分为柱子根部钢筋的计算。所以在进行基础钢筋计算时，还必须考虑柱子的施工需要。以 2 轴与 M 轴交点位置 DJ_Z06 为例，见图 A-11。

（1）基础底板钢筋计算

1）基础底板钢筋长度计算

钢筋下料长度＝构件长－两端保护层厚度 $2c$＋弯钩增加长度（当底板筋为光圆钢筋两端做 180°弯钩时），其中 c 为混凝土保护层厚度。

X 向底板钢筋长＝$x-2c$＝（1300＋1600）－2×40＝2820（mm）（c 取值查阅结施-01 混凝土结构设计说明十条 3 点知，基础混凝土保护层厚度为 40mm）。

Y 向底板钢筋长＝$y-2c$＝（1300＋1600）－2×40＝2820（mm）。

同时，依据 22G101-3 独立基础底板配筋长度减短 10％的构造规定，由于该基础柱中心到基础边距离＞1250 需要减短 10％，即 2820－282＝2538（mm）。

2）基础底板钢筋根数计算

钢筋根数：X 方向钢筋根数＝$\left[y-2\times\min\left(75,\ \frac{s'}{2}\right)\right]$/间距＋1＝（2900－110）/110＋1＝26（根）。

Y 方向钢筋根数＝$\left[x-2\times\min\left(75,\ \frac{s}{2}\right)\right]$/间距＋1＝26（根）。

3）计算减短 10％和原长度钢筋的根数

注：s 为 Y 方向钢筋的间距，s' 为 X 方向钢筋的间距。

合计：减短 10％钢筋共 48 根，原长度 2820mm 钢筋共 4 根。

（2）框架柱在基础中插筋长度计算

1）框架柱在基础中插筋长度计算与基础保护层厚度、基础底面至基础顶面的高度有关，分为以下四种情况：

① 当插筋保护层厚度＞$5d$，且基础高度 h_j 满足直锚时，见图 A-12。

柱插筋长度＝h_j－保护层厚度 c－基础双向底板钢筋直径＋max（$6d$，150）＋非连接区 max（Hn/6，hc，500）＋搭接长度（若采用搭接连接时有）

其中，Hn 为首层柱净高，hc 指柱截面长边尺寸，基础内箍筋间距≤500，且不少于两道矩形封闭箍筋（非复合箍）。

② 当插筋保护层厚度≤$5d$，且基础高度 h_j 满足直锚时，见图 A-13。

柱插筋长度＝h_j－保护层厚度 c－基础双向底板钢筋直径＋max（$6d$，150）＋非连接区 max（Hn/6，hc，500）＋搭接长度（若采用搭接连接时有）

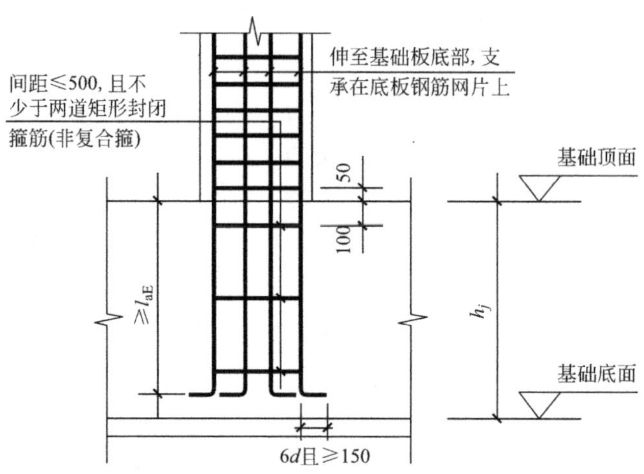

图 A-12 保护层厚度>5d 且基础高度满足直锚

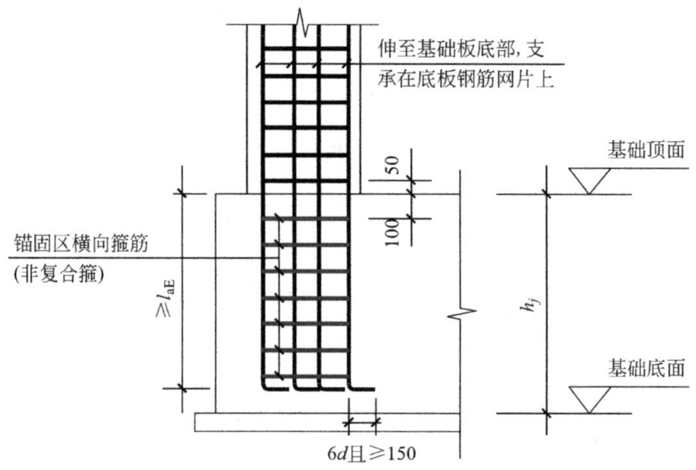

图 A-13 保护层厚度≤5d 且基础高度满足直锚

其中，Hn 为首层柱净高，hc 指柱截面长边尺寸，锚固区横向箍筋应满足直径≥d/4（d 为纵筋最大直径），间距≤5d（d 为纵筋最小直径）且≤100 的要求。

③ 当插筋保护层厚度>5d，且基础高度 h_j 不满足直锚时，见图 A-14。

柱插筋长度＝h_j－保护层厚度 c－基础双向底板钢筋直径＋15d＋非连接区 max（Hn/6，hc，500）＋搭接长度（若采用搭接连接时有）

其中，Hn 为首层柱净高，hc 指柱截面长边尺寸，基础内箍筋间距≤500，且不少于两道矩形封闭箍筋（非复合箍）。

④ 当插筋保护层厚度≤5d，且基础高度 h_j 不满足直锚时，见图 A-15、图 A-16。

柱插筋长度＝h_j－保护层厚度 c－基础双向底板钢筋直径＋15d＋非连接区 max（Hn/6，hc，500）＋搭接长度（若采用搭接连接时有）

其中，Hn 为首层柱净高，hc 指柱截面长边尺寸，锚固区横向箍筋应满足直径≥d/4（d 为纵筋最大直径），间距≤5d（d 为纵筋最小直径）且≤100 的要求。

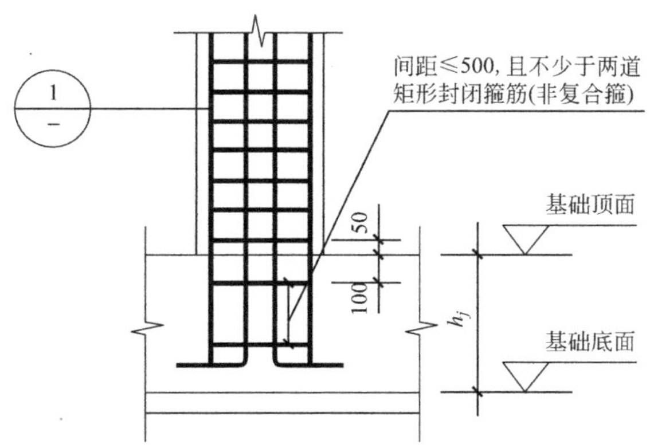

图 A-14　保护层厚度＞5d 且基础高度不满足直锚

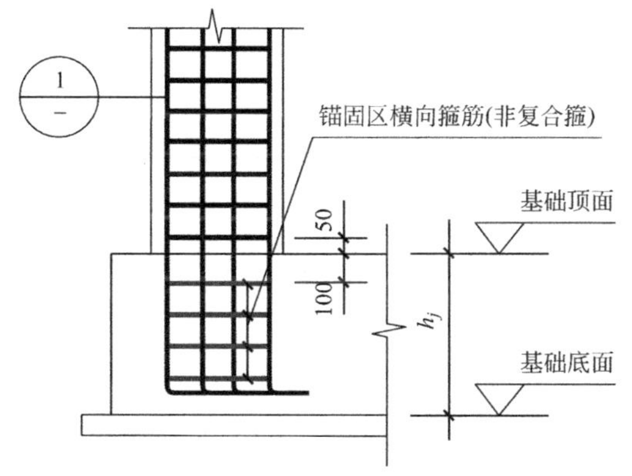

图 A-15　保护层厚度≤5d 且基础高度不满足直锚

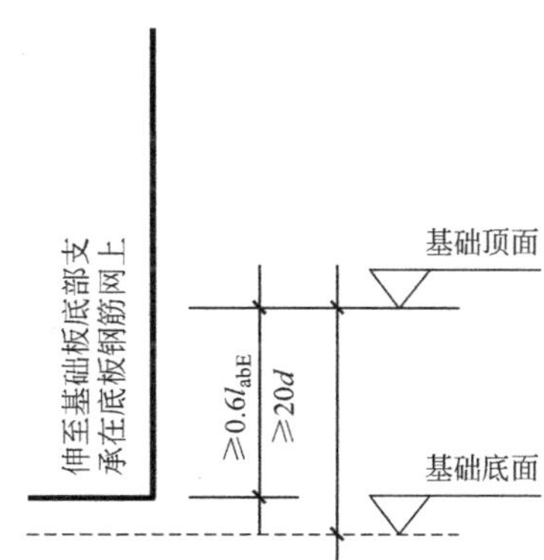

图 A-16　柱纵筋在基础中构造（详见图集 22G101-3 第 66 页）

注意：①②③④四种情况的公式中非连接区 max（Hn/6，hc，500）为有地下室时采用；当无地下室时，应取基础顶部为嵌固部位，即非连接区≥Hn/3。

2）以 2 轴与 M 轴交点位置 DJ_Z06 为例进行计算（表 A-5）

框架柱在基础中插筋长度计算　　**表 A-5**

步骤	操作及说明	标准与指导	备注
(1)计算受拉钢筋抗震锚固长度 l_{aE}	查阅结施-01 混凝土结构设计说明书，柱混凝土强度 C30，抗震等级三级。 查阅图纸结施-04 知，DJ_Z06 上方柱为 KZ-2，插筋为 12⌀16。 查阅 22G101-3 第 59 页知，受拉钢筋抗震锚固长度 $l_{aE}=37d=37\times16=592$(mm)	查阅 22G101-3 第 59 页知，受拉钢筋抗震锚固长度 l_{aE} 需根据混凝土强度、抗震等级、钢筋级别、钢筋直径等信息查取	
(2)判断属于上述四种情况的哪一种	插筋保护层厚度＝40＜5d＝80mm，且基础高度 h_j＝200＋300＝500＜592，基础高度 h_j 不满足直锚，属于第④种情况	当插筋保护层厚度≤5d，且基础高度 h_j 不满足直锚时	

续表

步骤	操作及说明	标准与指导	备注
(3)计算柱插筋长度	基础底面标高为−1.5m，基础高度 500mm，则基础顶面标高为−1.000m，查结施-05 的 4.120 梁平法施工图及 KL2、KL21 知，梁高为 620mm，则一层柱的净高 Hn=4.120−(−1.000)−0.62=4500(mm)。 柱插筋长度＝h_j－保护层厚度 c－基础双向底板钢筋直径＋15d＋Hn/3＝500－40－12×2＋15×16＋非连接区 4500/3＝2176(mm)(短插筋) 由于柱钢筋为Φ16，应选用机械连接，依据《混凝土结构施工图平面整体表示方法制图规则和构造详图(现浇混凝土框架、剪力墙、梁、板)》22G101-1(以下简称 22G101-1)第 63 页机械连接接头间净距≥35d＝35×16＝560(mm) 长插筋＝2176＋560＝2736(mm)	无地下室，柱插筋长度＝h_j－保护层厚度 c－基础双向底板钢筋直径＋15d＋非连接区 Hn/3。 当无地下室时，应取基础顶部为嵌固部位，即非连接区≥Hn/3。 再结合钢筋连接方式可以确定短插筋和长插筋的长度	柱插筋长度只是将各段相加，不是下料长度
(4)计算柱插筋下料长度	柱短插筋下料长度＝2176－2×16＝2144(mm)。 柱长插筋下料长度＝2736－2×16＝2704(mm)	柱插筋下料长度＝柱插筋长度－弯折减少长度，90°弯折减少长度＝2d	

（3）柱插筋在基础中箍筋个数计算

框架柱在基础中箍筋个数＝（基础高度－基础保护层厚度－基础双向底板钢筋直径－100）/间距＋1

基础高度 h_j＝200＋300＝500（mm），基础保护层厚度 c＝40mm，基础双向底板钢筋直径为 12，KZ-2 插筋为Φ16，根据锚固区横向箍筋直径≥d/4（d 为纵筋最大直径），间距≤5d（d 为纵筋最小直径）且≤100 的要求，取箍筋为Φ8，间距为 80mm。

框架柱在基础中箍筋个数＝（500－40－12×2－100）/80＋1＝5（根）。

（4）柱箍筋下料长度

查阅结施-01 混凝土结构设计说明知，柱混凝土强度 C30，第十条 3 点钢筋混凝土保护层厚度根据二 a 类环境保护层厚度＝25mm，直径 8mm。

则箍筋下料长度＝直段长度－弯折减少长度＋弯钩增加长度＝（边长－2×保护层厚度）×4－3×2d＋2×12d＝（500－2×25）×4＋18×8＝1944（mm）。

（5）钢筋配料单编制

本工程项目独立基础部分钢筋配料单见表 A-6。

本工程项目独立基础部分钢筋配料单　　表 A-6

构件名称	钢筋编号	简图	级别	直径(mm)	下料长度(mm)	单根根数(根)	合计根数(根)	质量(kg)
KZ-2（共 2 个）	1 纵筋		三级	16	2144	6	12	40.64
					2704	6	12	51.25
	2 箍筋		一级	8	1944	5	10	7.68

续表

构件名称	钢筋编号	简图	级别	直径（mm）	下料长度（mm）	单根根数（根）	合计根数（根）	质量（kg）
DJ_Z06（共2个）	纵筋	——	三级	12	2538	26	52	117.26
					2820	28	56	140.30

注：1. 具体个数见附录图纸结施图-03、结施图-04。

2. 计算钢筋质量时，按照每米钢筋质量＝0.00617×d^2（kg）。

2. 安全文明和绿色施工交底

（1）要求学生合理设计钢筋切断长度，尽量少留40cm以下的废料，要求学生思考：单个工程仅钢筋错误切断位置所产生的废料有多少。

（2）熟悉钢筋下料长度计算工作程序和岗位职责。由钢筋班组长计算并编制钢筋配料单，由钢筋施工员进行初审，再由质量员、技术负责人、项目经理审核完成后交材料员购买钢筋。

3. 学生实施

依据教师所给任务进行独立基础底板钢筋、插筋长度和插筋个数计算。实施过程中应符合以下要求：

（1）能和其他组员以正确方式沟通交流，能积极帮助其他组员，体现出合作意识和团队精神。

（2）能认真细心地进行独立基础钢筋长度及个数计算，不厌其烦，体现出精益求精的工匠精神。

4. 验收与评价

教师根据学生计算完成情况进行打分与点评。

职业能力A-1-4　能进行独立基础钢筋加工

【学习目标】

（1）能规范操作钢筋加工机械进行独立基础钢筋调直、切断、弯曲成型。

（2）了解钢筋冷拉、冷拔。

【基础知识】

钢筋加工包括钢筋冷拉、冷拔、调直、切断、除锈、弯曲成型等。钢筋加工前应将表面清理干净。表面有颗粒状、片状老锈或有损伤的钢筋不得使用。钢筋加工宜在常温状态下进行，加工过程中不应对钢筋进行加热。

1. 钢筋冷拉

（1）冷拉的原理

钢筋冷拉是在常温下，以超过钢筋屈服强度的拉应力拉伸钢筋，使钢筋产生塑性变形，以提高强度，节约钢材。

冷拉时，钢筋被拉直，表面锈渣自动剥落，因此冷拉不但可以提高强度，而且还可以同时完成调直、除锈工作，见图A-17。

图 A-17　钢筋冷拉

（2）钢筋冷拉机械（卷扬机）安全操作规程

1）作业前，必须检查卷扬机钢丝绳、地锚、钢筋夹具、电气设备等，确认安全后方可作业。

2）冷拉时，应设专人值守，操作人员必须位于安全地带，钢筋两侧 3m 以内及冷拉线两端严禁有人，严禁跨越钢筋和钢丝绳，冷拉场地两端地锚以外应设置警戒区，装设防护挡板及警告标志。

3）卷扬机运转时，严禁人员靠近冷拉钢筋和牵引钢筋的钢丝绳。

4）运行中出现滑脱、绞断等情况时，应立即停机。

5）冷拉速度不宜过快，在基本拉直时应稍停，检查夹具是否牢固可靠，严格按安全技术交底要求控制伸长值。

6）冷拉完毕，必须将钢筋整理平直，不得相互乱压和单头挑出，未拉盘筋的引头应盘住，机具拉力部分均应放松再装夹具。

7）维修或停机，必须切断电源，锁好箱门。

2. 钢筋冷拔

冷拔是使一级直径为 6～8 的钢筋通过钨合金拔丝模孔进行强力拉拔，使钢筋产生塑性变形，其轴向被拉伸、径向被压缩，强度增大，塑性降低见图 A-18。钢筋冷拔只在工厂使用，钢筋拔丝机见图 A-19。

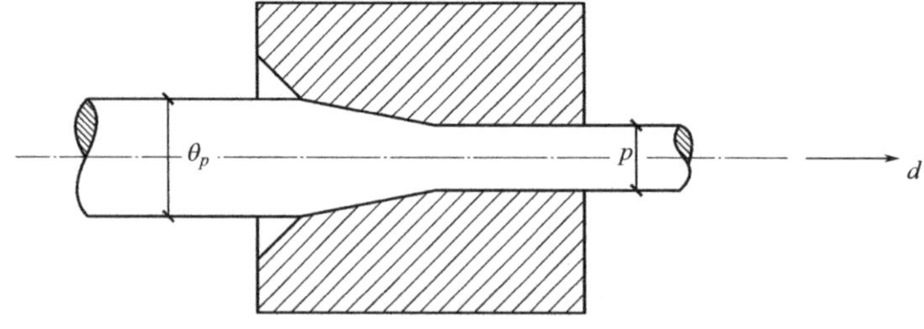

图 A-18　钢筋冷拔示意图

图 A-19 钢筋拔丝机

3. 钢筋调直

盘圆钢筋在使用前必须经过调直，否则会影响钢筋受力，甚至会使混凝土提前产生裂缝，如未调直钢筋直接下料，会影响钢筋的下料长度。

钢筋的机械调直可采用卷扬机和钢筋调直机调直。钢筋调直机见图 A-20。

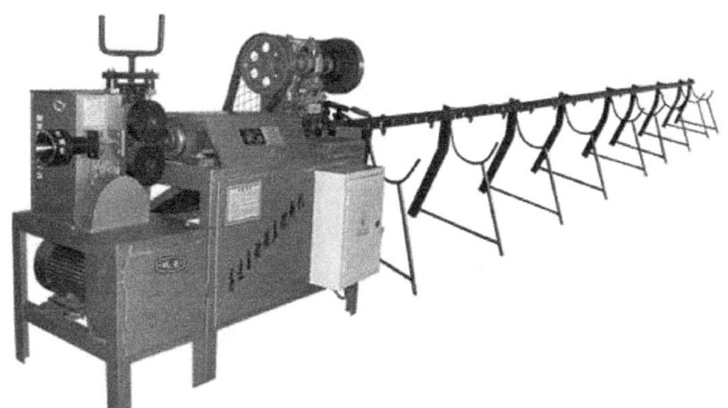

图 A-20 钢筋调直机

数控钢筋调直切断机已在一些构件厂采用，见图 A-21。

图 A-21 数控钢筋调直机

钢筋调直宜采用机械设备进行，也可采用冷拉方法调直。当采用机械设备调直时，调直设备不应具有延伸功能。当采用冷拉方法调直时，HPB300 光圆钢筋的冷拉率不宜大于 4%。HRB335、HRB400、HRB500、HRBF335、HRBF400、HRBF500 及 RRB400 带肋钢筋的冷拉率，不宜大于 1%。钢筋调直过程中不应损伤带肋钢筋的横肋。调直后的钢筋应平直，不应有局部弯折。

为防止冷拉加工过度改变钢筋的力学性能，盘圆钢筋调直后应进行力学性能和重量偏差的检验（采用无延伸功能的机械设备调直的钢筋可不进行该检验），其强度应符合国家现行有关标准的规定，其断后伸长率、重量负偏差应符合现行国家标准《混凝土结构工程施工质量验收规范》GB 50204 表 5.3.3 的规定。重量负偏差不符合要求时，调直钢筋不得复检。

检查数量：同一厂家、同一牌号、同一规格调直钢筋，重量不大于 30t 为一批。每批见证取 3 件试件。当连续三批检验均一次合格时，检验批的容量可扩大为 60t。

检验方法：3 个试件先进行重量偏差检验，再取其中 2 个试件经时效处理（时效处理可采用人工时效方法，即将试件在沸水中煮 60min，然后在空气中冷却至室温）后进行力学性能检验。检验重量偏差时，试件切口应平滑并与长度方向垂直，且长度不应小于 500mm。长度和重量的量测精度分别不应低于 1mm 和 1g。

4. 钢筋切断

（1）钢筋切断方法

钢筋切断有人工剪断、机械切断、氧气切割三种方法。人工剪断用钢筋钳见图 A-22，机械切断用钢筋切断机见图 A-23，氧气切割见图 A-24。

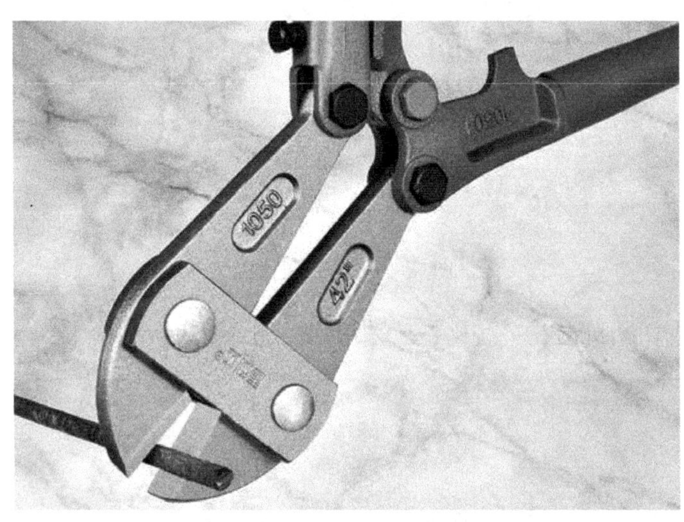

图 A-22 人工剪断用钢筋钳

直径 12mm 以下采用断线钳人工剪断，直径 12mm 以上 40mm 以下采用钢筋切断机进行机械切断，直径大于 40mm 或施工现场已经安装固定的钢筋一般采用氧气切割。

氧气切割准确来说是火焰切割，氧气充当助燃气体，主要燃气是丙烷或者乙炔。其原理都是用高温熔断切割面，达到切割的目的。

图 A-23　钢筋切断机

图 A-24　氧气切割

钢筋切断机是用来把钢筋原材料或已调直的钢筋切断，其主要类型有机械式、液压式和手持式钢筋切断机。

（2）钢筋切断机安全操作规程

1）接送料的工作台面和切刀下部保持水平，工作台的长度可根据加工材料长度确定。

2）启动前，应检查并确认切断机刀口安装正确，切刀无裂纹，刀架螺栓紧固，防护罩牢靠。然后用手转动皮带轮，检查齿轮啮合间隙，调整切刀间隙。

3）启动后，应先空运转，检查各传动部分及轴承运转正常后，方可作业。

4）机械未达到正常转速时，不得切料。切料时，应使用切刀的中下部位，应在活动切口向后退时紧握钢筋对准刃口迅速投入，操作者应站在固定刀片一侧用力压住钢筋，应防止钢筋末端弹出伤人。严禁在切刀向前运动时送料，严禁用两边握住钢筋俯身送料。

5）不得剪切直径及强度超过机械铭牌规定的钢筋和烧红的钢筋。

6）剪切低合金钢时，应更换高硬度切刀，剪切直径应符合机械铭牌规定。

7）切断短料时，手和切刀之间的距离应保持 150mm 以上，如手握端小于 40cm 时，应采用套管或夹具将钢筋短头夹住或夹牢，严禁用手直接送料。

8）运转中，严禁用手直接清除切刀附近的断头和杂物。钢筋摆动周围和切刀周围不得停留非操作人员。已切断的钢筋堆放要整齐，防止切口突出、误踢割伤。

9）当发现机械运转不正常，有异响或切刀歪斜时，应立即停机检修。

10）作业后，应切断电源，用钢刷清除切刀间的杂物，进行整机清洁润滑。

11）液压传动式切断机作业前，应检查并确认液压油位及电动机旋转方向符合要求。启动后，应空载运转，松开放油阀，排尽液压缸体内的空气，方可进行切筋。

12）手动液压式切断机使用前，应将放油阀按顺时针方向旋紧，切割完毕后，应立即按逆时针方向旋松。作业中，手应持稳切断机，并戴好绝缘手套。

13）作业中严禁机械检修、加油、更换部件，维修或停机时，必须切断电源，锁好箱门。

5. 钢筋除锈

钢筋会受潮生锈，在生锈初期，钢筋表面呈黄褐色，又称水锈或色锈，水锈除在焊点附近必须清除外，一般可不处理。

当钢筋表面形成一层锈皮，受锤击或碰撞可见其剥落，这种铁锈不能很好地与混凝土粘接，影响钢筋和混凝土的握裹力，并且在混凝土中继续发展，需要清除。

钢筋除锈方法有钢丝刷刷除（图 A-25）、电动除锈机除锈（图 A-26）、钢筋加工过程中除锈，比如钢筋加工过程中冷拉、冷拔和调直过程中钢筋表面破坏锈渣自动剥落。

图 A-25　钢丝刷

图 A-26　手推式电动除锈机

6. 钢筋弯曲成型

钢筋弯曲成型是将已切断、配好的钢筋弯曲成规定的形状尺寸，是钢筋加工的一道主要工序。钢筋弯曲应一次弯折到位，弯曲成型的钢筋要求形状正确，平面上没有翘曲不平的现象，便于绑扎安装。

（1）钢筋弯曲设备

钢筋弯曲成型有手工弯曲成型和机械弯曲成型两种。

手工弯曲可弯直径 12mm 以下钢筋，手工弯曲钢筋应在工作台上进行。工作台的宽度通常为 800mm。长度视钢筋种类而定，弯细钢筋时一般为 4000mm，弯粗钢筋时一般为 8000mm，台高一般为 900～1000mm。

钢筋弯曲机有机械钢筋弯曲机、液压钢筋弯曲机和钢筋弯箍机等几种形式。

常用的钢筋弯曲机可弯曲钢筋最大公称直径为 40mm，用 GW40 表示型号。还有 GW12、GW20、GW25、GW32、GW50、GW65 等，型号的数字标志可弯曲钢筋的最大公称直径。

通用的 GW40 型钢筋弯曲机俯视图如图 A-27。

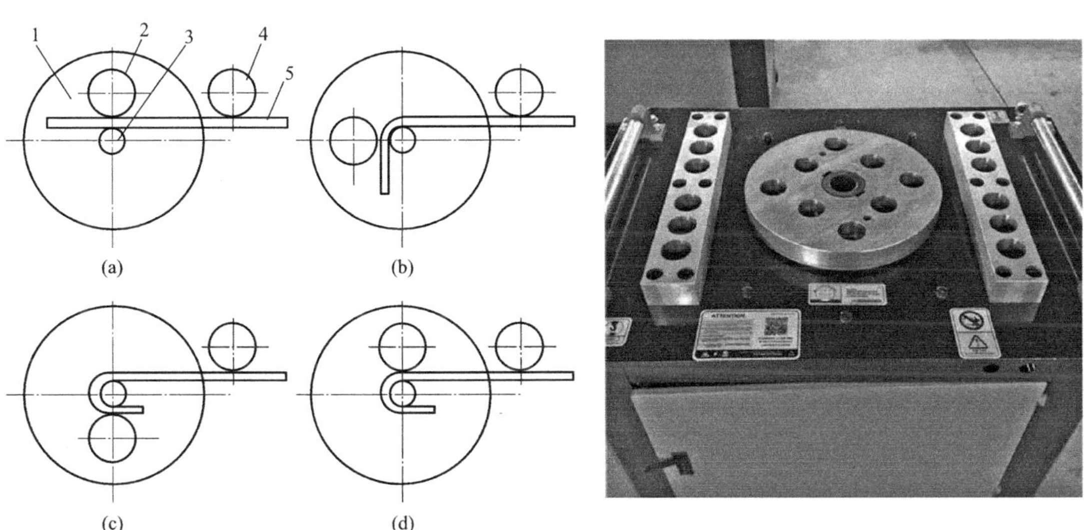

图 A-27　机械弯曲机

1—工作盘；2—成型轴；3—心轴；4—挡铁轴；5—钢筋

（2）弯曲成型工艺

画线。钢筋弯曲前，根据钢筋料牌上标明的尺寸，用粉笔将各弯曲点位置画出。画线时应注意以下几点：

1）根据不同的弯曲角度扣除弯曲调整值，其扣除方法是从相邻两段长度中各扣除一半。

2）钢筋端部带半圆弯钩时，该段长度画线时增加 $0.5d$。

3）画线工作宜从钢筋中线开始向两边进行。两边不对称的钢筋，也可从钢筋一端开始画线，如画到另一端有偏差时，则应重新调整。

（3）钢筋弯折的弯弧内直径要求

1）光圆钢筋，不应小于钢筋直径的 2.5 倍。

2）335MPa 级、400MPa 级带肋钢筋，不应小于钢筋直径的 4 倍。

3）500MPa 级带肋钢筋，当直径为 28mm 以下时不应小于钢筋直径的 6 倍，当直径为 28mm 及以上时不应小于钢筋直径的 7 倍。

4）位于框架结构顶层端节点处的梁上部纵向钢筋和柱外侧纵向钢筋，在节点角部弯折处，当钢筋直径为 28mm 以下时不宜小于钢筋直径的 12 倍，当钢筋直径为 28mm 及以上时不宜小于钢筋直径的 16 倍。

5）箍筋弯折处尚不应小于纵向受力钢筋直径。箍筋弯折处纵向受力钢筋为搭接钢筋或并筋时，应按钢筋实际排布情况确定箍筋弯弧内直径。

（4）钢筋弯曲机安全操作规程

1）工作台和弯曲机应保持水平，作业前应准备好各种芯轴及工具。

2）应按加工钢筋的直径和弯曲半径要求，装好相应规格的芯轴和成型轴、挡铁轴。芯轴直径应为钢筋直径的 2.5 倍。挡铁轴向有轴套。

3）挡铁轴的直径和强度不得小于被弯钢筋的直径和强度。不直的钢筋，不得在弯曲机上弯曲。

4）应检查并确认芯轴、挡铁轴、转盘等无裂纹和损伤，防护罩坚固可靠，空载运转正常后，方可作业。

5）作业时，应将钢筋需弯曲一端插入在转盘固定销的间隙内，另一端紧靠机身固定销，并用手压紧，应检查机身固定销，确认安放在挡住钢筋的一侧，方可开动。

6）作业中，严禁更换轴芯、销子和变换角度及调速，也不得进行清扫和加油。

7）操作时要熟悉倒顺开关控制工作盘旋转的方向，钢筋放置要和挡架、工作盘旋转方向相配合，不得放反。

8）改变工作盘旋转方向时，必须在停机后进行，即正转→停→反转，不得直接正转→反转或反转→正转。

9）对超过机械铭牌规定直径的钢筋严禁进行弯曲。在弯曲未经冷拉或带有锈皮的钢筋时，应戴防护镜。

10）弯曲高强度或低合金钢筋时，应按机械铭牌规定换算最大允许直径并应调换相应的芯轴。

11）在弯曲钢筋的作业半径内和机身不设固定销的一侧严禁站人。弯曲好的半成品，应堆放整齐，弯钩不得朝上。

12）转盘换向时，应待停稳后进行。

13）作业后，应及时清洗转盘及插入孔内的铁锈、杂物等。作业中不得用手清除金属屑，清理工作必须在机械停稳后进行。

14）检修、加油、更换部件或停机，必须切断电源，锁好箱门。

11教学视频

【实践操作】

1. 教师演示（技工演示）

钢筋调直程序见表 A-7，钢筋切断见表 A-8，钢筋弯曲见表 A-9。

钢筋调直 **表 A-7**

步骤	操作及说明	标准与指导	备注
(1)检查	检查电气系统及其元件有无故障，各种连接零件是否牢固可靠，各传动部分是否灵活	每天工作前均要检查，要求检查仔细、认真、无遗漏。确认正常后方可进行试运转	

续表

步骤	操作及说明	标准与指导	备注
(2)试运转	先空载，然后要将线材的端头锤打平直后从导向套推进机器内	要求确认空载运转可靠之后才可以进料、试验调直和切断	
(3)试断筋	试调直并切断3～4根钢筋检查，调整限位开关或定尺板至合适位置	以便出现偏差时能得到及时纠正(调整限位开关或定尺板)	为保证断料长度合适
(4)批量调直断料	批量调直并切断钢筋，切断的钢筋按规格和根数绑捆挂牌，堆放整齐	要求一：盘圆钢筋放入圈架上要平稳，如有乱丝或钢筋脱架时，必须停车处理。 要求二：操作人员不能离机械过远，以防发生故障时不能立即停车而造成事故	

钢筋切断（GQ40或GQ50型钢筋切断机机械切断）　表A-8

步骤	操作及说明	标准与指导	备注
(1)准备工作	1)复核：根据钢筋配料单，复核钢筋料牌上标注的钢筋直径、尺寸、根数是否正确。 2)下料方案：根据施工现场库存钢筋情况做好下料方案。 3)画线	1)复核：要求逐项复核，无遗漏。 2)下料方案：要求长料长用、短料短用、同一根钢筋长短搭配，尽量减少损耗。 3)画线：要求量度准确，避免使用短尺量长料，防止产生累计误差	
(2)检查	检查电源线路是否损伤。 检查三角皮带是否松紧适度。 使用前应检查刀片安装是否牢固，润滑油是否充足。 检查电机运转是否正常	每天工作前均要检查，要求检查仔细、认真、无遗漏，确认正常后方可进行试运转	
(3)试运转	检查空载运转是否正常	要求确认空载运转可靠之后才可以切断	
(4)试切钢筋	调试好切断设备，试切1～2根钢筋	以便出现偏差时能得到及时纠正	
(5)批量切断	批量切断钢筋： 1)在Φ12钢筋上切取独立基础底板钢筋，减短10%钢筋下料长度2538mm共48根，原长度2820mm钢筋下料长度共4根。 2)在Φ16钢筋上切取KZ-2的1号纵筋短插筋下料长度2144mm共12根，长插筋下料长度2704mm共12根。 3)在Φ8钢筋上切取KZ-2的2号箍筋下料长度1944mm共10根	钢筋与刀口应垂直	切断的钢筋按规格和根数绑捆挂牌，堆放整齐

2. 技术交底

(1) 受力筋成型

1) 直螺纹连接接头钢筋下料用无齿锯按尺寸切割，不得采用切断机、气割下料，钢筋下料切断面要垂直于钢筋轴线，端头整齐，保证滚轧直螺纹接头质量。其余钢筋端头必须齐整，不能有翘曲、小马蹄，长度误差小于5mm。

钢筋弯曲　　表 A-9

步骤	操作及说明	标准与指导	备注
(1)准备工作	1)复核:根据钢筋配料单,复核钢筋料牌上标注的钢筋直径、尺寸、根数是否正确。 2)熟悉待加工钢筋的规格、形状和各部尺寸,确定弯曲操作步骤及准备工具等。 3)画线:将钢筋的各段长度尺寸画在钢筋上	1)复核:要求逐项复核,无遗漏。 2)弯曲操作步骤一定要正确,准备工具要到位。 3)画线:将不同角度的弯折量度差在弯曲操作方向相反的一侧长度内扣除,画上分段尺寸线。 弯制形状比较简单或同一形状根数较多的钢筋,可以不画线,而在工作台上按各段尺寸要求,固定若干标志,按标准操作	
(2)检查	检查电气系统及其元件有无故障,各种连接零件是否牢固可靠,并查点齿轮、轴套等设备是否齐全	每天工作前均要检查,要求检查仔细、认真、无遗漏。确认正常后方可进行试运转	
(3)试运转	检查空载运转是否正常	要求确认空载运转可靠之后才可以切断	
(4)试弯钢筋	调试好弯曲设备,试弯 1 根钢筋	检查画线的结果是否符合设计要求。如不符合,应对弯曲顺序、画线、弯曲标志、扳距等进行调整,待调整合格后方可成批弯制	
(5)批量弯曲	批量弯曲钢筋,切取弯曲的钢筋按规格和根数绑捆挂牌,堆放整齐	弯曲箍筋步骤: 在钢筋 1/2 长处弯折 90°。 弯折长边 135°弯钩。 弯折短边 90°。 弯折另一边 135°弯钩。 弯折另一边短边 90°	

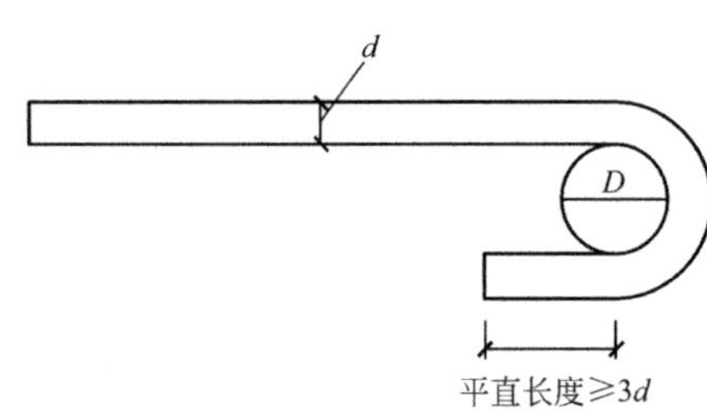

图 A-28　光圆钢筋弯折要求

2）纵向受力钢筋的弯折后平直段长度应符合设计要求及现行国家标准《混凝土结构设计规范》GB 50010 的有关规定。光圆钢筋（即一级钢，HPB300 级钢筋）末端做 180°弯钩时，弯钩的弯折后平直段长度不应小于钢筋直径的 3 倍，弯曲直径 D 不小于 2.5d（图 A-28）。

3）HPB300 级钢筋 180°弯钩弯曲平直长度应符合表 A-10 要求。

HPB300 级钢筋 180°弯钩弯曲要求　　表 A-10

HPB300 级钢筋规格	φ6	φ8	φ10
弯曲直径 D(mm)	15	20	25
平直长度(mm)	18	24	30

4）HRB335、HRB400 级钢筋需做 90°弯钩时，弯曲直径 D 不小于钢筋直径的 5 倍，见图 A-29 及表 A-11。

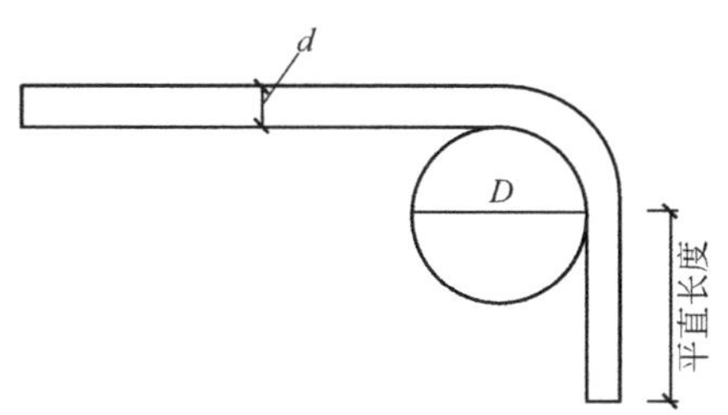

图 A-29 二、三级钢筋弯折要求

HRB335、HRB400 级钢筋弯曲要求 表 A-11

钢筋直径 d(mm)	12	14	16	18	20	22	25	28
弯曲直径 D(mm)	60	70	80	90	100	110	130	140

5）冷轧带肋钢筋末端可不制作弯钩。当钢筋末端需制作 90°或 180°弯折时，钢筋的弯弧内直径不应小于钢筋直径的 5D，尚应不小于受力钢筋的直径。

6）HPB300 级钢筋需在现场采用卷扬机调直，在卷扬机一侧做好标尺，控制伸长率在 3%以内，防止超拉。

（2）钢筋加工成品保护及管理

1）弯曲成型的钢筋必须轻抬轻放，避免产生变形。经验收合格后，成品应按编号拴上料牌，并应特别注意缩尺钢筋的料牌勿使其遗漏。

2）清点某一编号钢筋成品无误后，在指定的堆放地点，要按编号分隔整齐堆放，并标识所属工程名称。

3）加工成型的钢筋，不得随意摆放，侵占道路，要在钢筋场内分类码放规矩、整齐，做好标识。钢筋废料及下脚料不得随意乱扔，统一集中。严格按照施工平面布置图堆放钢筋材料、成品及机械设备，不得侵占场内道路和安全防护设施。

3. 安全技术交底

（1）调直切断机使用安全技术

不要随意抬起传送轧辊，调直机要有防护罩和挡板，防止钢筋甩弯伤人，

钢筋调直到盘圆钢筋末尾时要防止钢筋甩弯伤人，余 80cm 要加套钢管并与导向套对齐才可开车调直并切断。

盘圆钢筋放入放圈架上要平稳，如有乱丝或钢筋脱架时，必须停车处理。

操作人员不能离机械过远，以防发生故障时不能立即停车而造成事故。

（2）钢筋切断机使用安全技术

断料时应握紧钢筋，待活动刀片后退时及时将钢筋送进刀口，不要在活动刀片开始向前推进时放入钢筋。

长度 40cm 以内的短料必须用钳子夹住短料进行送料切断，不能直接用手送料切断，以免断料不准甚至发生机械及人身事故。

一次切断多根钢筋时，其总截面积应在规定范围内。

禁止切断钢筋切断机切断性能以外的钢筋，以及超过刀片硬度或烧红的钢筋。

刀口处切断钢筋的铁屑不能直接用手清除或用嘴吹，防止钢屑划伤手或用嘴吹时，钢屑落入眼睛使眼睛受伤，应用毛刷刷除清理。

（3）钢筋弯曲机使用安全技术

严禁在机械运转过程中更换心轴、成型轴、挡铁轴，或进行清扫、注油。

弯曲较长的钢筋应有专人帮助扶持，帮助人员应听从指挥，不得任意推送。

要熟悉倒顺开关的使用方法以及所控制的工作盘旋转方向，使钢筋的位置与成型轴、挡铁轴的位置相匹配。

4. 人员分工

2 人练习钢筋调直、2 人配合练习钢筋切断、1 人练习钢筋弯曲，然后进行对调。

5. 实施准备

材料、机具、验收规范及工作页和考核表等的准备如图 A-30 所示。

钢筋原材料

钢筋调直机

钢筋切断机

钢筋弯曲机

中华人民共和国国家标准

GB

混凝土结构工程施工质量验收规范

验收规范

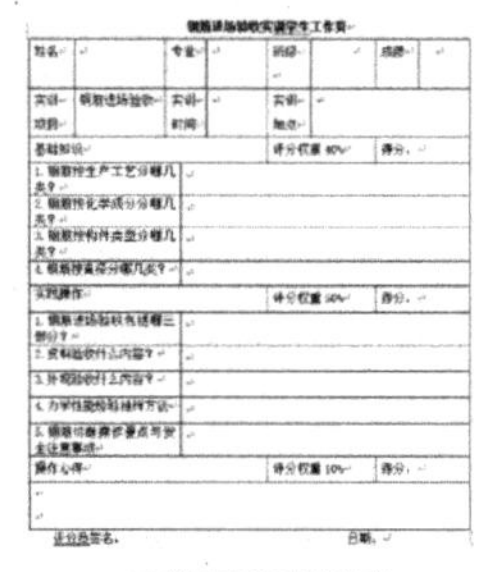

姓名		专业		班级		成绩	
基础知识				评分权重		得分：	
实践操作				评分权重		得分：	
操作心得				评分权重 10%		得分：	

工作页和考核表

图 A-30　钢筋加工实施准备

6. 学生实施

依据教师所给任务进行框架柱钢筋的调直、除锈、切断、弯曲。钢筋调直、除锈、切断实训见附表 3，箍筋弯曲实训学生工作页见附表 5，受力筋加工实训学生工作页见附表 7。实施过程中应符合以下要求：

（1）能认真细心地进行独立基础的底板钢筋加工，不厌其烦，体现出精益求精的工匠精神。树立爱岗敬业的职业态度，不喊苦喊累、偷奸耍滑，热爱劳动，具有吃苦耐劳的职业精神。

（2）具有质量意识，能严格执行《混凝土结构工程施工质量验收规范》GB 50204—2015 质量要求进行独立基础的底板钢筋加工。

（3）具有安全意识，严格按照钢筋切断机安全操作规程要求进行操作，钢筋弯曲时站位正确，具备防止钢筋伤人的意识。

（4）具有文明施工和绿色施工意识，切料时设计合理，不留 40cm 以下废料，工完场清。

7. 验收与评价

（1）主控项目验收

1）为防止因弯弧内径太小而使钢筋弯折后弯弧外侧出现裂缝，影响钢筋受力或锚固性能。

受力钢筋弯折的弯弧内直径应符合下列规定：

① 光圆钢筋，不应小于钢筋直径的 2.5 倍。

② 335MPa 级、400MPa 级带肋钢筋，不应小于钢筋直径的 4 倍。

③ 500MPa 级带肋钢筋，当直径为 28mm 以下时不应小于钢筋直径的 6 倍，当直径为 28mm 及以上时不应小于钢筋直径的 7 倍。

④ 箍筋弯折处尚不应小于纵向受力钢筋直径。

检查数量：按每工作班同一类型钢筋、同一加工设备抽查不应少于 3 件。

检验方法：尺量检查。

2）箍筋、拉筋的末端应按设计要求做弯钩，并应符合下列规定：

① 对于一般结构构件，箍筋弯钩的弯折角度不应小于 90°，弯折后平直段长度不应小于箍筋直径的 5 倍。对有抗震设防要求或设计有专门要求的结构构件，箍筋弯钩的弯折角度不应小于 135°，弯折后平直段长度不应小于箍筋直径的 10 倍和 75mm 两者之中的较大值。

② 圆形箍筋的搭接长度不应小于其受拉锚固长度，且两末端均应做不小于 135°的弯钩，弯折后平直段长度对一般结构构件不应小于箍筋直径的 5 倍，对有抗震设防要求的结构构件不应小于箍筋直径的 10 倍和 75mm 的较大值。

③ 拉筋用作梁、柱复合箍筋中单肢箍筋或梁腰筋间拉结筋时，两端弯钩的弯折角度均不应小于 135°，弯折后平直段长度应符合本条第 1 款对箍筋的有关规定。

检查数量：按每工作班同一类型钢筋、同一加工设备抽查不应少于 3 件。

检验方法：尺量检查。

（2）一般项目验收

钢筋加工的形状、尺寸应符合设计要求，钢筋加工的允许偏差应符合表 A-12 的规定。

检查数量：按每工作班同一类型钢筋、同一加工设备抽查不应少于 3 件。

检验方法：尺量检查。

钢筋加工的允许偏差 **表 A-12**

项目	允许偏差(mm)
受力钢筋顺长度方向全长的净尺寸	±10
弯起钢筋的弯折位置	±20
箍筋内净尺寸	±5

注：本表节选自《混凝土结构工程施工质量验收规范》GB 50204—2015。

（3）组内评价、小组互评、教师点评

钢筋调直、除锈、切断实训验收考核表见附表 4，箍筋弯曲实训验收考核表见附表 6，受力筋加工实训验收考核表见附表 8。出现不符合规范要求应及时分析原因并进行整改，必要时课后对关键环节和技能点进行强化练习。

【课后拓展】

【拓展】独立基础钢筋加工施工现场安全管理

（1）施工现场用电必须符合现行国家标准《施工现场临时用电安全技术规范》JGJ 46—2005 的规定。

（2）钢筋加工场地必须设专人看管，非钢筋加工制作人员不得擅自进入钢筋加工场地。

（3）绑扎基础钢筋，应设钢筋支架或马凳，深基础或夜间施工应使用低压照明灯具。

职业能力 A-1-5　能进行独立基础钢筋连接及验收

【学习目标】

（1）掌握钢筋搭接连接、搭接焊、直螺纹套筒连接工艺。

（2）能熟练进行独立基础钢筋搭接连接。

（3）能对钢筋搭接连接进行质量验收。

【基础知识】

钢筋的接头连接有绑扎连接、焊接连接和机械连接。

连接性能由差到好：绑扎连接、焊接连接、机械连接。

成本由低到高：绑扎连接、焊接连接、机械连接。

图 A-31　钢筋绑扎连接

1. 钢筋绑扎连接

优点：成本低，无明火，受气候影响小。

缺点：性能一般，由于绑扎需要较长的搭接长度，浪费钢筋且连接不可靠，宜限制使用。

钢筋的绑扎搭接接头应在接头中心和两端用铁丝扎牢。钢筋绑扎连接见图 A-31。

2. 钢筋焊接

优点：质量可靠，节约钢材。

钢筋焊接分为：电阻点焊、闪光对焊、电弧焊、电渣压力焊。

钢筋焊接的接头形式、焊接工艺和质量验收，应符合《钢筋焊接及验收规程》JGJ 18—2012 的规定。

（1）钢筋闪光对焊

钢筋闪光对焊在钢筋加工棚进行连接，用于梁的钢筋接长，见图 A-32。

原理：利用对焊机使两段钢筋接触，通过低电压的强电流，待钢筋被加热到一定温度变软后，进行轴向加压顶锻，形成对焊接头。

（2）电渣压力焊

电渣压力焊在施工楼层上进行连接，用于柱的钢筋接长，见图 A-33。

图 A-32 钢筋闪光对焊

图 A-33 电渣压力焊

原理：电渣压力焊是将两根钢筋安放成竖向对接形式，利用焊接电流产生电弧热和电阻热，熔化钢筋，加压完成的一种焊接方法。

（3）电弧焊

分为搭接焊、帮条焊、坡口焊和熔槽帮条焊四种接头形式。建筑施工中钢筋连接主要采用搭接焊，见图 A-34。

图 A-34 搭接焊

搭接焊在施工楼层上进行连接，用于板和剪力墙的钢筋连接。

原理：钢筋电弧焊是以焊条作为一极，钢筋为另一极，利用焊接电流通过产生的电弧热进行焊接的一种熔接方法。

（4）钢筋电阻点焊

钢筋电阻点焊在钢筋加工厂进行连

接，电阻点焊主要用于焊接钢筋网片和钢筋骨架。

3. 钢筋接头的机械连接

在施工楼层上进行连接，用于柱和梁的钢筋连接。

优点：无明火作业，设备简单，连接可靠，不受气候影响，特别适用于焊接有困难的场合。

常用的钢筋机械连接有钢筋套筒挤压连接、锥螺纹套筒连接、直螺纹套筒连接三种。

（1）钢筋套筒挤压连接

钢筋套筒挤压连接亦称为钢筋套筒冷压连接。它是将需要连接的变形钢筋插入特制钢套筒内，利用液压驱动的挤压机进行径向或轴向挤向，使钢套筒产生塑性变形，使它紧紧咬住变形钢筋实现连接，见图 A-35。

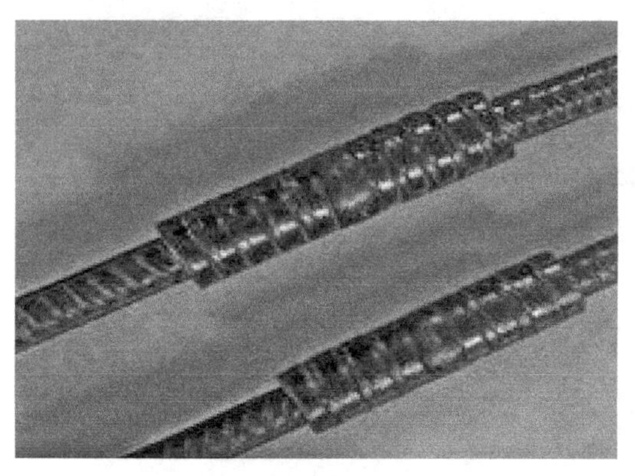

图 A-35　套筒挤压连接

由于轴向挤压连接及接头质量不够稳定，没有得到推广。而径向挤压连接技术在我国 20 世纪 90 年代初大面积推广使用，因现场施工不方便而被淘汰。

（2）锥螺纹套筒连接

锥螺纹套筒连接是将两根待连接钢筋的端部和套管预先加工成锥形螺纹，然后用手和力矩扳手将两根钢筋端部旋入套筒形成机械式钢筋接头，见图 A-36。

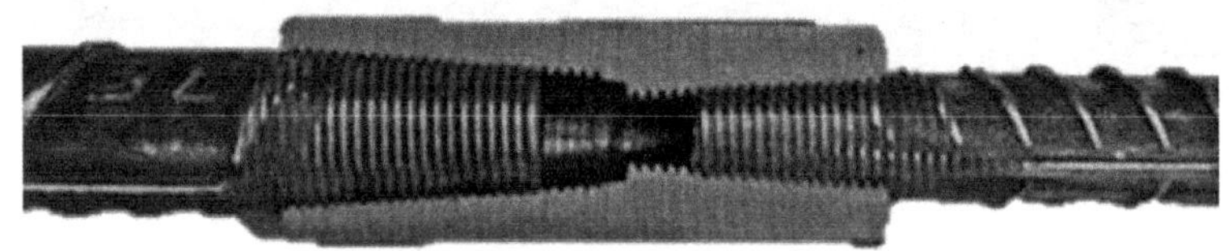

图 A-36　锥螺纹套筒连接

优点：锥螺纹丝头完全是提前预制，现场只需用力矩扳手操作，施工简便。

缺点：由于加工螺纹的端头小直径削弱了母材的横截面积，从而降低了接头强度。

自 20 世纪 90 年代初以来，得到了较大范围的推广使用，但由于存在的缺陷较大，逐渐被直螺纹连接所代替。

（3）直螺纹套筒连接

具有与锥螺纹接头相同的提前预制，现场只需用力矩扳手操作的特点。为达到直螺纹套筒与钢筋同等强度，目前主要采用镦粗直螺纹套筒连接和滚轧直螺纹套筒连接。

镦粗直螺纹套筒连接是将钢筋端头先镦粗后再进行直螺纹套丝，使直螺纹处与钢筋直径相等。滚轧直螺纹套筒连接是将钢筋端头直接滚轧肋或剥肋后再进行滚轧制作的直螺纹，再与直螺纹套筒连接的接头形式。

优点：施工简便，接头质量稳定可靠，连接强度高，见图 A-37。

图 A-37 直螺纹套筒连接

4. 钢筋连接的相关规定

（1）当纵向受力钢筋采用绑扎搭接接头时，接头的设置应符合下列规定：

1）同一构件内的接头宜分批错开。各接头的横向净间距 s 不应小于钢筋直径，且不应小于 25mm。

2）接头连接区段的长度为 1.3 倍搭接长度，凡接头中点位于该连接区段长度内的接头均应属于同一连接区段。搭接长度可取相互连接两根钢筋中较小直径计算。纵向受力钢筋的最小搭接长度详见图集 22G101 相关规定。

3）同一连接区段内，纵向受力钢筋接头面积百分率为该区段内有接头的纵向受力钢筋截面面积与全部纵向受力钢筋截面面积的比值（图 A-38）。纵向受压钢筋的接头面积百分率可不受限制。纵向受拉钢筋的接头面积百分率应符合下列规定：

① 梁类、板类及墙类构件，不宜超过 25%。基础筏板，不宜超过 50%。

② 柱类构件，不宜超过 50%。

③ 当工程中确有必要增大接头面积百分率时，对梁类构件，不应大于 50%。对其他构件，可根据实际情况适当放宽。

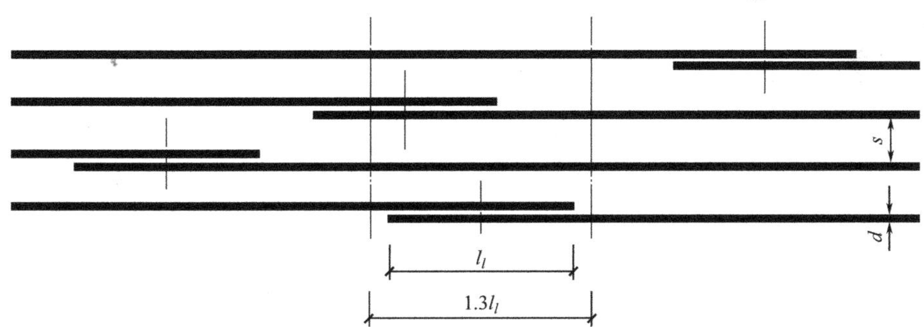

图 A-38 钢筋绑扎搭接接头连接区段及接头面积百分率

注：图中所示搭接接头同一连接区段内的搭接钢筋为两根，当各钢筋直径相同时，接头面积百分率为 50%。

（2）当纵向受力钢筋采用机械连接接头或焊接接头时，接头的设置应符合下列规定：

1）同一构件内的接头宜分批错开。

2）接头连接区段的长度为 $35d$，且不应小于 500mm，凡接头中点位于该连接区段长度内的接头均应属于同一连接区段。其中 d 为相互连接两根钢筋中较小直径。

3）同一连接区段内，纵向受力钢筋接头面积百分率为该区段内有接头的纵向受力钢筋截面面积与全部纵向受力钢筋截面面积的比值。纵向受力钢筋的接头面积百分率应符合下列规定：

① 受拉接头，不宜大于 50%。受压接头，可不受限制。

② 板、墙、柱中受拉机械连接接头，可根据实际情况放宽。装配式混凝土结构构件连接处受拉接头，可根据实际情况放宽。

③ 直接承受动力荷载的结构构件中，不宜采用焊接。当采用机械连接时，不应超过 50%。

(3) 钢筋连接施工的质量检查应符合下列规定：

1) 钢筋焊接和机械连接施工前均应进行工艺检验。机械连接应检查有效的型式检验报告。

2) 钢筋焊接接头和机械连接接头应全数检查外观质量，搭接连接接头应抽检搭接长度。

3) 螺纹接头应抽检拧紧扭矩值。

4) 钢筋焊接施工中，焊工应及时自检。当发现焊接缺陷及异常现象时，应查找原因，并采取措施及时消除。

5) 施工中应检查钢筋接头百分率。

6) 应按现行行业标准《钢筋机械连接技术规程》JGJ 107、《钢筋焊接及验收规程》JGJ 18 的有关规定抽取钢筋机械连接接头、焊接接头试件做力学性能检验。

13教学视频

【实践操作】

1. 教师演示

钢筋绑扎搭接连接及质量验收见表 A-13。

钢筋绑扎搭接连接及质量验收 **表 A-13**

步骤	操作及说明	标准与指导	备注
(1)计算搭接长度	查阅 22G101-3 第 61 页纵向受拉钢筋搭接长度 l_l。	查阅结施-01 混凝土结构设计说明书，基础混凝土强度 C30，抗震等级三级。 查阅图纸结施-03 知，DJ_Z06 钢筋为三级钢筋，直径为 12mm，按照搭接钢筋面积百分率 25%，$l_l=42d=42\times12=504$(mm)	
(2)绑扎搭接连接	将两根需要接长钢筋搭接 504mm，用一面顺扣法进行绑扎搭接连接	要求搭接尺寸符合长度要求，绑扎要牢固	
(3)绑扎搭接连接质量验收	检查钢筋的绑扎搭接接头是否牢固，钢尺量搭接长度是否为 504mm，和相邻两接头位置是否错开 $1.3l_l=655.2$(mm)	钢筋绑扎接头位置的要求以及钢筋位置的允许偏差应符合《混凝土结构工程施工质量验收规范》GB 50204—2015 的规定	

2. 安全技术交底

(1) 必须穿戴好劳动保护用品，严格按照钢筋绑扎搭接连接安全操作规程进行操作。

(2) 搬运钢筋时，防止碰撞物体或他人，特别是防止碰挂周围的电线。

3. 人员分工

对于钢筋绑扎搭接连接及质量验收，由 4 人扮演工人，1 人扮演施工员进行质量验收，然后进行角色调换。

对于搭接焊及直螺纹套筒连接，工艺不需要学生掌握，只需要按照规范要求进行验收。

4. 实施准备

材料、机具、验收规范及工作页和考核表等的准备如图 A-39 所示。

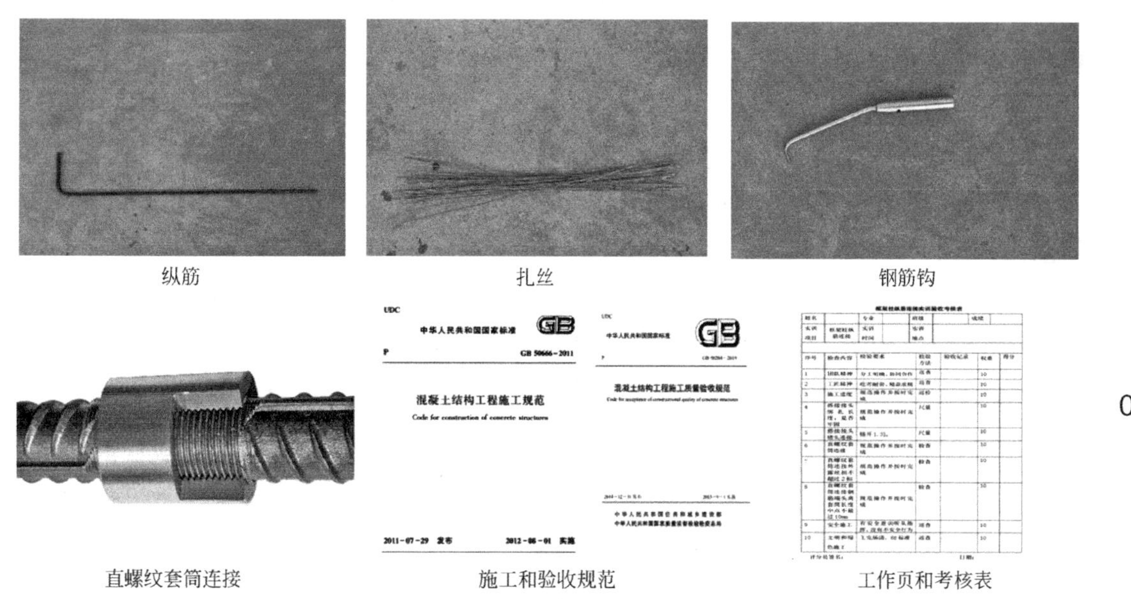

纵筋　　扎丝　　钢筋钩

直螺纹套筒连接　　施工和验收规范　　工作页和考核表

图 A-39　钢筋连接及质量验收实施准备

5. 学生实施

依据教师所给任务单进行独立基础钢筋绑扎搭接连接及质量验收，钢筋绑扎实训学生工作页见附表 9。实施过程中应符合以下要求：

（1）听从指挥，能以正确方式沟通交流，能积极帮助其他组员，体现出合作意识和团队精神。

（2）能认真细心地进行独立基础钢筋连接，不厌其烦，体现出精益求精的工匠精神。树立爱岗敬业的职业态度，不喊苦喊累、偷奸耍滑，热爱劳动，具有吃苦耐劳的职业精神。

（3）具有质量意识，能严格执行《混凝土结构工程施工质量验收规范》GB 50204—2015 质量要求进行独立基础钢筋连接及验收。

（4）具有安全意识，严格按照钢筋连接安全操作规程进行操作。

（5）具有文明施工和绿色施工意识，不浪费材料，工完场清，6S 标准。

6. 验收与评价

进行组内评价、小组互评、教师点评，钢筋绑扎实训验收考核表见附表 10。出现不符合规范要求应及时分析原因并进行整改，必要时课后对关键环节和技能点进行强化练习。

【课后拓展】

【拓展】独立基础钢筋焊接施工现场安全管理

（1）焊机电源线应靠边拉设，不得在作业现场乱拉，以防绊人或损坏，并应经常检查。

（2）开机前，必须对脚踏板、开关、电源插头、插座、设备的接地（零）线及电极等部位进行检查。

职业能力 A-1-6　能进行独立基础钢筋安装及验收

【学习目标】

（1）掌握钢筋安装工艺。

（2）能熟练进行独立基础钢筋安装。

（3）能对钢筋安装进行质量验收。

【基础知识】

1. 钢筋绑扎和安装准备工作

在混凝土工程中，模板安装、钢筋绑扎与混凝土浇筑属于立体交叉作业，为了保证质量、提高效率、缩短工期，必须在钢筋绑扎安装前认真做好以下准备工作：

（1）图纸、资料准备

1）熟悉施工图

施工图是钢筋绑扎安装的依据。熟悉施工图的目的是弄清各个编号钢筋形状、标高、细部尺寸、安装部位、钢筋的相互关系，确定各类结构钢筋正确合理的绑扎顺序。同时若发现施工图有错漏或不明确的地方，应及时与有关部门联系解决。

2）核对配料单及钢筋料牌

依据施工图，结合规范对接头位置、数量、间距的要求，核对配料单及钢筋料牌是否正确，校核已加工钢筋的品种、规格、形状、尺寸及数量是否符合配料单的规定，有无错配、漏配。

3）确定施工方法

根据施工组织设计中对钢筋安装时间和进度的要求，研究确定相应的施工方法。例如，哪些部位的钢筋可以预先绑扎再在工地模板内组装，哪些钢筋在工地模板内绑扎安装。钢筋成品和半成品的进场时间、进场方法、劳动力组织等。

（2）工具、材料准备

1）工具准备

应备好扳手、铁丝、小撬棍、马凳、钢筋钩、画线尺、垫块或塑料卡、撑铁等常用工具。

2）了解现场施工条件

包括运输路线是否畅通，材料堆放地点是否安排合理等。

3）检查钢筋的锈蚀情况，确定是否除锈和采用哪种除锈方法等。

（3）现场施工准备

1）钢筋位置放线

若梁、板、柱类型较多时，为避免混乱和差错，还应在模板上标示各种型号构件的钢筋规格、形状和数量。为使钢筋绑扎正确，一般先在结构模板上用粉笔按施工图标明的间距画线，作为钢筋摆料的依据。通常平板或墙板钢筋在模板上画线。柱箍筋在两根对角线主筋上划点。梁箍筋在架立钢筋上划点。基础的钢筋则在固定架上画线或在两向各取一根钢筋上划点。钢筋接头按照规范对位置、数量的要求，在模板上画出。

2）做好自检、互检及交接检工作

在钢筋绑扎安装前，应会同施工员及木工、水电安装工等相关工种，共同检查模板尺寸、标高，确定管线、水电设备等的预埋和预留工作。

（4）混凝土施工过程中的注意事项

在混凝土浇筑过程中，混凝土的运输应有其独立的通道。运输混凝土不能损坏成品钢筋骨架。应在混凝土浇筑时安排钢筋工现场值班，及时修整移动的钢筋或松动的绑扎点。

混凝土施工缝不应随意留置，其位置应事先在施工技术方案中确定，应尽可能留置在受剪力较小的部位，并且要便于施工。钢筋工应在混凝土再次浇筑前，认真调整混凝土施工缝部位的钢筋。

2. 钢筋绑扎操作工艺

（1）钢筋绑扎的常用工具

1）钢筋钩。钢筋钩是用得最多的绑扎工具。常用直径 12～16mm、长度 160～200mm 的圆钢筋加工而成。

2）小撬棍。主要用来调整钢筋间距，矫直钢筋的局部弯曲，垫保护层垫块等。

3）绑扎架。为了确保绑扎质量，绑扎钢筋骨架必须用钢筋绑扎架。

（2）绑扎的操作方法

绑扎钢筋是借助钢筋钩用铁丝把各种单根钢筋绑扎成整体网片或骨架。

1）一面顺扣法：这是最常用的方法，具体操作如图 A-40 所示。先将扎丝对折，绑扎时先将扎丝穿过钢筋交叉点，接着用钢筋钩钩住扎丝弯成圆圈的一端，旋转钢筋钩，一般旋转 1.5～2.5 圈即可。扣要短，才能少转快扎。这种方法操作简便，绑点牢靠，适用于钢筋网和钢筋骨架各个部位的绑扎。

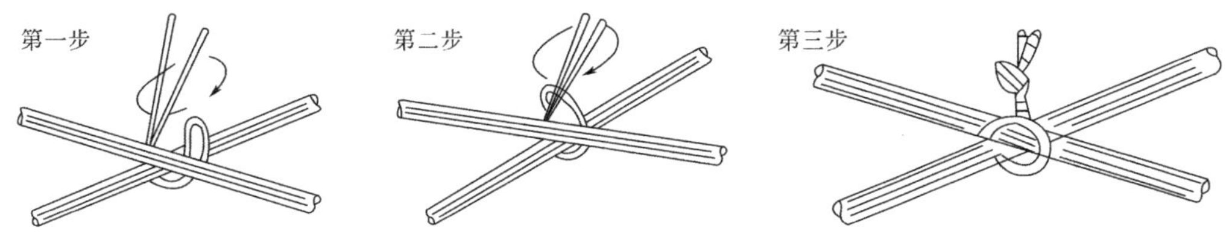

图 A-40 一面顺扣法

2）其他操作方法：钢筋绑扎除一面顺扣法之外，还有十字花扣法、反十字花扣法、兜扣法、缠扣法、兜扣加缠扣法、套扣法等。十字花扣法、兜扣法适用于平板钢筋网和箍筋处绑扎。缠扣法主要用于墙钢筋和柱箍的绑扎。反十字花扣法、兜扣加缠扣法适用于梁骨架的箍筋与主筋的绑扎。套扣法用于梁的架立钢筋和箍筋的绑扎。

（3）钢筋绑扎用铁丝

绑扎钢筋用的铁丝主要规格为 20～22 号的镀锌铁丝或绑扎钢筋专用的火烧丝。22 号铁丝宜用于绑扎直径 12mm 以下的钢筋，绑扎直径 12～25mm 钢筋时，宜用 20 号铁丝。钢筋绑扎所需铁丝的长度可参考表 A-14。

钢筋绑扎铁丝所需长度 **表 A-14**

钢筋直径(mm) \ 钢筋直径(mm)	3～4	5	6	8	10	12	14	16	18	20	22	25	28	32
3～4	11	12	12	13	14	15	16	18	19					
5		12	13	13	14	16	17	18	20	21				
6			13	14	15	16	18	19	21	23	25	27	30	32
8				15	17	17	18		22	25	26	28	30	33
10					18	19	20	22	24	25	26	28	31	34
12						20	22	23	25	26	27	29	31	34
14							23	24	25	27	28	30	32	35
16								25	26	28	30	31	33	36
18									27	30	31	33	35	37
20										31	32	34	36	38
22											34	35	37	39

3. 钢筋绑扎操作要点

（1）画线时应画出主筋的间距及数量，并标明梁柱箍筋的加密位置。

（2）板类钢筋应先排主筋后排分布钢筋，梁类钢筋一般先摆放纵筋然后摆放箍筋，摆放钢筋时应注意按规定将受力钢筋的接头错开。

（3）受力钢筋接头在连接区段（35d，d 为钢筋直径，且不小于 500mm）内，有接头的受力钢筋截面面积占受力钢筋总截面面积的百分率应符合规范规定。

（4）墙、柱、梁钢筋骨架中各竖向面钢筋网交叉点应全数绑扎。板上部钢筋网的交叉点应全数绑扎，底部钢筋网除边缘部分外可间隔交错绑扎。

箍筋的转角与其他钢筋的交叉点均应绑扎，但箍筋的平直部分与钢筋的交叉点可呈梅花式交错绑扎。箍筋的弯钩叠合处应错开绑扎，应交错绑扎在不同的钢筋上。

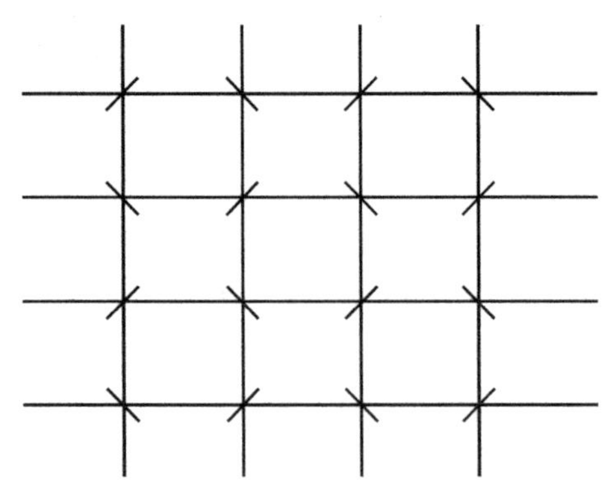

图 A-41 绑扎钢筋网片

（5）绑扎钢筋网片（图 A-41）采用一面顺扣绑扎法，在相邻两个绑点应呈八字形，不得互相平行以防骨架歪斜变形。

（6）梁、柱的箍筋弯钩及焊接封闭箍筋的焊点应沿纵向受力钢筋方向错开设置。

（7）梁及柱中箍筋、墙中水平分布钢筋、板中钢筋距构件边缘的起始距离宜为 50mm。

（8）构造柱纵向钢筋宜与承重结构同步绑扎，预制钢筋骨架绑扎时要注意保持外形尺寸正确，避免入模安装困难。

（9）在梁、柱类构件的纵向受力钢筋搭接长度范围内应按设计要求配置箍筋，并应符合下列规定：

1）箍筋直径不应小于搭接钢筋较大直径的 25%。

2）受拉搭接区段的箍筋间距不应大于搭接钢筋较小直径的 5 倍，且不应大于 100mm。

3）受压搭接区段的箍筋间距不应大于搭接钢筋较小直径的 10 倍，且不应大于 200mm。

4）当柱中纵向受力钢筋直径大于 25mm 时，应在搭接接头两个端面外 100mm 范围内各设置两个箍筋，其间距宜为 50mm。

4. 钢筋绑扎检查

钢筋绑扎安装完毕，应按以下内容进行检查：

（1）对照设计图纸检查钢筋的品种、级别、直径、根数、间距、位置是否正确。

（2）检查钢筋的接头位置和搭接长度是否符合规定。

（3）检查混凝土保护层的厚度是否符合规定。

（4）检查钢筋是否绑扎牢固，有无松动变形现象。

（5）钢筋表面不允许有油渍、漆污和片状铁锈。

（6）安装钢筋的允许偏差，不得大于规范要求。

【实践操作】

1. 教师演示

独立基础钢筋安装及验收见表 A-15。

15教学视频

独立基础钢筋安装及验收 **表 A-15**

步骤	操作及说明	标准与指导	备注
(1)弹底板钢筋位置线	将基础垫层清扫干净。 先定出轴线，将小卷尺 1400mm 对准竖向轴线上端向左量 1300mm，向右量 1600mm 用粉笔定出点位。再将小卷尺 1400mm 对准竖向轴线下端向左量 1300mm，向右量 1600mm 用粉笔定出点位，然后用墨斗弹出 DJ_Z06 左右两边边线。同理弹出 DJ_Z06 的上下边线。 按设计的钢筋间距，直接在垫层上用粉笔定位钢筋。依次从边线向内量取 40mm 保护层厚度，再依次量取 26 个 110mm 和一个 40mm DJ_P06 1600 1300 1300 1600	粉笔定点要小，并取中心点才能保证精确（也可用红芯木工笔） 墨斗弹线要用力拉紧，对准粉笔定位点，并由第三人竖直弹线	

续表

步骤	操作及说明	标准与指导	备注
(2)布置钢筋	根据独立柱基础的配筋图计算各种钢筋的直线下料长度、根数及重量，然后编制钢筋配料单，进行钢筋备料加工。 将独立基础底板钢筋减短10%钢筋2538mm共26根，原长度2820mm钢筋共28根，按照弹线进行钢筋布置	基础底板为双向受力钢筋网时，底面长边方向的钢筋放在最下面，短边方向的钢筋放在长边方向的钢筋上面	
(3)绑扎底板钢筋	采用一面顺扣法将十字相交的交叉点全部扎牢，在相邻两个绑点应呈八字形	应先绑扎钢筋的两端，以便固定底面钢筋的位置	
(4)绑柱预留插筋	柱预留插筋长短筋，其中两个对角为长筋，另两个对角为短筋，其间钢筋长短筋间隔布置	柱预留插筋弯钩对矩形柱应为45°，对多边形柱应为模板内角的平分角，圆形柱钢筋的弯钩平面，应与模板的切平面垂直。中间钢筋的弯钩平面应与模板面垂直朝外	柱钢筋与插筋绑扎接头，绑扣要朝向里侧，便于箍筋向上移动
(5)绑扎柱箍筋	将柱箍筋与柱受力钢筋垂直绑扎	柱受力筋应与箍筋紧密贴合，箍筋弯钩叠合处沿柱筋方向错开	

2. 技术交底

(1) 先放线，按弹出的钢筋位置线，独立基础的底部钢筋先铺长方向，后铺短方向。

(2) 摆放基础底板下部钢筋时，第一根钢筋应距离基础边50mm，摆完第一根钢筋后再按照底板钢筋的间距摆放其他钢筋，排到最后不够一个钢筋间距时要另加一根钢筋，且要与最后一根钢筋均分间距。

(3) 底板钢筋绑扎时，钢筋接头采用滚轧直螺纹套筒连接，接头按50%错开连接。基础的底部钢筋的接头位置在跨中1/3范围内连接，基础的顶部钢筋在支座处连接。

3. 安全技术交底

(1) 人工搬运钢筋时，步伐要一致。防止碰撞物体或他人，特别是防止碰挂周围和上下的电线。

(2) 人工垂直传递钢筋时，送料人应站立在牢固平整的地面或临时构筑物上，接料人应有护身栏杆或防止前倾的牢固物体，必要时挂好安全带。

(3) 起吊钢筋或钢筋骨架时，下方禁止站人。

(4) 严禁钢筋靠近高压线路，钢筋与电源线路应保持安全距离。

4. 人员分工

放线时，1 人执卷尺，2 人辅助定点，另外 2 人弹墨线，然后角色对调。

安装钢筋时，2 人摆放钢筋，3 人执钢筋钩进行绑扎安装，然后角色对调。

5. 实施准备

材料、机具、施工和验收规范及工作页和考核表等的准备如图 A-42 所示。

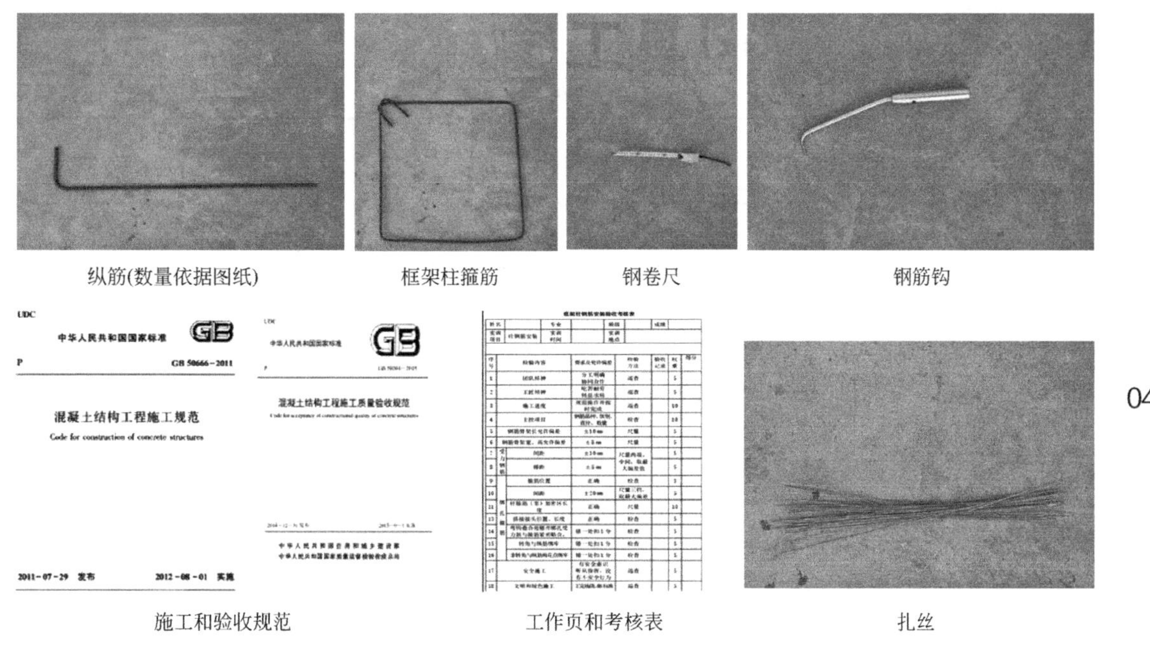

纵筋(数量依据图纸)　框架柱箍筋　钢卷尺　钢筋钩

施工和验收规范　工作页和考核表　扎丝

图 A-42　钢筋安装及验收实施准备

6. 学生实施

依据教师所给任务单进行独立基础钢筋安装及验收。基础及框架节点钢筋安装实训学生工作页见附表 15。实施过程中应符合以下要求：

(1) 听从指挥，能以正确方式沟通交流，能积极帮助其他组员，体现出合作意识和团队精神。

(2) 能认真细心地进行独立基础钢筋安装及验收，不厌其烦，体现出精益求精的工匠精神。树立爱岗敬业的职业态度，热爱劳动，具有吃苦耐劳的职业精神。

(3) 具有质量意识，能严格执行《混凝土结构工程施工质量验收规范》GB 50204—2015 质量要求进行独立基础钢筋安装及验收。

(4) 具有安全意识，严格按照钢筋安装安全操作规程进行操作。

(5) 具有文明施工和绿色施工意识，不浪费材料，工完场清。

7. 验收与评价

(1) 主控项目验收

首先检查钢筋的品种、级别、规格、数量、纵向受力钢筋的锚固方式和锚固长度等是否符合设计要求。

检查数量：全数检查。

检验方法：观察，尺量检查。

在钢筋安装时应通过检查钢筋的出厂试验报告和复试报告，确定钢筋的品种和级别。规格和数量可以通过尺量和观察进行检查。确保所绑扎钢筋符合设计要求，防止钢筋用错或数量不够。

（2）一般项目验收

钢筋安装允许偏差和检验方法见表 A-16。检查数量：在同一检验批内，对独立基础，应抽查构件数量的 10%，且不少于 3 件。

钢筋安装允许偏差和检验方法　　**表 A-16**

项目		允许偏差（mm）	检验方法
绑扎钢筋网	长、宽	±10	尺量
	网眼尺寸	±20	尺量连续三挡，取最大偏差值
绑扎钢筋骨架	长	±10	尺量
	宽、高	±5	尺量
纵向受力钢筋	锚固长度	−20	尺量
	间距	±10	尺量两端、中间各一点，取最大偏差值
	排距	±5	
纵向受力钢筋、箍筋的混凝土保护层厚度	基础	±10	尺量
	柱、梁	±5	尺量
	板、墙、壳	±3	尺量
绑扎箍筋、横向钢筋间距		±20	尺量连续三挡，取最大偏差值
钢筋弯起点位置		20	尺量
预埋件	中心线位置	5	尺量
	水平高差	±3　0	塞尺量测

注：检查中心线位置时，沿纵、横两个方向量测，并取其中偏差的较大值。

（3）组内评价、小组互评、教师点评

基础及框架节点钢筋安装实训验收考核表见附表 16。

8. 钢筋成品保护

（1）严禁在绑扎完毕的钢筋上进行焊接，随意切割。

（2）绑扎钢筋时严禁碰撞预埋件，如果碰动应按设计位置重新固定。

（3）保证预埋电线管位置准确，如电线管与钢筋冲突时可将竖向钢筋沿墙面左右弯曲，横向钢筋上下弯曲，保证保护层尺寸，严禁任意切断钢筋。

（4）绑扎墙体及暗柱钢筋时在脚手架上绑扎，不准蹬踩已绑好的箍筋。

（5）其他工种操作人员不准任意蹬踩钢筋。

（6）混凝土浇筑时，钢筋工要派专人看筋，在混凝土初凝时调整钢筋位置，使之恢复准确位置，对于碰撞位移的钢筋及时复位。

【课后拓展】

【拓展】独立基础钢筋安装施工现场安全管理

（1）施工现场禁止吸烟，禁止追逐打闹，禁止酒后作业。作业时必须按规定正确使用个人防护用品，着装要整齐。

（2）机械垂直吊运钢筋时，应捆扎牢固，吊点应设置在钢筋束的两端。起吊时钢筋要平稳上升，不得超重起吊。

（3）在建筑物内的钢筋要分散堆放，高空绑扎、安装钢筋时，不得将钢筋集中堆放在模板或脚手架上。

工作任务 A-2 独立基础模板安装与拆除

工作任务描述

进行独立基础模板施工。

工作任务分解

（1）职业能力 A-2-1 能进行独立基础模板加工。

（2）职业能力 A-2-2 能进行独立基础模板安装。

（3）职业能力 A-2-3 能进行独立基础模板拆除。

工作任务实施

职业能力 A-2-1 能进行独立基础模板加工

【学习目标】

（1）掌握模板施工用量计算方法。

（2）能进行独立基础模板加工。

【基础知识】

模板工程应编制专项施工方案。滑模、爬模等工具式模板工程及高大模板支架工程的专项施工方案，应进行技术论证。

模板工程专项施工方案一般宜包括下列内容：模板及支架的类型；模板及支架的材料要求；模板及支架的计算书和施工图；模板及支架安装、拆除相关技术措施；施工安全和应急措施（预案）、文明施工、环境保护等技术要求。

模板及支架应根据施工过程中的各种工况进行设计，应具有足够的承载力和刚度，并应保证其整体稳固性，其技术指标应符合国家现行有关标准的规定。模板及支架宜选用轻质、高强、耐用的材料。连接件宜选用标准定型产品。接触混凝土的模板表面应平整，并应具有良好的耐磨性和硬度。清水混凝土模板的面板材料应能保证脱模后所需的饰面效果。

模板、支架杆件和连接件的进场检查，应符合下列规定：

1）模板表面应平整。胶合板模板的胶合层不应脱胶翘角。支架杆件应平直，应无严重变形和锈蚀。连接件应无严重变形和锈蚀，并不应有裂纹。

2）模板的规格和尺寸，支架杆件的直径和壁厚，以及连接件的质量，应符合设计要求。

3）施工现场组装的模板，其组成部分的外观和尺寸，应符合设计要求。

4）必要时，应对模板、支架杆件和连接件的力学性能进行抽样检查。

5）应在进场时和周转使用前全数检查外观质量。

1. 模板基本要求

（1）模板系统要保证构件形状和尺寸及相互位置的正确。

（2）模板系统要有足够的强度、刚度和稳定性。

（3）构造简单，装拆方便。

2. 模板优缺点及其构造

模板工程中已有的模板类型有木模板、定型组合钢模板、大模板、胶合板模板和铝合金模板等。其中，目前最常用的模板有大模板、胶合板模板和铝合金模板。

（1）木模板（图 A-43）

1）木模板的优点

制作、拼装灵活，适用于各种构件。

2）木模板的缺点

① 制作量大，木材浪费大。

② 不能多次反复使用。

③ 接缝多，观感差。

图 A-43　木模板

图 A-44　小钢模

因其强度低不能多次反复使用，接缝多、观感差等缺点，目前已不再大面积使用。但该种模板类型是我国最早的模板类型，其他模板构成均按照它的原理进行设计。

（2）定型组合钢模板（图 A-44）

定型组合钢模板又称为小钢模。

1）定型组合钢模板的优点

① 拆装方便、周转率高等（可反复使用100次以上）。

② 强度高、可反复使用。

2）定型组合钢模板的缺点

接缝多，观感差。

3）定型组合钢模板的构造

定型组合钢模板系列包括钢模板、连接件、支撑件三部分。

① 钢模板：钢模板包括平面钢模板和拐角模板（阳角模板、阴角模板、连接角模）。

单块钢模板由面板、边框和加劲肋焊接而成。面板厚2.3mm或2.5mm，边框和加劲肋上面按一定距离钻孔（如150mm），可利用U形卡和L形插销等拼装成大块模板。

钢模板规格和型号已标准化、系列化。

P代表平面模板，宽度以100mm为基础，每50mm晋级，最大至600mm。长度以450mm为基础，每150mm晋级（450mm，600mm，750mm，900mm，1200mm，1500mm，1800mm），高度皆为55mm。

Y代表阳角模板（宽有100mm×100mm，50mm×50mm，长、高同平面模板）。

E代表阴角模板（宽有150mm×150mm，100mm×100mm，长、高同平面模板）。

J代表连接角模（宽有50mm×50mm，长、高同平面模板）。

如型号为P3015的钢模板，P表示平面模板，3015表示宽×长为30cm×150cm，见表A-17。

钢模板规格 表A-17

名称	代号	宽度(mm)	长度(mm)	肋高(mm)
平面模板	P	600、550、500、450、400、350、300、250、200、150、100	1800、1500、1200、900、750、600、450	55
阴角模板	E	150×150、100×100		
阳角模板	Y	100×100、50×50		
连接角模	J	50×50		

② 连接件：连接件有U形卡、L形插销、钩头螺栓、紧固螺栓、蝶形扣件等。

U形卡用于钢模板之间的连接与锁定，U形卡安装间距一般≤300mm，即每隔一孔插一个，安装方向一顺一倒相互交错，如图A-45所示。

U形卡

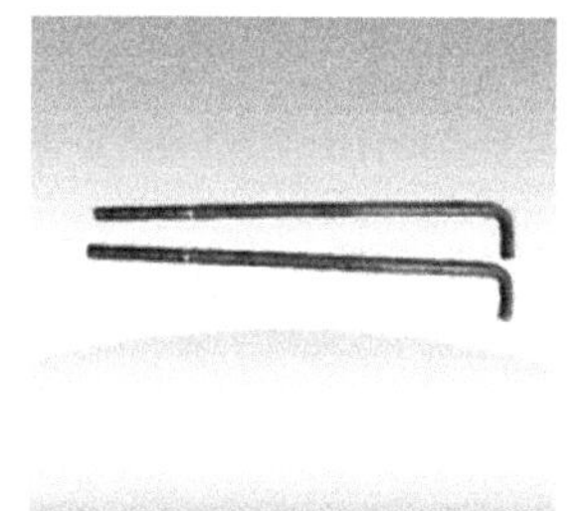
L形插销

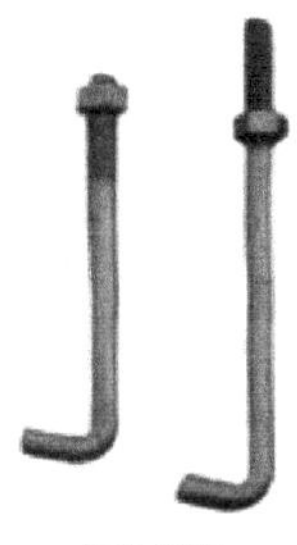
钩头螺栓

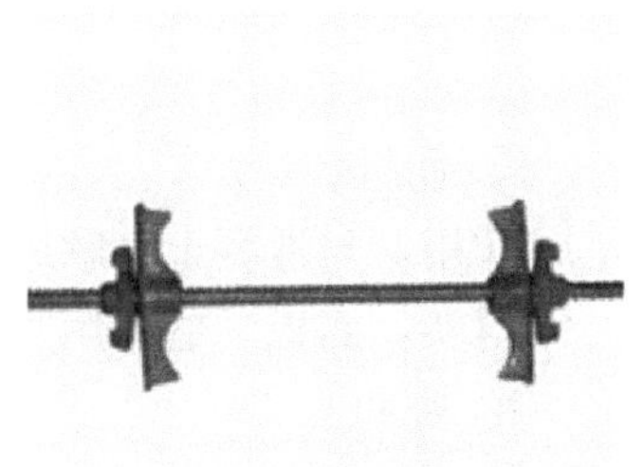
对拉螺栓及扣件

图A-45 定型组合钢模板连接件

③ 支撑件：支撑件有圆钢管、薄壁矩形钢管、内卷边槽钢、梁卡具、钢支架等。

（3）大模板

大模板也称为大钢模。

1）大模板的优点

① 可反复使用 200 次以上。

② 拼缝少，观感质量好。

③ 施工速度快。

2）大模板的缺点

① 模板重量大，移动安装需起重机械吊运。

② 易生锈、不保温、损坏后不易修复等。

3）大模板的构造

组成：面板、竖肋、水平背楞、支撑桁架、稳定机构和操作平台、穿墙螺栓等（图 A-46）。

图 A-46　大模板构造

① 面板：

作用：与混凝土接触用以形成混凝土面层的模板部分。

材料：面板一般采用 4～6mm 钢板。

② 竖肋：

作用：固定面板。

材料：6 或 8 号槽钢。

要求：间距为 300～500mm。

③ 水平背楞：

作用：加强大模板的整体刚度，作为穿墙螺栓的固定支点。

材料：6 或 8 号槽钢。

要求：间距为 1.0～1.2m。

④ 支撑桁架：支撑模板防止倾倒。

⑤ 稳定机构：支撑桁架与稳定机构共同起作用，保证模板的稳定，同时调整模板的垂直度和位置。

⑥ 穿墙螺栓：即对拉螺栓，用来加固两面墙模板。

⑦ 操作平台：用于给剪力墙浇筑混凝土的平台。

4）大模板的适用范围：主要适用于剪力墙结构的墙体。

（4）胶合板模板

混凝土用的胶合板有木胶合板和竹胶合板（图 A-47）两种。

木胶合板由奇数层薄木片用防水胶互相粘牢，结合组成。

竹胶合板则是由一组竹片组合而成。

胶合板的宽度一般为 1220mm，长度为 2440mm。

木胶合板常用厚度为 12mm、15mm、18mm，竹胶合板常用厚度为 12mm。

1）胶合板模板的优点

① 制作拼装灵活、适用于各种构件。

② 接缝少、观感好。

2）胶合板模板的缺点

① 制作量大，浪费大。

② 多次使用后会明显变形（可使用 6～8 次）。

(a)

(b)

图 A-47 胶合板模板按照材质分类

（a）木胶合板模板；（b）竹胶合板模板

3）胶合板模板的构造

胶合板模板根据各种构件不同其构造略有不同，但整体可分为模板、加固件、支撑件三部分（图 A-48）。

① 模板：指木胶合板和竹胶合板做成的面板部分。

② 加固件：指方木或槽钢（也称龙骨）、对拉螺栓、柱箍等。

③ 支撑件：指立杆、斜撑和对撑等。

图 A-48 胶合板模板构造

（5）铝合金模板

简称为铝模板。

1）铝模板的优点

① 拆装方便、周转率高等（周转次数可达 300 次以上，比大钢模周转率高）。

② 轻质高强，施工操作方便，不需要机械吊运，施工效率高。

③ 观感质量好，可达装饰及清水混凝土要求。

④ 材料均可再生，回收价值高，符合国家“节能环保低碳减排”的规定。

2）铝模板的缺点

一次投入成本高，适用于建筑样式单一的建筑。

3）适用范围

适用于柱、墙、梁、板、桥梁模板。从结构类型来说，在剪力墙结构及框剪结构中优势最明显。从层数来说，适用于有多栋 30 层以上建筑物的工程类型。

4）铝模板的构造

铝模板包括模板、连接件、支撑件三部分，见图 A-49。

图 A-49 铝模板构造

① 模板：铝合金做成的面板部分，见图 A-50。

图 A-50 铝模板模板部分

② 连接件：指销钉销片、拉片、柱箍、杯头胶管、对拉螺栓等，见图 A-51。

③ 支撑件：指立杆、斜撑和手动葫芦等，见图 A-52。

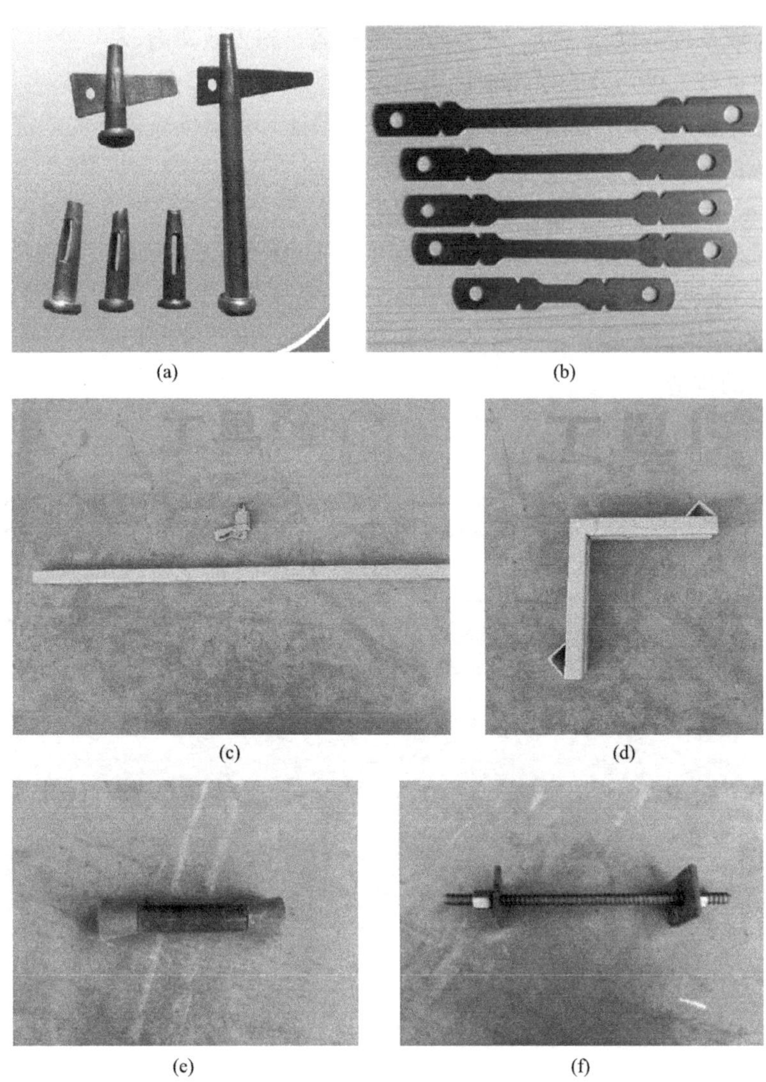

(a) (b) (c) (d) (e) (f)

图 A-51　铝模板连接件

(a) 销钉销片；(b) 拉片；(c) 方通及卡扣；(d) 柱箍；(e) 杯头胶管；(f) 对拉螺栓

(a) (b)

图 A-52　铝模板支撑件

(a) 立杆、斜撑；(b) 手动葫芦

【实践操作】

1. 教师演示

独立基础模板加工与制作见表 A-18。

独立基础模板加工与制作　　表 A-18

步骤	操作及说明	标准与指导	备注
(1)计算模板的尺寸	查阅结施-03 知，DJ_Z06 的平面尺寸为 2900×2900，选用 40×60 的方木，12mm 厚胶合板模板，则 DJ_Z06 的两块短拼板尺寸为 2900×300，两块长拼板尺寸为(12×2+2900)×300=2924×300。 DJ_P06, 300/200 B:X&Y:Φ12@110 1300　1600　1300　1600 则一阶独立基础模板用量=2924×300×2+2900×300×2=3.494(m^2)	尺寸符合基础平法要求。依据此法依次计算出所有独立基础模板用量	
(2)制作每阶模板	用卷尺沿一整张模板的宽边依次量高度 300mm 4 次，余最后一个高度为 20mm，用木工锯锯下。 然后在另一整张模板上沿长度方向量一个高度 300mm 然后用木工锯锯下，再依次量两个 484(=2924−2440)、两个 460(=2900−2440)用木工锯锯下。在模板背面加 40×60 的方木，并用斜钉将各小块模板进行连接和固定，形成四块侧拼板	尺量应精确，量线要平直	

2. 安全技术交底

(1) 进入施工现场必须佩戴合格的安全帽，系好下颚带，锁紧带扣，女同学戴安全帽长发不得外露。作业时必须扎紧袖口、理好衣角、扣好衣扣。

(2) 搬运木料和板材时，根据其重量而定，超重时必须两人进行，严禁从上往下投掷任何物料。

(3) 使用手锯时，防止伤手和伤害他人，并有防摔落措施，锯料时必须站在安全可靠处。用钉锤打钉时，应先轻打后重打，防止打伤自己。

(4) 严禁戴手套使用锤、斧等易脱手工具。作业前应检查所使用的工具，如手柄有无松动，断裂等。在实训过程中严禁嬉戏打闹，不用的工具如手锯、钉锤应立即放回工具箱内，用时再拿出。

(5) 若钉子打歪或钉错，拆开相连拼板后严禁将拼板上的钉子朝上，防止钉子扎人。

3. 人员分工

采用角色扮演，2 人放线，2 人裁切模板，1 人钉模板，然后进行角色调换。

4. 学生实施

依据教师所给任务单进行独立基础模板施工用量计算及模板加工与制作，模板加工实训学生工作页见附表27。实施过程中应符合以下要求：

（1）能认真细心地进行独立基础模板安装，不厌其烦，体现出精益求精的工匠精神。树立爱岗敬业的职业态度，热爱劳动，具有吃苦耐劳的职业精神。

（2）具有质量意识，能严格执行《混凝土结构工程施工质量验收规范》GB 50204—2015质量要求进行独立基础模板验收。

（3）具有安全意识，未出现拼板上钉子朝上的现象，做到“三不伤害”。

（4）具有文明施工和绿色施工意识，要求学生合理裁切模板，尽量少留废料，工完场清，6S标准。

5. 验收与评价

进行组内评价、小组互评、教师点评，模板加工实训验收考核表见附表28。出现不符合规范要求应及时分析原因并进行整改，必要时课后对关键环节和技能点进行强化练习。

【课后拓展】

【拓展】独立基础模板加工施工现场安全管理

（1）操作人员应经培训，熟悉使用的机械设备构造、性能和用途，掌握有关使用、维修、保养的安全操作知识。电路故障必须由专业电工排除。

（2）作业前，手持电动工具的漏电保护器应试机检查，合格后方可使用。操作时戴绝缘手套。使用手锯时，锯条必须调紧适度，下班时要放松，以防再使用时锯条突然爆断伤人。

职业能力 A-2-2　能进行独立基础模板安装

【学习目标】

（1）掌握独立基础模板安装施工工艺。

（2）能进行独立基础模板安装。

（3）能进行独立基础模板安装验收。

18教学视频

【基础知识】

安装模板之前，应事先熟悉设计图纸，初步考虑好立模及支撑的程序，以及与钢筋绑扎、混凝土浇捣等工序的配合，尽量避免工种之间的相互干扰。

模板安装包括放线、立模、支撑加固、吊正找平、尺寸校核、堵设缝隙及清仓去污等工序。下面以胶合板模板为例进行介绍。

1. 放线

应放出构件的中心线、边线和模板控制线。

2. 立模、支撑加固

（1）模板加工要求

模板加工必须满足截面尺寸，两对角线偏差小于1mm，偏差尺寸过大的模板需进行刨边，否则禁止使用。次龙骨必须双面刨光，主龙骨至少要单面刨光，翘曲、变形的方木不得作为龙骨使用。

模板加工完毕后，必须经过项目部技术、质量验收合格后方可使用。模板如果有毛边和破损，必须切掉后刷封边漆加以利用。

（2）立模、支撑加固的一般要求

竖向结构钢筋等隐蔽工程验收完毕，施工缝处理完毕后准备模板安装，安装模板前，要清除杂物，焊剂或检查模板的定位预埋，做好测量放线工作，抹好模板下的找平砂浆。

3. 吊正找平、尺寸校核

检查模板的轴线位置，对竖向构件模板检查模板垂直度、截面内部尺寸、检查相邻两板表面高低差、表面平整度等。

检查基础、墙、柱等模板的轴线位置，主要通过量模板控制线到模板背面的距离，模板控制线是沿边线外扩 20cm（也就是 200mm 的线），如果用 18mm 厚的模板内侧精准地与边线对齐，则模板外侧量至模板控制线＝200－18＝182（mm）。当实际量取模板控制线到模板背面的距离小于 182mm，说明模板偏外侧；当实际量取模板控制线到模板背面的距离大于 182mm，说明模板偏内侧。

检查梁模板的轴线位置，主要通过吊线坠的方法，当线坠静止后，两人上下量取线坠的线至模板边线的距离，若两者相等，则说明梁模板的轴线位置正确。

4. 堵设缝隙及清仓去污

对水平构件可先堵设缝隙再清仓去污，应在对模板吊正找平、尺寸校核后先堵设缝隙再清仓去污。

对竖向构件应先清仓去污再堵设缝隙。

【实践操作】

1. 教师演示

独立基础模板安装见表 A-19。

独立基础模板安装　　　　**表 A-19**

步骤	操作及说明	标准与指导	备注
(1)放线	在垫层上弹出中心线、边线和模板控制线 	弹线需准确	

续表

步骤	操作及说明	标准与指导	备注
(2)组装底层阶梯模板并固定	先在四块拼板上弹出拼板的中心线(轴线)→将拼板轴线与对应轴线的墨线对齐沿边线竖立模板→钉子固定连接四块侧拼板→加斜撑固定和拉结→吊正找平→继续组装上层模板	模板位置、标高、尺寸等必须安装准确且固定牢固	

2. 技术交底

(1) 现浇混凝土结构的模板及支架安装完成后，应按照专项施工方案对下列内容进行检查验收：

1) 模板定位，主要检查其标高和轴线位置。

2) 支架杆件的规格、尺寸、数量（支架立杆、水平杆间距），主要检查是否与专项施工方案要求一致。

3) 支架杆件之间的连接，主要检查连接方式、配件数量、螺栓拧紧力矩等。

4) 支架的剪刀撑和其他支撑设置，主要检查设置的数量、位置、连接方式等，以及风缆、抛撑等的设置和固定情况。

5) 支架与结构之间的连接设置，主要检查其是否能抵抗拉力和压力，连接节点是否符合施工方案要求，固定是否牢固、可靠等。

6) 支架杆件底部的支承情况，主要检查支承层和支承部位情况、垫板是否顶紧以及是否中心承载、各层立杆是否对齐等。对支承在土层上的，应按照《混凝土结构工程施工质量验收规范》GB 50204—2015 第 4.2.6 条的规定进行检查验收。

检查数量：全数检查。

检验方法：观察、尺量检查。力矩扳手检查。

(2) 模板质量要满足工程施工需要。模板拼装正确，模板接缝要严密。

(3) 龙骨间距符合要求，模板支撑牢固，其间距和位置符合要求，保证模板具有足够的强度、刚度和稳定性。

3. 安全技术交底

(1) 模板安装必须按模板的施工设计进行，严禁任意变动。支撑应按工序进行，模板没有固定前，不得进行下道工序。

(2) 作业前应认真检查模板、支撑等构件是否符合要求，钢模板有无严重锈蚀或变形，胶合板模板及支撑材质是否合格。地面上的支模场地必须平整夯实，并同时排除现场的不安全因素。

(3) 人员抬运模板时要互相配合、协同工作。空中传递模板、工具应用运输工具或绳子系牢后升降，不得乱扔。

(4) 独立基础模板安装过程中，小心钉子扎脚，严禁拼板上的钉子朝上。独立基础模板安装过程中，小心手锯、钉锤等工具伤人，做到“三不伤害”，不伤害他人，不伤害自己，不被他人伤害。

(5) 支撑过程中，如需中途停歇，应将支撑、拼板、方木等钉牢。模板及其支撑系统在安装过程中，必须设置临时固定设施，严防倾覆。

4. 人员分工

采用角色扮演，2 人加工模板，3 人安装模板，进行组内角色扮演。

5. 实施准备

材料、机具、施工和验收规范及工作页和考核表等的准备如图 A-53 所示。

12mm厚胶合板模板(数量依据图纸)

4cm×6cm方木

片锯、钉锤、卷尺等

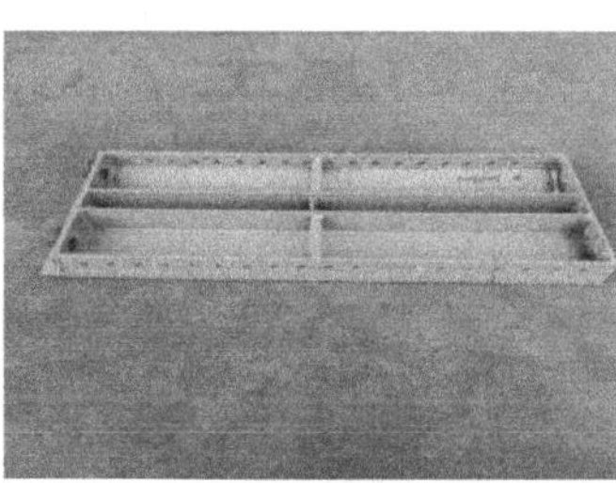

铝模板面板

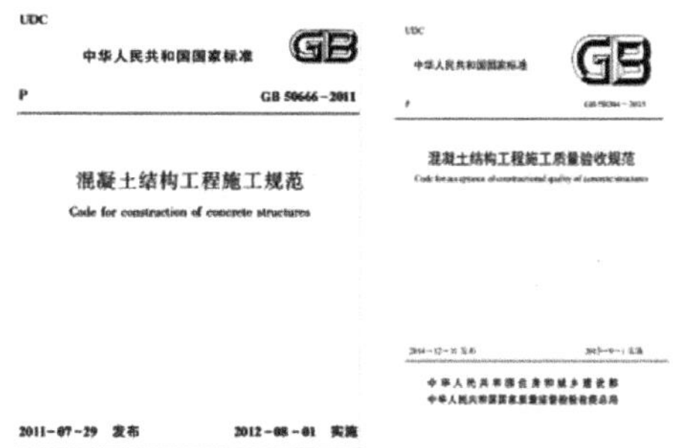

UDC
中华人民共和国国家标准 GB
P GB 50666-2011
混凝土结构工程施工规范
Code for construction of concrete structures
2011-07-29 发布 2012-08-01 实施

UDC
中华人民共和国国家标准 GB
混凝土结构工程施工质量验收规范

施工和验收规范(各6本)

工作页和考核表(各33份)

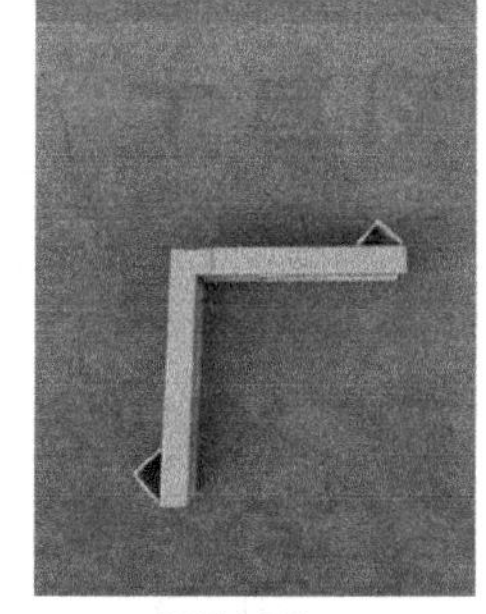

铝模板箍子

图 A-53 模板安装实施准备

6. 学生实施

依据教师所给任务单进行独立基础模板安装。基础模板安装实训学生工作页见附表 29。

7. 验收与评价

(1) 主控项目验收

模板及支架材料的技术指标（材质、规格、尺寸及力学性能）应符合国家现行有关标准和专项施工方案的规定。

检查数量：全数检查。

检验方法：检查质量证明文件。

检查中如果发现质量证明文件不能证实其质量满足要求时，应由施工、监理单位会同有关单位商定处理措施，包括退场、进一步抽样检验等。

（2）一般项目验收

模板工程验收的内容主要有模板的标高、位置、尺寸、垂直度、平整度、接缝、支撑等；预埋件以及预留孔洞的位置和数量；模板内是否有垃圾和其他杂物。

1）模板安装质量应符合下列要求：

① 模板的接缝应严密。

② 模板内不应有杂物。

③ 模板与混凝土的接触面应平整、清洁。

④ 对清水混凝土构件，应使用能达到设计效果的模板。

检查数量：全数检查。

检验方法：观察检查。

2）检查脱模剂。脱模剂不得影响结构性能及装饰施工，现场涂刷脱模剂不得沾污钢筋和混凝土接槎处。

检查数量：全数检查。

检验方法：观察检查现场和施工记录。

3）现浇独立基础模板安装的允许偏差及检验方法见表 A-20。

检查数量：在同一检验批内，对独立基础，应抽查构件数量的 10%，且不少于 3 件。

现浇独立基础模板安装的允许偏差及检验方法 **表 A-20**

项目	允许偏差(mm)	检验方法
轴线位置	5	尺量
层高垂直度(≤5m)	6	经纬仪或吊线、尺量
基础截面内部尺寸	±10	尺量
相邻两板表面高低差	2	尺量
表面平整度	5	2m 靠尺和塞尺检查

注：该表节选自《混凝土结构工程施工质量验收规范》GB 50204—2015 表 4.2.9。

4）固定在模板上的预埋件、预留孔和预留洞不得遗漏，且应安装牢固。当设计无具体要求时，其位置偏差应符合表 A-21 的规定。

检查数量：在同一检验批内，对梁、柱和独立基础，应抽查构件数量的 10%，且不少于 3 件。对墙和板，应按有代表性的自然间抽查 10%，且不少于 3 间。对大空间结构，墙可按相邻轴线间高度 5m 左右划分检查面，板可按纵横轴线划分检查面，抽查 10%，且均不少于 3 面。

检验方法：尺量检查。

检查方法：主要包括数量、位置、尺寸的检查，以及安装牢固程度的检查和对预埋件的外露长度的检查。预埋件的外露长度只允许有正偏差，不允许有负偏差。对预留洞内部尺寸，只允许大，不允许小。在允许偏差表中，不允许的偏差都以“0”来表示。

混凝土结构预埋件、预留孔 表 A-21

项目		允许偏差(mm)
预埋钢板中心线位置		3
预埋管、预留孔中心线位置		3
插筋	中心线位置	5
	外露长度	+10,0
预埋螺栓	中心线位置	2
	外露长度	+10,0
预留洞	中心线位置	10
	尺寸	+10,0

注：检查中心线位置时，应沿纵、横两个方向量测，并取其中偏差的较大值。

(3) 组内评价、小组互评、教师点评

基础模板安装实训验收考核表见附表 30。出现不符合规范要求应及时分析原因并进行整改，必要时课后对关键环节和技能点进行强化练习。

【课后拓展】

【拓展 1】对于阶形独立基础安装方法

在安装好下阶模板后，安装上阶模板竖向钢筋架支撑——组装上层阶梯模板并固定，见图 A-54。

图 A-54 安装上阶模板竖向钢筋架支撑

【拓展 2】独立基础模板工程和钢筋工程施工工序整体安排

在垫层上放线→安装底板钢筋→安装柱钢筋→基础钢筋验收→安装基础模板→基础模板验收。

【拓展3】独立基础模板安装施工现场安全管理

(1) 基础及地下工程模板安装，必须检查基坑土壁边坡的稳定状况，基坑上口边沿1m以内不得堆放模板及材料。向槽（坑）内运送模板构件时，严禁抛掷。使用溜槽或起重机械运送，下方操作人员必须远离危险区域。

(2) 支模过程中应遵守职业健康安全操作规程，如遇中途停歇，应将就位的斜撑、模板连接稳固，不得空架浮搁。

(3) 拼装完毕的大块模板或整体模板，吊装前应确定吊点位置，先进行试吊，确认无误后，方可正式吊运安装。

职业能力 A-2-3 能进行独立基础模板拆除

【学习目标】

(1) 掌握独立基础模板拆除方法与工艺。

(2) 能进行独立基础模板拆除。

19教学视频

【基础知识】

1. 模板拆除顺序

模板拆除顺序一般先拆非承重模板，后拆承重模板；先拆侧板，后拆底板；先支的后拆，后支的先拆。

2. 侧模板拆除

侧模板在混凝土强度能保证混凝土表面和棱角不因拆模而受损害时方可拆模。一般此时混凝土强度应达到2.5MPa以上，具体见表A-22。

侧模板拆除时间 表A-22

水泥品种	混凝土强度等级	混凝土凝固的平均温度(℃)					
		5	10	15	20	25	30
		混凝土强度达到2.5MPa所需天数(d)					
普通水泥	C10	5	4	3	2	1.5	1
	C15	4.5	3	2.5	2	1.5	1
	≥C20	3	2.5	2	1.5	1	1
矿渣及火山灰水泥	C10	8	6	4.5	3.5	2.5	2
	C15	6	4.5	3.5	2.5	2	1.5

3. 底模板拆除

底模板拆除应在浇筑梁板混凝土时由试验员（资料员）制作拆模试块，然后将拆模试块送试验单位检测，强度符合要求（应在与混凝土结构同条件养护的拆模试块达到表A-23规定强度标准值时）后由试验单位出具拆模试块强度试验报告单。

资料员收到试验报告单后向监理工程师进行模板拆除检验批报验，监理工程师验收通过后下发拆模令才能拆除底模板。

制作拆模试块→试验单位测压出具试验报告单→资料员向监理工程师进行模板拆除检验批报验→监理工程师验收通过后下发拆模令（拆模试块达到表 A-23 规定强度标准值时）→拆除底模板。

现浇结构拆模时所需混凝土强度　　表 A-23

结构类型	结构跨度(m)	按混凝土设计强度标准值的百分率计(%)
板	≤2	≥50
	>2,≤8	≥75
	>8	≥100
梁、拱、壳	≤8	≥75
	>8	≥100
悬臂构件		≥100

达到规定强度标准值所需时间可参考表 A-24。

拆除底模板的时间参考表（d）　　表 A-24

水泥强度等级及品种	混凝土达到设计强度标准值的百分率(%)	硬化时昼夜平均温度(℃)					
		5	10	15	20	25	30
32.5MPa 普通水泥	50	12	8	6	4	3	2
	75	26	18	14	9	7	6
	100	55	45	35	28	21	18

4. 现浇结构实体质量检查

现浇结构实体质量检查，即拆模后的混凝土实体质量检查要进行外观质量、现浇结构位置和尺寸、混凝土强度的验收与评价。为了检查混凝土强度是否达到设计要求，应在混凝土浇筑当天做标准养护试块、同条件养护试块、拆模试块等，详见职业能力 A-3-3 的“5. 混凝土质量检查（2）现浇结构实体质量检查”。

混凝土现浇结构质量验收应符合下列规定：

1）结构质量验收应在拆模后混凝土表面未作修整和装饰前进行。

2）已经隐蔽的不可直接观察和量测的内容，可检查隐蔽工程验收记录。

3）修整或返工的结构构件部位应有实施前后的文字及其图像记录资料。

（1）现浇结构的外观质量

混凝土结构缺陷可分为外观缺陷和尺寸偏差缺陷。外观缺陷和尺寸偏差缺陷可分为一般缺陷和严重缺陷。混凝土结构尺寸偏差超出规范规定，但尺寸偏差对结构性能和使用功能未构成影响时，应属于一般缺陷。而尺寸偏差对结构性能和使用功能构成影响时，应属于严重缺陷。现浇结构外观质量缺陷划分参见表 A-25。

现浇结构外观质量缺陷　　表 A-25

名称	现象	严重缺陷	一般缺陷
外形缺陷	缺棱掉角、棱角不直、翘曲不平、飞边凸肋等	重要构件有影响使用功能或装饰效果的外形缺陷	其他构件有不影响使用功能的外形缺陷

续表

名称	现象	严重缺陷	一般缺陷
外表缺陷	构件表面麻面、掉皮、起砂、沾污等	具有重要装饰效果的清水混凝土构件有外形缺陷	其他构件有不影响使用功能的外表缺陷
蜂窝	混凝土表面缺少水泥浆而形成石子外露，深度≥5mm 而小于保护层厚度	构件主要受力部位有蜂窝	其他部位有少量蜂窝
孔洞	混凝土中孔深度和长度均超过保护层厚度	构件主要受力部位有孔洞	其他部位有少量孔洞
露筋	混凝土中孔深度和长度均超过保护层厚度，使构件内部钢筋外露	纵向受力钢筋有露筋	其他钢筋有少量露筋
夹渣	混凝土中夹有杂物且深度超过保护层厚度	构件主要受力部位有夹渣	其他部位有少量夹渣
裂缝	缝隙从混凝土表面延伸至混凝土内部	构件主要受力部位有影响结构性能或使用功能的裂缝	其他部位有少量不影响结构性能或使用功能的裂缝
连接部位缺陷	构件连接处混凝土缺陷及连接钢筋、连接件松动	连接部位有影响结构传力性能的缺陷	连接部位有基本不影响结构传力性能的缺陷

（2）现浇结构位置和尺寸

现浇结构不应有影响结构性能和使用功能的尺寸偏差，混凝土设备基础不应有影响结构性能和设备安装的尺寸偏差。对超过尺寸允许偏差要求且影响结构性能、设备安装、使用功能的结构部位，应由施工单位提出技术处理方案，并经设计单位及监理（建设）单位认可后进行处理。对经处理后的部位，应重新验收。

现浇结构位置和尺寸允许偏差及检验方法见表 A-26。

现浇结构位置和尺寸允许偏差及检验方法　　表 A-26

项目		允许偏差(mm)	检验方法
轴线位置	整体基础	15	经纬仪及尺量
	独立基础	10	
	柱、墙、梁	8	
标高	层高	±10	水准仪或吊线、尺量
	全高	±30	
截面尺寸		+8，−5	尺量
柱、墙垂直度	层高≤5m	8	经纬仪或吊线、尺量
	层高>5m	10	经纬仪或吊线、尺量
表面平整度		8	2m 靠尺和塞尺检查

注：检查轴线、中心线位置时，应沿纵、横两个方向量测，并取其中偏差的较大值。

检查数量：按楼层、结构缝或施工段划分检验批。在同一检验批内，对梁、柱和独立基础，应抽查构件数量的 10%，且不少 3 件。对墙和板，应按有代表性的自然间抽查 10%，且不少于 3 间。对大空间结构，墙可按相邻轴线间高度 5m 左右划分检查面，板可按纵、横轴线划分检查面，抽查 10%，且均不少于 3 面。对电梯井，应全数检查。对设备基础，应全数检查。

5. 混凝土缺陷修整

现浇结构外观质量不应有缺陷，对已经出现的缺陷，应由施工单位提出处理方案，并经监理（建设）单位认可后进行处理。对经处理的部位，应重新检查验收。

施工过程中发现混凝土结构缺陷时，应认真分析缺陷产生的原因。对严重缺陷，施工单位应制定专项修整方案，方案应经论证审批后再实施，不得擅自处理。

（1）混凝土结构外观一般缺陷修整应符合下列规定：

1）露筋、蜂窝、孔洞、夹渣、疏松、外表缺陷，应凿除胶结不牢固部分的混凝土，应清理表面，洒水湿润后应用 1：2～1：2.5 水泥砂浆抹平。

2）应封闭裂缝。

3）连接部位缺陷、外形缺陷可与面层装饰施工一并处理。

（2）混凝土结构外观严重缺陷修整应符合下列规定：

1）露筋、蜂窝、孔洞、夹渣、疏松、外表缺陷，应凿除胶结不牢固部分的混凝土至密实部位，清理表面，支设模板，洒水湿润，涂抹混凝土界面剂，应采用比原混凝土强度等级高一级的细石混凝土浇筑密实，养护时间不应少于 7d。

2）开裂缺陷修整应符合下列规定：

① 民用建筑的地下室、卫生间、屋面等接触水介质的构件，均应注浆封闭处理。民用建筑不接触水介质的构件，可采用注浆封闭、聚合物砂浆粉刷或其他表面封闭材料进行封闭。

② 无腐蚀介质工业建筑的地下室、屋面、卫生间等接触水介质的构件，以及有腐蚀介质的所有构件，均应注浆封闭处理。

3）清水混凝土的外形和外表严重缺陷，宜在水泥砂浆或细石混凝土修补后用磨光机械磨平。

（3）混凝土结构尺寸偏差一般缺陷：

混凝土结构尺寸偏差一般缺陷，可结合装饰工程进行修整。混凝土结构尺寸偏差严重缺陷，应会同设计单位共同制定专项修整方案，结构修整后应重新检查验收。

【实践操作】

1. 教师演示

教师应向学生强调该实训操作应在混凝土养护凝固后确保能够满足强度要求时进行，拆模必须经过教师同意，严禁私自拆模。

独立基础模板拆除见表 A-27。

独立基础模板拆除 **表 A-27**

步骤	操作及说明	标准与指导	备注
(1)查侧模板的拆除时间	本工程独立基础混凝土强度 C30≥C20，查表得侧模板的拆除时间为 1d(假设日平均气温为 25℃)，即混凝土浇筑完成 24h 后开始拆模	应用时，按照当地日平均气温进行查表	
(2)侧模板的拆除	拆除基础侧模板拉结→拆除斜撑→拆除钉子及四块侧拼板	先支的后拆，后支的先拆	

2. 技术交底

（1）混凝土结构拆模后的检查

1）构件的轴线位置、标高、截面尺寸、表面平整度、垂直度。

2）预埋件的数量、位置。

3）构件的外观缺陷。

4）构件的连接及构造做法。

5）结构的轴线位置、标高、全高垂直度。

（2）模板涂刷脱模剂

拆模后，清理模板后要立即涂刷脱模剂，见图 A-55。脱模剂的品种和涂刷方法应符合专项施工方案的要求。脱模剂不得影响结构性能（如对混凝土中钢筋具有腐蚀性的脱模剂）及装饰施工（如使用废机油影响混凝土表面后期装修等），脱模剂宜在支模前涂刷，当受施工条件限制或支模工艺不同时，也可现场涂刷，但应注意现场涂刷不得沾污钢筋和混凝土接槎处。脱模剂应能有效减小混凝土与模板间的吸附力，并应有一定的成膜强度，且不应影响脱模后混凝土表面的后期装饰。

关于脱模剂的产品质量要检查其质量证明文件，关于脱模剂的涂刷质量要全数观察检查模板和施工记录。脱模剂主要功能是帮助模板顺利脱模，此外还具有保护混凝土结构的表面质量、增加模板的周转使用次数、降低工程成本等功能。

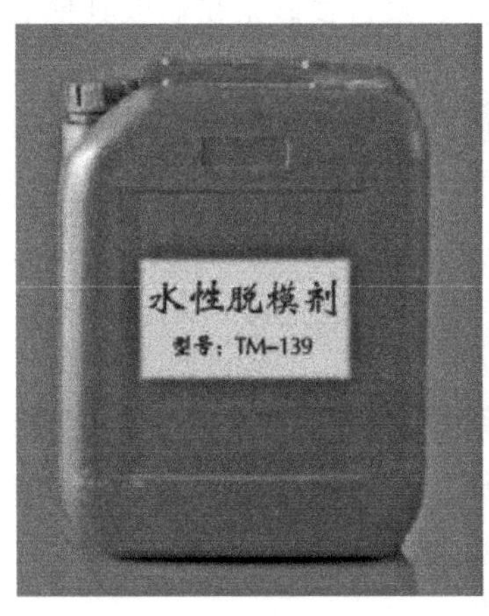

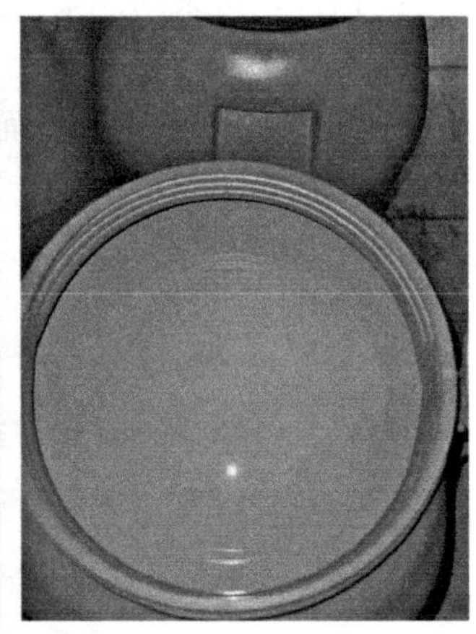

图 A-55　脱模剂

3. 安全技术交底

（1）拆模板应经教师检查试块强度，确认混凝土已达到拆模强度时，方可拆除，严禁私自拆模。

（2）拆模作业时，必须设警戒区，严禁下方有人进入。拆模时不要用力过猛，拆下的模板及支架杆件不得抛掷，应分散堆放在指定地点，且要及时运走、整理、堆放，要对模板进行维修和保养，以便重复使用。

（3）拆模时，应逐块拆卸，不得成片松动、撬落或拉倒，严禁作业人员在同一垂直面上同时操作。拆模时应尽量避免混凝土表面或模板受到损坏，注意整块板下落伤人。

（4）为使拆模方便，模板应清理干净和涂刷隔离剂。

（5）拆模间歇应将已活动的模板、斜撑等运走或妥善堆放，防止因扶空、踏空而发生坠落事故。

（6）多个楼层间连续支模的底层支架拆除时间，应根据连续支模的楼层间荷载分配和混凝土强度的增长情况确定。

4. 人员分工

2 人扶模板、3 人拆模板，然后进行角色调换。

5. 实施准备

材料、机具、施工和验收规范及工作页和考核表等的准备如图 A-56 所示。

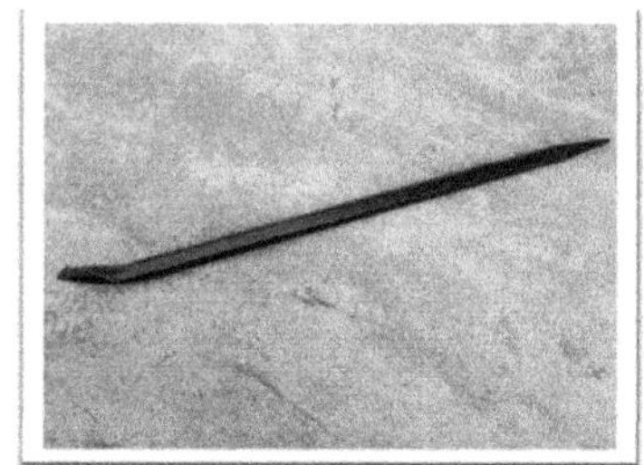
小橇棍

已凝固的框架柱混凝土

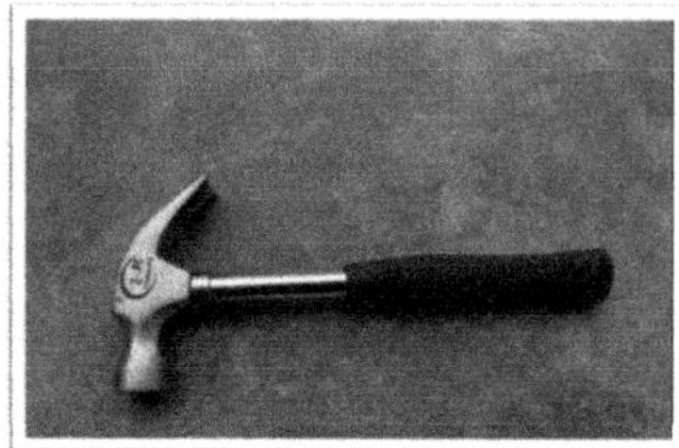
羊角锤

中华人民共和国国家标准

GB

GB 50666—2011

混凝土结构工程施工规范

Code for construction of concrete structures

施工规范

中华人民共和国国家标准

GB

混凝土结构工程施工质量验收规范

验收规范

工作页和考核表

图 A-56　模板拆除实施准备

6. 学生实施

依据教师所给任务单进行独立基础模板拆除及现浇结构观感质量验收实训。模板拆除及现浇结构观感质量验收实训学生工作页见附表 41。实施过程中应符合以下要求：

（1）听从老师和组长指挥，体现出合作意识和团队精神。

（2）能认真细心地进行独立基础模板拆除，树立爱岗敬业的职业态度，不喊苦喊累、偷奸耍滑。实训结束后，主动清理现场、打扫卫生并归还工具，热爱劳动，具有吃苦耐劳的职业精神。

（3）具有质量意识，能严格执行《混凝土结构工程施工质量验收规范》GB 50204—2015 拆模要求进行框架柱模板拆除，确保混凝土质量。

（4）具有安全意识，无暴力野蛮拆模现象。

（5）具有文明施工和绿色施工意识。

7. 验收与评价

进行组内评价、小组互评、教师点评，模板拆除及现浇结构观感质量验收实训考核表见附表 42。出现不符合规范要求应及时分析原因并进行整改，必要时课后对关键环节和技能点进行强化练习。

【课后拓展】

【拓展】独立基础模板拆除施工现场安全管理

（1）模板及其支架拆除的顺序及安全措施应按施工方案执行。应在混凝土强度达到设计混凝土强度规定值后才能拆除模板及其支架。拆除时应严格遵守各类模板拆除作业的安全要求。

（2）在模板拆装区域周围，应设置围栏，并挂明显的标志牌，禁止非作业人员入内。

（3）工作前，应检查所使用的工具是否牢固，扳手等工具必须用绳链系挂在身上，工作时思想要集中，防止钉子扎脚和从空中滑落。

（4）拆除基础及地下工程模板时，应先检查基坑土壁状况，如有不安全因素时，必须采取职业健康安全措施后，方可作业。拆除的模板和支撑件不得在基坑上口 1 m 以内堆放，应随拆随运走。

（5）拆模后模板或木方上的钉子，应及时拔除或敲平，防止钉子扎脚。

工作任务 A-3　独立基础混凝土施工

工作任务描述

进行独立基础混凝土施工。

20教学视频

工作任务分解

（1）职业能力 A-3-1 能进行自拌混凝土施工配料计算。

（2）职业能力 A-3-2 能根据工程实际做好混凝土施工准备。

（3）职业能力 A-3-3 能进行独立基础混凝土浇筑及养护。

工作任务实施

职业能力 A-3-1　能进行自拌混凝土施工配料计算

【学习目标】

（1）能根据施工图纸估算独立基础混凝土施工用量。

（2）能进行自拌混凝土施工配料计算。

【基础知识】

1. 混凝土配合比设计

混凝土配合比设计应经试验确定，并应符合下列规定：

1）应在满足混凝土强度、耐久性和工作性要求的前提下，减少水泥和水的用量。

2）当有抗冻、抗渗、抗氯离子侵蚀和化学腐蚀等耐久性要求时，尚应符合现行国家标准《混凝土结构耐久性设计标准》GB/T 50476 的有关规定。

3）应分析环境条件对施工及工程结构的影响。

4）试配所用的原材料应与施工实际使用的原材料一致。

2. 自拌混凝土施工配料

混凝土配合比设计好后，在施工现场不能直接使用，因为混凝土配合比设计是在实验室进行的，是把施工现场的砂石经过绝对烘干后用干砂、干石所设计的配合比，而施工现场采用的是含水的湿砂和湿石，因此先要将试验室配合比转化为施工配合比。

自拌混凝土施工配合比调整按以下步骤进行：

试验室配合比为：水泥：砂子：石子＝1：X：Y，水灰比为 W/C，测得现场砂子含水量为 ω_x，石子含水量为 ω_y，则施工配合比应为：1：X（$1+\omega_x$）：Y（$1+\omega_y$），自由加水量 $W'=W-X\times\omega_x-Y\times\omega_y$。

【实践操作】

1. 教师演示

自拌混凝土施工配料计算见表 A-28。

自拌混凝土施工配料计算 表 A-28

步骤	操作及说明	标准与指导	备注
(1)施工配合比换算	混凝土试验室配合比为：1：2.56：5.5，水灰比为 0.64，测得施工现场沙子含水量为 4%，石子含水量为 2%，则施工配合比为：1：2.56(1＋4%)：5.5(1＋2%)＝1：2.66：5.61 水：0.64－2.56×4%－5.5×2%＝0.43	试验室所用砂、石均为绝对烘干的砂和石，而施工现场砂石一定含有水	该试验室配合比为假设数据，具体工程依据试验室出具的配合比
(2)计算 $1m^3$ 混凝土材料用量	$1m^3$ 混凝土水泥用量为 280kg，$1m^3$ 混凝土材料用量为： 水泥：280kg。 砂子：280×2.66＝744.8(kg)。 石子：280×5.61＝1570.8(kg)。 水：280×0.64－280×2.56×4%－280×5.5×2%＝119.7(kg)	原材料的计量必须准确。原材料每盘称量的允许偏差不得超过以下规定：水泥、水、掺和料、外加剂为±2%。粗、细骨料为±3%	
(3)计算混凝土搅拌机每盘材料用量	如采用 JZC500 型搅拌机，其出料容量为 $0.5m^3$。则每次搅拌所需原材料为： 水泥：280×0.5＝140(kg)。 砂子：744.8×0.5＝372.4(kg)。 石子：1570.8×0.5＝785.4(kg)。 水：119.7×0.5＝59.85(kg)	原材料的计量必须准确。原材料每盘称量的允许偏差不得超过以下规定：水泥、水、掺和料、外加剂为±2%。粗、细骨料为±3%	

2. 学生实施

依据教师所给任务单进行独立基础自拌混凝土施工配料计算。

3. 验收与评价

教师根据学生计算完成情况进行打分与点评。

【课后拓展】

施工配合比应经项目技术负责人批准。在使用过程中，应根据反馈的混凝土动态质量信息及时对混凝土配合比进行调整。遇有下列情况时，应重新进行配合比设计：

1）当混凝土性能指标有变化或有其他特殊要求时。

2）当原材料品质发生显著改变时。

3）同一配合比的混凝土生产间断 3 个月以上时。

职业能力 A-3-2　能根据工程实际做好混凝土施工准备

【学习目标】

（1）掌握泵送混凝土的特点及施工要点。

（2）能熟练进行混凝土的现场搅拌。

21教学视频

【基础知识】

1. 混凝土原材料

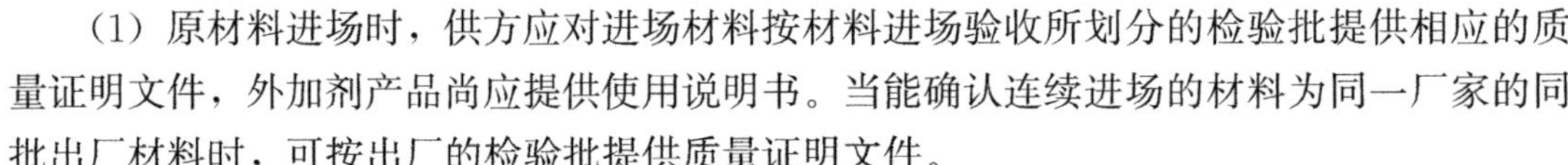

（1）原材料进场时，供方应对进场材料按材料进场验收所划分的检验批提供相应的质量证明文件，外加剂产品尚应提供使用说明书。当能确认连续进场的材料为同一厂家的同批出厂材料时，可按出厂的检验批提供质量证明文件。

原材料进场时，应对材料外观、规格、等级、生产日期等进行检查，并应对其主要技术指标按现行国家标准《混凝土结构工程施工规范》GB 50666 第 7.6.3 条的规定划分检验批进行抽样检验，每个检验批检验不得少于 1 次。

经产品认证符合要求的水泥、外加剂，其检验批量可扩大一倍。在同一工程中，同一厂家、同一品种、同一规格的水泥、外加剂，连续三次进场检验均一次合格时，其后的检验批量可扩大一倍。

（2）水泥的选用应符合下列规定：

1）水泥品种与强度等级应根据设计、施工要求以及工程所处环境条件确定。

2）普通混凝土宜选用通用硅酸盐水泥。有特殊需要时也可选用其他品种水泥。

3）有抗渗、抗冻融要求的混凝土，宜选用硅酸盐水泥或普通硅酸盐水泥。

4）处于潮湿环境的混凝土结构，当使用碱活性骨料时，宜采用低碱水泥。

（3）水泥进场时应对其品种、级别、包装或散装仓号、出厂日期等进行检查，并应对水泥的强度、安定性和凝结时间进行复检，其结果应符合现行国家标准《通用硅酸盐水泥》GB 175 等的规定。当对水泥质量有怀疑或水泥出厂超过 3 个月时，或快硬硅酸盐水泥超过 1 个月时，应进行复验并按复验结果使用。

检查数量：按同一生产厂家、同一等级、同一品种、同一批号且连续进场（厂）的水泥，袋装不超过 200t 为一批，散装不超过 500t 为一批，每批抽样数量不应少于一次。

检验方法：检查质量证明文件（产品合格证和出厂检验报告）和抽样复检报告。

（4）混凝土原材料中的粗骨料、细骨料质量应符合现行行业标准《普通混凝土用砂、石质量及检验方法标准》JGJ 52 的规定。

1）粗骨料宜选用粒形良好、质地坚硬的洁净碎石或卵石，并应符合下列规定：

① 粗骨料最大粒径不应超过构件截面最小尺寸的 1/4，且不应超过钢筋最小净间距的 3/4。对实心混凝土板，粗骨料的最大粒径不宜超过板厚的 1/3，且不应超过 40mm。

② 粗骨料宜采用连续粒级，也可用单粒级组合成满足要求的连续粒级。

③ 含泥量、泥块含量指标应符合规范相关规定。

2）细骨料宜选用级配良好、质地坚硬、颗粒洁净的天然砂或机制砂，并应符合下列规定：

① 细骨料宜选用Ⅱ区中砂。当选用Ⅰ区砂时，应提高砂率，并应保持足够的胶凝材料用量，同时应满足混凝土的工作性要求。当采用Ⅲ区砂时，宜适当降低砂率。

② 混凝土细骨料中氯离子含量，对钢筋混凝土，按干砂的质量百分率计算不得大于0.06%。对预应力混凝土，按干砂的质量百分率计算不得大于0.02%。

③ 含泥量、泥块含量指标应符合规范相关规定。

3）有抗渗、抗冻融或其他特殊要求的混凝土，宜选用连续级配的粗骨料，最大粒径不宜大于40mm，含泥量不应大于1.0%，泥块含量不应大于0.5%。所用细骨料含泥量不应大于3.0%，泥块含量不应大于1.0%。

4）应对粗骨料的颗粒级配、含泥量、泥块含量、针片状含量指标进行检验，压碎指标可根据工程需要进行检验，应对细骨料颗粒级配、含泥量、泥块含量指标进行检验。当设计文件有要求或结构处于易发生碱骨料反应环境中时，应对骨料进行碱活性检验。抗冻等级F100及以上的混凝土用骨料，应进行坚固性检验。骨料不超过400m^3或600t为一检验批。

（5）混凝土拌制及养护用水应符合现行行业标准《混凝土用水标准》JGJ 63的规定。

（6）应按外加剂产品标准规定对其主要匀质性指标和掺外加剂混凝土性能指标进行检验。同一品种外加剂不超过50t应为一个检验批。

（7）采用预拌混凝土时，其原材料质量、混凝土制备与质量检验等均应符合现行国家标准《预拌混凝土》GB/T 14902的规定。预拌混凝土进场时，应检查混凝土质量证明文件，抽检混凝土的稠度。

检查数量：质量证明文件按现行国家标准《预拌混凝土》GB/T 14902的规定检查。每5罐检查一次稠度。

预拌混凝土质量证明文件主要包括混凝土配合比通知单、混凝土质量合格证、强度检验报告、必要的原材料合格检验报告、混凝土运输单以及合同规定的其他资料。由于混凝土的强度试验需要一定的龄期，报告可以在达到确定混凝土强度龄期后提供。

（8）原材料进场后，应按种类、批次分开储存与堆放，应标识明晰，并应符合下列规定：

1）散装水泥、矿物掺合料等粉体材料，应采用散装罐分开储存。袋装水泥、矿物掺合料、外加剂等，应按品种、批次分开码垛堆放，并应采取防雨、防潮措施，高温季节应有防晒措施。

2）骨料应按品种、规格分别堆放，不得混入杂物，并应保持洁净和颗粒级配均匀。骨料堆放场地的地面应做硬化处理，并应采取排水、防尘和防雨等措施。

3）液体外加剂应放置于阴凉干燥处，应防止日晒、污染、浸水，使用前应搅拌均匀。有离析、变色等现象时，应经检验合格后再使用。

2. 混凝土现场搅拌

混凝土现场搅拌，是指在施工现场按混凝土施工配合比将各种原材料用混凝土搅拌机均匀拌合成符合相应技术要求的混凝土。

（1）混凝土搅拌机的分类

混凝土搅拌机分为自落式和强制式两类，见图 A-57、图 A-58。混凝土搅拌机事故隐患：设备本身在安装、防护装置上存在问题，造成对操作人员安全的威胁；施工现场用电不安全，存在漏电现象，从而造成触电事故；施工人员违反操作规程，违章作业而造成的人身伤害。

图 A-57　自落式

图 A-58　强制式

（2）混凝土搅拌机安全操作规程

1）混凝土搅拌机安装必须平稳牢固，轮胎必须架空或卸下另行保管，并必须搭设防雨、防砸或保温的工作棚。操作地点经常保持整洁，棚外应挖设排除清洗机械废水的沉淀池。

2）混凝土搅拌机的电源接线必须正确，必须要有可靠的保护接零（或保护接地）和漏电保护开关，布线和各部绝缘必须符合规定要求（由电工操作）。

3）操作司机必须是经过培训，并经考试合格，取得操作证者，严禁非司机操作。

4）司机必须按清洁、紧固、润滑、调整、防腐的十字作业法，每次对搅拌机进行认真地维护与保养。

5）每次工作开始时，应认真检查各部件有无异常现象。开机前应检查离合器、制动器和各防护装置是否灵敏可靠，钢丝绳有无破损，轨道、滑轮是否良好，机身是否平衡，周围有无障碍，确认没有问题时，方能合闸试机。以 2～3 min 试运转，滚筒转动平衡，不跳动，不跑偏，运转正常，无异常声响后，再正式生产操作。

6）机械开动后，司机必须思想集中，坚守岗位，不得擅离职守。并须随时注意机械的运转情况，若发现不正常现象或听到不正常的声响，必须将筒内的存料放出，停机进行检修。

7）搅拌机在运转中，严禁修理和保养，并不准用工具伸到筒内扒料。

8）料斗提升时，严禁在料斗的下方工作或通行。料斗的基坑需要清理时，必须事先与司机联系，待料斗用安全挂钩挂牢固后方准进行。

9）检修搅拌机时，必须切断电源，如需进入滚筒内检修时，必须在电闸箱上挂有“有人工作，禁止合闸”的标示牌，并设有专人看守，要绝对保证能够避免误送电源事故的发生。

10）停止生产后，要及时将筒内外刷洗干净，严防混凝土粘结。工作结束后，将料斗提升到顶上位置，用安全挂钩挂牢。离开现场前拉下电闸并锁好电闸箱。

（3）现场搅拌站设置

施工现场混凝土搅拌站设置应因地制宜，尽可能布置在施工现场附近，最好在垂直运输机械工作半径范围内。砂、石的堆放地点、水泥库房应合理安排。搅拌机处应挂配料牌。要做到装料、卸料方便，既不交叉且运距又短。要安排好各种原材料的进场运输道路（最好是混凝土道路）以及水、电供应线路，安装好砂、石计量设备。还应注意整个搅拌站布置应整齐、规范、美观，符合安全文明施工的要求。

（4）搅拌作业

混凝土搅拌时间：从全部材料投入搅拌筒起，到开始卸料为止所经历的时间。搅拌时间过短，则混凝土均匀性差，且强度及和易性下降，而搅拌时间太长，搅拌效率又低。

投料顺序。施工中常用的投料顺序有：一次投料法和二次投料法。

一次投料法，是将石子、水泥、砂、水一次性全部加入搅拌机搅拌筒进行搅拌。

二次投料法，可分为预拌水泥砂浆法和预拌水泥净浆法。

预拌水泥砂浆法是先将水泥、砂和水加入搅拌机搅拌筒内开机搅拌第一次形成水泥砂浆，再将石子加入搅拌筒再开机搅拌第二次形成混凝土的方法。

预拌水泥净浆法是先将水泥和水加入搅拌机搅拌筒内开机搅拌第一次形成水泥浆，再将砂和石子加入搅拌筒再开机搅拌第二次形成混凝土的方法。

进料容量。进料容量是将搅拌前各种材料的体积累加起来的容量，即干料容量。进料容量约为出料容量的1.4～1.8倍（一般取1.5倍）。进料容量超过规定容量的10%，就会使材料在搅拌筒内无充分的空间进行拌合，影响混凝土拌合物的均匀性，如装料太少，则搅拌效率又太低。

3. 泵送混凝土

泵送混凝土施工，是指在浇筑混凝土时采用混凝土泵输送混凝土（混凝土拌合物的坍落度不低于100mm）。

（1）可泵性混凝土拌合物的特点

可泵性良好的混凝土拌合物应具有以下特点：

1）混凝土拌合物具有较高的流动性。

2）在足够的运输时间内混凝土坍落度损失最小。

3）混凝土黏聚性好。

4）在混凝土泵的压力作用下不离析。

5）有较高的水泥砂浆含量以降低输送过程中的摩阻力。

（2）原材料选择

1）水泥

一般情况下，应优先选用硅酸盐水泥和普通水泥。当施工环境温度较高或浇筑大体积混凝土时，应优先选用低水化热的水泥，如矿渣水泥等。

2）粗骨料

选择粗骨料时主要考虑粗骨料的最大粒径、骨料的种类以及骨料的颗粒级配等。

① 粗骨料的最大粒径。限制粗骨料最大粒径的目的是防止堵塞，以保证泵送作业的顺利进行。

② 粗骨料的种类。采用卵石比用碎石更有利于泵送，骨料表面应光滑，且应质地坚硬密实。

③ 粗骨料的颗粒级配。粗骨料的颗粒级配应符合《普通混凝土用砂、石质量及检验方法标准》JGJ 52—2006 的规定。

对所用的石子应作筛分试验，如不符合要求，可以采用单粒级骨料自行配合。

3）细骨料

细骨料以中砂为宜，其颗粒级配应符合《普通混凝土用砂、石质量及检验方法标准》JGJ 52—2006 的规定。

4）掺混合材料和外加剂

如果泵送混凝土中细粉料（粒径在 0.160mm 以下）含量不足，可以采用外掺混合材料的方法予以补充，如粉煤灰、沸石粉等，以提高混凝土的可泵性。

泵送混凝土中使用的外加剂主要是混凝土泵送剂，泵送剂是指能显著改善混凝土拌合物泵送性能的外加剂，如木钙减水剂等。

（3）泵送混凝土配合比设计

进行泵送混凝土配合比设计，最重要的是必须满足可泵性要求，应根据《普通混凝土配合比设计规程》JGJ 55—2011 的有关规定进行。设计中应注意以下事项：

1）控制好水灰比与胶凝材料总量。一般情况下，水灰比在 0.45～0.60 或胶凝材料总量在 400～450kg/m^3 时，混凝土的泵送性能较好。

2）严格控制粗骨料中针、片状颗粒含量，避免使用碱性骨料。

3）细骨料应选用中砂，通过 0.315mm 筛的颗粒总含量宜控制在 450kg/m^3 左右。

4）砂率可比普通混凝土提高 5%左右。

5）用水量比普通混凝土可略有增加，但严禁采用单独加大用水量的方法提高混凝土的流动性。

6）有外掺混合材料时，可能导致混凝土的早期强度降低，必要时可掺入早强剂。

7）合理选用外加剂及其掺入方法。

【实践操作】

1. 教师演示

预拌水泥砂浆法进行混凝土配料见表 A-29。

预拌水泥砂浆法进行混凝土配料　　表 A-29

步骤	操作及说明	标准与指导	备注
(1)按施工配合比加入原料	按施工配合比 1∶2.66∶5.61,分别称重水泥、砂、石、水	原材料的计量必须准确。原材料每盘称量的允许偏差不得超过以下规定:水泥、水、掺和料、外加剂为±2%。粗、细骨料为±3%	
(2)开机拌制	采用预拌水泥砂浆法: 先将水泥、砂和水加入搅拌机搅拌筒内开机搅拌第一次形成水泥砂浆。 再将石子加入搅拌筒再开机搅拌第二次形成混凝土		

2. 技术交底

(1) 原材料的计量应按重量计，水和外加剂溶液可按体积计，其允许偏差应符合表 A-30 的规定。

混凝土原材料计量允许偏差（%）　　表 A-30

原材料品种	水泥	细骨料	粗骨料	水	矿物掺合料	外加剂
每盘计量允许偏差	±2	±3	±3	±1	±2	±1
累计计量允许偏差	±1	±2	±2	±1	±1	±1

注：1. 现场搅拌时原材料计量允许偏差应满足每盘计量允许偏差要求。
2. 累计计量允许偏差指每一运输车中各盘混凝土的每种材料累计称量的偏差，该项指标仅适用于采用计算机控制计量的搅拌站。
3. 骨料含水率应经常测定，雨、雪天施工应增加测定次数。

(2) 混凝土应搅拌均匀，宜采用强制式搅拌机搅拌。混凝土搅拌的最短时间可按表 A-31 采用，当能保证搅拌均匀时可适当缩短搅拌时间。搅拌强度等级 C60 及以上的混凝土时，搅拌时间应适当延长。

混凝土搅拌的最短时间（s）　　表 A-31

混凝土坍落度	搅拌机机型	搅拌机出料量(L)		
		<250	250～500	>500
≤40	强制式	60	90	120
>40,且<100	强制式	60	60	90
≥100	强制式	60		

注：1. 混凝土搅拌时间指从全部材料装入搅拌筒中起，到开始卸料时止的时间段。
2. 当掺有外加剂与矿物掺合料时，搅拌时间应适当延长。
3. 采用自落式搅拌机时，搅拌时间宜延长 30s。
4. 当采用其他形式的搅拌设备时，搅拌的最短时间也可按设备说明书的规定或经试验确定。

(3) 混凝土在生产过程中的质量检查应符合下列规定：

1) 生产前应检查混凝土所用原材料的品种、规格是否与施工配合比一致。在生产过程中应检查原材料实际称量误差是否满足要求，每一工作班应至少检查 2 次。

2) 生产前应检查生产设备和控制系统是否正常，计量设备是否归零。

3）混凝土拌合物的工作性检查每 100m^3 不应少于 1 次，且每一工作班不应少于 2 次，必要时可增加检查次数。

4）骨料含水率的检验每工作班不应少于 1 次。当雨、雪天气等外界影响导致混凝土骨料含水率变化时，应及时检验。

3. 安全技术交底

（1）进料时，严禁将头或手伸入料斗与机架之间察看或探摸进料情况，运转中不得用手或工具等物伸入搅拌筒内扒料出料。

（2）料斗升起时，严禁在其下方工作或穿行。清理料坑时必须将料斗用链条扣牢。

（3）向搅拌筒内加料应在运转中进行，添加新料必须先将搅拌机内原有的混凝土全部卸出来才能进行。不得中途停机或在满载荷时启动搅拌机，反转出料除外。

（4）作业中，如发生故障不能继续运转时，应立即切断电源，将筒内的混凝土清除干净，然后进行检修。

（5）搬运袋装水泥时，必须逐层从上往下阶梯式搬运，严禁从下抽取。存放水泥时，必须码放整齐且不得码放过高（一般不超过 10 袋为宜），水泥袋码放不得靠近墙壁。

（6）使用手推车运料，向搅拌机料斗内倒砂石时，不得撒把倒料。

4. 人员分工

3 人装料，2 人出料。

5. 学生实施

分组采用预拌水泥净浆法进行混凝土配料。

6. 验收与评价

组内评价、小组互评、教师点评。

职业能力 A-3-3　能进行独立基础混凝土浇筑及养护

【学习目标】

（1）掌握独立基础混凝土浇筑及养护工艺。

（2）能熟练进行独立基础混凝土的浇筑及养护。

（3）能对独立基础混凝土的浇筑及养护进行质量验收。

22教学视频（上）

【基础知识】

混凝土浇筑前应完成下列工作：

1）隐蔽工程验收和技术复核。

2）对操作人员进行技术交底。

3）根据施工方案中的技术要求，检查并确认施工现场具备实施条件。

4）施工单位填报浇筑申请单，并经监理单位签字确认。

1. 混凝土现场运输

（1）运输工具

在施工现场，混凝土的运输分为垂直运输和水平运输（包括地面水平运输和楼面水平运输）。

垂直运输多采用塔式起重机（图 A-59）、龙门架（图 A-60）或混凝土泵（图 A-61、图 A-62）等。

图 A-59 塔式起重机

图 A-60 龙门架

地面水平运输可采用双轮手推车、机动翻斗车、混凝土搅拌运输车或自卸汽车等。当混凝土需用量大、运距较远或使用商品混凝土时，多用自卸汽车或混凝土搅拌运输车。

楼面水平运输可用双轮手推车、皮带运输机，塔式起重机和混凝土泵也可以解决一定的水平运输。

（2）运输要求

搅拌的混凝土应及时运至浇筑地点，为保证混凝土的质量，对混凝土运输的基本要求是：混凝土运输过程中要能保持良好的均匀性，不离析、不漏浆；保证混凝土具有设计配合比所规定的坍落度；使混凝土在初凝前浇筑完毕；保证混凝土浇筑能连续进行。

1）采用混凝土搅拌运输车运输混凝土时，应符合下列规定：

① 接料前，搅拌运输车应排净罐内积水。

② 在运输途中及等候卸料时，应保持搅拌运输车罐体正常转速，不得停转。

③ 卸料前，搅拌运输车罐体宜快速旋转搅拌 20s 以上后再卸料。

④ 采用搅拌运输车运输混凝土时，施工现场车辆出入口处应设置交通安全指挥人员，施工现场道路应顺畅，有条件时宜设置循环车道。危险区域应设置警戒标志。夜间施工时，应有良好的照明。

⑤ 采用搅拌运输车运输混凝土，当混凝土坍落度损失较大不能满足施工要求时，可在运输车罐内加入适量的与原配合比相同成分的减水剂。减水剂加入量应事先由试验确定，并应作出记录。加入减水剂后，搅拌运输车罐体应快速旋转搅拌均匀，并应达到要求的工作性能后再泵送或浇筑。

2）当采用机动翻斗车运输混凝土时，道路应通畅，路面应平整、坚实，临时坡道或支架应牢固，铺板接头应平顺。

(3) 运输时间

混凝土运输时，应将混凝土以最少的转运次数和最短的时间从搅拌地点运送到浇筑地点，并保证混凝土在其初凝之前浇筑完毕。

2. 混凝土浇筑

混凝土浇筑工作包括布料、摊平、捣实和抹面修整等工序。

(1) 混凝土浇筑前的准备工作

1) 在混凝土浇筑前，应进行模板工程、钢筋工程的检查验收，验收合格后，方能进行混凝土浇筑。

模板工程验收的内容主要有：模板的标高、位置、尺寸、垂直度、接缝、支撑等；预埋件以及预留孔洞的位置和数量；模板内是否有垃圾和其他杂物；在浇筑混凝土时，需要安排人员对模板及其支架进行观察、维护；发生异常情况时，应按施工技术方案及时进行处理。

钢筋工程验收内容包括纵向受力钢筋、箍筋和横向钢筋的品种、级别、规格、数量、间距、位置等。

2) 准备好各种原材料和施工机具设备。要保证各种原材料的数量和质量，要保证施工机具设备的正常使用，并要准备一些备用的施工机具设备。

3) 要做好水、电供应工作。一般应保证在混凝土浇筑期间，水、电供应不中断，但也应考虑到特殊情况下的应急措施。

4) 要检查安全设施是否完备，运输道路是否通畅。

5) 要了解天气情况。

6) 做好技术交底和安全技术交底工作。

(2) 泵送混凝土泵车准备

混凝土输送宜采用泵送方式，泵送混凝土的泵车可分为汽车泵（图 A-61）和地泵（图 A-62）。

图 A-61 汽车泵

图 A-62 地泵

1）混凝土输送泵的选择及布置

混凝土输送泵的选择及布置应符合下列规定：

① 输送泵选型应根据工程特点、混凝土输送高度和距离、混凝土工作性确定。

② 输送泵的数量应根据混凝土浇筑量和施工条件确定，必要时应设置备用泵。

③ 输送泵设置的位置应满足施工要求，场地应平整、坚实，道路应畅通。

④ 输送泵的作业范围不得有阻碍物，输送泵设置位置应有防范高空坠物的设施。

2）准备工作

① 布置好混凝土泵的位置，落实好水、电供应以及现场照明工作。

② 全面检查设备情况，保证正常运行。

③ 检查输送管。

④ 泵送前先用清水湿润，再根据输送管的长度和弯头的数量用与混凝土内水泥砂浆成分相同的水泥砂浆进行泵送。

3）输送管的铺设与固定

现场布置输送管时，应注意下列事项：

① 应使输送管的路线最短，尽量少用弯管和软管，活动软管不得扭曲。

② 垂直管道和水平管道都应每隔一定间距加以固定，在穿过楼板时要卡紧。

③ 混凝土输送管不得直接支承在钢筋、模板以及预埋件上。管道接头处不得漏浆。

④ 混凝土泵出口处不宜变换方向，如场地受限制，应采用半径较大的弯头，以尽量减少压力损失。

⑤ 高寒季节施工时，混凝土输送管应采用保温材料包裹。炎热季节施工时，应遮盖湿罩布或湿草袋，并定时浇水湿润。

4）混凝土输送泵管与支架的设置

① 混凝土输送泵管应根据输送泵的型号、拌合物性能、总输出量、单位输出量、输送距离以及粗骨料粒径等进行选择。

② 混凝土粗骨料最大粒径不大于 25mm 时，可采用内径不小于 125mm 的输送泵管。

混凝土粗骨料最大粒径不大于 40mm 时，可采用内径不小于 150mm 的输送泵管。

③ 输送泵管安装连接应严密，输送泵管道转向宜平缓。

④ 输送泵管应采用支架固定，支架应与结构牢固连接，输送泵管转向处支架应加密。支架应通过计算确定，设置位置的结构应进行验算，必要时应采取加固措施。

⑤ 向上输送混凝土时，地面水平输送泵管的直管和弯管总的折算长度不宜小于竖向输送高度的 20%，且不宜小于 15m。

⑥ 输送泵管倾斜或垂直向下输送混凝土，且高差大于 20m 时，应在倾斜或竖向管下端设置直管或弯管总的折算长度不宜小于高差的 1.5 倍。

⑦ 输送高度大于 100m 时，混凝土输送泵出料口处的输送泵管位置应设置截止阀。

⑧ 混凝土输送泵管及其支架应经常进行检查和维护。

5）混凝土泵车的布置

① 混凝土泵设置处，应平整坚实，道路通畅，供料方便，距离浇筑地点近，有重车行走条件。

② 多台混凝土泵同时浇筑时，应尽量使其各自承担的浇筑量接近，避免留置施工缝。

③ 混凝土泵设置处应供水、供电方便，其作业范围内不得有高压线等障碍物，同时应防范高空坠物。

④ 当高层建筑或高耸构筑物采用接力泵泵送混凝土时，接力泵的设置位置应使上、下泵的输送能力相匹配。设置接力泵的楼面或其他结构部位应验算其承受能力，必要时采取加固措施。

⑤ 混凝土泵在转移运输时应注意安全。

6）混凝土泵车安全操作规程

① 泵车就位地点应平坦坚实，周围无障碍物，上空无架空输电线。泵车不得停放在斜坡上。

② 泵送前应检查泵和搅拌装置的运转情况，检查各部件和连接是否完好无损。运行时应监视各仪表和指示灯，发现异常，应及时停机处理。

③ 作业前检查项目应符合下列要求：

A. 燃油、润滑油、液压油、水箱添加充足，轮胎气压符合规定，照明和信号指示灯齐全良好。

B. 液压系统工作正常。

C. 清洗水泵及设备齐全良好，搅拌斗内无杂物，料斗上保护格网完好并盖严。

D. 输送管路连接牢固，密封良好，管道无泄漏。

④ 布料杆所用配管和软管应按出厂说明书的规定选用，不得使用超过规定直径的配管，装接的软管应拴上防脱安全带。

⑤ 伸展布料杆应按出厂说明书的顺序进行。布料杆升离支架后方可回转。严禁用布料杆起吊或拖拉物件。

⑥ 不得在地面上拖拉布料杆前端软管。严禁延长布料配管和布料杆。当风力在六级及以上时，不得使用布料杆输送混凝土。

⑦ 敷设向下倾斜的管道时，应在输出口上加装一段水平管，其长度不应小于倾斜管

高低差的5倍。当倾斜度较大时，应在坡度上端装设排气活阀。

⑧ 泵送管道敷设后，应进行耐压试验。

⑨ 泵送前，当液压油温度低于150℃时，应采用延长空运转时间的方法提高油温。

⑩ 泵送中当发现压力表上升到最高值，运转声音发生变化时，应立即停止泵送，并应采用反向运转方法排除管道堵塞。无效时，应拆管清洗。

⑪ 泵送混凝土应连续作业。当因供料中断被迫暂停时，停机时间不得超过30min。暂停时间内应每隔5～10min（冬季3～5min）做2～3个冲程反泵—正泵运动，再次投料泵送前应先将料搅拌。当停泵时间超限时，应排空管道。

⑫ 作业后，应将管道和料斗内的混凝土全部输出，然后对料斗、管道等进行冲洗。当采用压缩空气冲洗管道时，管道出口端前方10m内严禁站人。

⑬ 作业后，各部位操纵开关、调整手柄、手轮、控制杆、旋塞等均应复位，液压系统应卸荷，并应收回支腿，将车停放在安全地带，冬季应放净泵车及管道中的存水。

7）混凝土输送布料设备的设置

① 布料设备的选择应与输送泵相匹配。布料设备的混凝土输送管内径宜与混凝土输送泵管内径相同，见图A-63。

② 布料设备的数量及位置应根据布料设备工作半径、施工作业面大小以及施工要求确定。

③ 布料设备应安装牢固，且应采取抗倾覆措施。布料设备安装位置处的结构或专用装置应进行验算，必要时应采取加固措施。

④ 应经常对布料设备的弯管壁厚进行检查，磨损较大的弯管应及时更换。

⑤ 布料设备作业范围不得有阻碍物，并应有防范高空坠物的设施。

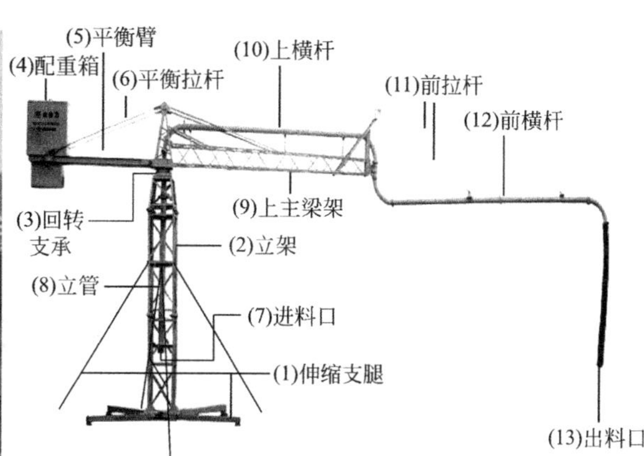

图A-63 混凝土布料机

（3）混凝土浇筑的一般要求

1）浇筑混凝土前，应清除模板内或垫层上的杂物。表面干燥的地基、垫层、模板上应洒水湿润。现场环境温度高于35℃时，宜对金属模板进行洒水降温。洒水后不得留有积水。

混凝土宜一次连续浇筑。混凝土应分层浇筑，分层厚度应符合《混凝土结构工程施工规范》GB 50666—2011 第 8.4.6 条的规定，上层混凝土应在下层混凝土初凝之前浇筑完毕。

2）混凝土浇筑前不应发生初凝和离析现象，如已发生，可重新搅拌，恢复混凝土的流动性和黏聚性后再进行浇筑。混凝土运到施工现场后，其坍落度应满足规范要求。

3）为了保证混凝土浇筑时不产生离析现象，混凝土自高处倾落时的自由倾落高度不宜超过 2m。柱、墙模板内的混凝土浇筑不得发生离析，倾落高度应符合表 A-32 的规定。当不能满足要求时，应加设溜槽或串筒，如图 A-64、图 A-65 所示。

柱墙模板内混凝土浇筑倾落高度限值 **表 A-32**

条件	浇筑倾落高度限值(m)
粗骨料粒径大于 25mm	≤3
粗骨料粒径小于等于 25mm	≤6

注：当有可靠措施能保证混凝土不产生离析时，混凝土倾落高度可不受本表限制。

图 A-64 溜槽

图 A-65 串筒

4）为保证混凝土结构的整体性，混凝土浇筑原则上应一次完成。插入式振捣棒每层浇筑厚度为 1.25 倍振捣作用半径 R（$R=30\sim50$cm）。平板式振捣器每层浇筑厚度为 200mm。

5）混凝土浇筑工作应尽可能连续作业，如上下层混凝土浇筑有间隔时间，则时间应尽量短，并应在混凝土初凝前将混凝土浇筑完毕，以防止扰动已初凝的混凝土而出现质量缺陷。

6）混凝土浇筑应保证混凝土的均匀性和密实性。混凝土运输、输送入模的过程应保证混凝土连续浇筑，从运输到输送入模的延续时间不宜超过表 A-33 的规定，且不应超过表 A-34 的规定。掺早强型减水剂、早强剂的混凝土，以及有特殊要求的混凝土，应根据设计及施工要求，通过试验确定允许时间。

运输到输送入模的延续时间（min） **表 A-33**

条件	气温	
	≤25℃	>25℃
不掺外加剂	90	60
掺外加剂	150	120

运输输送入模及其间歇总的时间限值（min） **表 A-34**

条件	气温	
	≤25℃	>25℃
不掺外加剂	180	150
掺外加剂	240	210

7）竖向结构浇筑时，应先在其底部浇筑一层 50～100mm 厚的与混凝土成分相同的水泥砂浆结合层，然后再浇筑混凝土。

8）混凝土后浇带对避免混凝土结构的温度收缩裂缝等有较大作用。混凝土后浇带位置应按设计要求和施工技术方案留置，后浇带混凝土的浇筑时间、处理方法等，也应事先在施工技术方案中确定。

9）混凝土浇筑的布料点宜接近浇筑位置，应采取减少混凝土下料冲击的措施，宜先浇筑竖向结构构件，后浇筑水平结构构件。浇筑区域结构平面有高差时，宜先浇筑低区部分，再浇筑高区部分。

10）柱、墙混凝土设计强度等级高于梁、板混凝土设计强度等级时，混凝土浇筑应符合下列规定：

① 柱、墙混凝土设计强度比梁、板混凝土设计强度高一个等级时，柱、墙位置梁、板高度范围内的混凝土经设计单位确认，可采用与梁、板混凝土设计强度等级相同的混凝土进行浇筑。

② 柱、墙混凝土设计强度比梁、板混凝土设计强度高两个等级及以上时，应在交界区域采取分隔措施。分隔位置应在低强度等级的构件中，且距高强度等级构件边缘不应小于 500mm。

③ 宜先浇筑强度等级高的混凝土，后浇筑强度等级低的混凝土。

11）泵送混凝土浇筑应符合下列规定：

① 宜根据结构形状及尺寸、混凝土供应、混凝土浇筑设备、场地内外条件等划分每台输送泵的浇筑区域及浇筑顺序。

② 采用输送管浇筑混凝土时，宜由远而近浇筑。采用多根输送管同时浇筑时，其浇筑速度宜保持一致。

③ 润滑输送管的水泥砂浆用于湿润结构施工缝时，水泥砂浆应与混凝土浆液成分相同。接浆厚度不应大于 30mm，多余水泥砂浆应收集后运出。

④ 混凝土泵送浇筑应连续进行。当混凝土不能及时供应时，应采取间歇泵送方式。

⑤ 混凝土浇筑后，应清洗输送泵和输送管。

（4）施工缝的留设与处理

1）混凝土施工缝留设

混凝土施工缝应尽可能留置在受剪力较小且便于施工的部位。承受动力荷载的设备基础，原则上不留置施工缝，当必须留置时，应符合设计要求并按施工技术方案执行。

① 柱施工缝：

柱水平施工缝，宜留置在基础与柱子的交接处、楼层结构顶面，施工缝与结构上表面的距离宜为 0～100mm。柱施工缝也可留设在楼层结构底面（框架梁的下面，即梁底位置），施工缝与结构下表面的距离宜为 0～50mm。柱混凝土施工缝还可留在无梁楼盖柱帽的下面、吊车梁牛腿的下面、吊车梁的上面等。在框架结构中，如梁的负筋向下弯入柱内，施工缝也可设置在这些钢筋的下端，以便于钢筋的绑扎。当板下有梁托时，可留设在梁托下 0～20mm。

② 梁施工缝：

梁的施工缝，可分为竖直施工缝（不得留成斜面）和水平施工缝两种。对梁的水平施工缝，当梁高度小于 1m 时，梁板同时浇筑。当梁高度大于 1m 时，可按设计或施工技术方案的要求留置水平施工缝。和板连成整体的大截面梁，施工缝应留置在板底面以下 20～30mm 处。当板下有梁托时，施工缝应留置在梁托下部。

梁的竖向施工缝，对有主次梁的楼板施工缝应留设在次梁跨度中间 1/3 范围内，而不应留置在主梁上。

③ 板施工缝：

单向板可在平行于短边的任何位置留置混凝土施工缝，也可以在次梁施工缝位置同时设置楼板施工缝。双向板施工缝，应按设计要求留置。

④ 剪力墙施工缝：

墙水平施工缝可留设在基础、楼层结构顶面，墙施工缝与结构上表面的距离宜为 0～300mm。墙施工缝也可留设在楼层结构底面（框架梁的下面，即梁底位置），施工缝与结构下表面的距离宜为 0～50mm。当板下有梁托时，可留设在梁托下 0～20mm。

墙的竖向施工缝应留置在门洞口过梁 1/3 跨度处，也可以留置在纵横墙的交接处。

⑤ 楼梯施工缝：

现浇钢筋混凝土楼梯常采用板式楼梯，楼梯梯段施工缝宜设置在梯段板跨度端部 1/3

范围内。

⑥ 大体积混凝土结构、拱、薄壳、蓄水池、多层钢架等，应按设计要求留置施工缝。

2）混凝土施工缝的处理

施工缝处继续浇筑混凝土时，应在已浇筑的混凝土抗压强度不小于 1.2MPa 后方可进行。施工缝接浆处理的步骤是：

第一步，清理干净混凝土表面的浮浆、松动的石子、软弱的混凝土层、可能存在的杂物等。

第二步，清水湿润，但不得有积水。

第三步，对竖向结构构件（墙、柱），先在底部铺筑一层 50～100mm 厚的与所浇筑混凝土成分相同的水泥砂浆，对梁类、板类构件，先铺水泥浆一层（水泥：水=1：0.4）或与所浇混凝土内水泥砂浆成分相同的水泥砂浆一层，厚 10～15mm。

第四步，浇筑混凝土，要细致振捣，保证混凝土密实和结合紧密。

3）施工缝或后浇带处浇筑混凝土，应符合下列规定：

① 结合面应为粗糙面，并应清除浮浆、松动石子、软弱混凝土层。

② 结合面处应洒水湿润，但不得有积水。

③ 施工缝处已浇筑混凝土的强度不应小于 1.2MPa。

④ 柱、墙水平施工缝水泥砂浆接浆层厚度不应大于 30mm，接浆层水泥砂浆应与混凝土浆液成分相同。

⑤ 施工缝、后浇带留设界面，应垂直于结构构件和纵向受力钢筋。结构构件厚度或高度较大时，施工缝或后浇带界面宜采用专用材料封挡。

⑥ 混凝土浇筑过程中，因特殊原因需临时设置施工缝时，施工缝留设应规整，并宜垂直于构件表面，必要时可采取增加插筋、事后修凿等技术措施。

⑦ 施工缝和后浇带应采取钢筋防锈或阻锈等保护措施。

4）超长结构混凝土浇筑应符合下列规定：

① 可留设施工缝分仓浇筑，分仓浇筑间隔时间不应少于 7d。

② 当留设后浇带时，后浇带封闭时间不得少于 14d。

③ 超长整体基础中调节沉降的后浇带，混凝土封闭时间应通过监测确定，应在差异沉降稳定后封闭后浇带。

④ 后浇带的封闭时间尚应经设计单位确认。

（5）后浇带的留置与处理

后浇带，克服由于温度、收缩可能产生裂缝而设置的临时施工缝。后浇带需根据设计要求保留一段时间后再进行浇筑，将整个结构浇筑成整体，见图 A-66。

后浇带的宽度一般为 800～1000mm。后浇带的留置位置，应按设计要求和施工技术方案确定。在正常施工条件下，对于置于室内和土中的混凝土，后浇带的设置距离为 30m。露天时，后浇带的设置距离为 20m。

后浇带的保留时间，应根据设计要求确定，若设计无要求，一般以 2 个月为宜，至少保留 20d。

后浇带在浇筑混凝土前，必须将整个混凝土表面按照施工缝的要求进行处理。后浇带

图 A-66　后浇带

混凝土，可采用微膨胀或无收缩水泥，也可采用普通水泥加入相应的外加剂拌制。

后浇带混凝土强度等级及性能应符合设计要求。当设计无具体要求时，后浇带混凝土强度等级宜比两侧混凝土提高一级，并宜采用减少收缩的技术措施。后浇带混凝土浇筑时，后浇带两侧混凝土湿润养护 28d 以上。

3. 混凝土振捣

混凝土振捣应能使模板内各个部位混凝土密实、均匀，不应漏振、欠振、过振。混凝土振捣应采用插入式振捣棒、平板振动器或附着振动器，必要时可采用人工辅助振捣。混凝土振捣机械按其工作方式分为内部振捣器（插入式振动器，也称为振捣棒如图 A-67 所示）、表面振捣器（平板振动器，如图 A-68 所示）、外部振捣器（附着振动器，如图 A-69 所示）、振动台（图 A-70）等。

23教学视频

（1）插入式振动器

1）原理与技术要领

插入式振动器是施工现场常用的振捣设备。插入式振动器多用于振捣梁、墙、柱、厚板和大体积混凝土等厚大结构。

图 A-67　插入式振动器

图 A-68 平板振动器

图 A-69 附着振动器

图 A-70 振动台

用插入式振动器振捣混凝土应注意：插点布置要均匀，间距要适当，不得漏振。插入式振捣棒应插入下层混凝土 50～100mm，要注意上下层混凝土的结合。振捣棒宜垂直插入，且进入混凝土时应快，而拔出时应慢，即快插慢拔。振捣棒与模板的距离不应大于振捣棒作用半径的 50%。振捣插点间距不应大于振捣棒作用半径的 1.4 倍。当混凝土表面无明显塌陷、有水泥浆出现、不再冒气泡时，应结束该部位振捣。

2）插入式振动器安全操作规程

① 插入式振动器的电动机电源上，应安装漏电保护装置，接地或接零应安全可靠。

② 操作人员应经过用电安全教育，作业时应穿戴绝缘胶鞋和绝缘手套。

③ 电缆线应满足操作所需的长度。电缆线上不得堆压物品或让车辆挤压，严禁用电缆线拖拉或吊挂振动器。

④ 使用前，应检查各部并确认连接牢固，旋转方向正确。

⑤ 振动器不得在初凝的混凝土、地板、脚手架和干硬的地面上进行试振。在检修或作业间断时，应断开电源。

⑥ 作业时，振捣棒软管的弯曲半径不得小于500mm，并不得多于两个弯，操作时应将振捣棒垂直地沉入混凝土，不得用力硬插、斜推或让钢筋夹住棒头，也不得全部插入混凝土中，插入深度不应超过棒长的3/4，不宜触及钢筋、芯管及预埋件。

⑦ 振捣棒软管不得出现断裂，当软管使用过久使长度增长时，应及时修复或更换。

⑧ 作业停止需移动振动器时，应先关闭电动机，再切断电源。

⑨ 作业完毕，应将电动机、软管、振捣棒清理干净，并应按规定要求进行保养作业。振动器存放时，不得堆压软管，应平直放好，并应对电动机采取防潮措施。

（2）平板振动器

1）原理与技术要领

平板振动器适用于楼板、地面等薄型构件。用平板振动器振捣混凝土时，拖行速度不应太快，拖行时应有一定重叠，并及时将混凝土调整平整。

平板振动器振捣混凝土应符合下列规定：

① 平板振动器振捣应覆盖振捣平面边角。

② 平板振动器移动间距应覆盖已振实部分混凝土边缘。

③ 振捣倾斜表面时，应由低处向高处进行振捣。

2）平板式振动器安全操作规程

① 平板振动器轴承不应承受轴向力，在使用时电动机轴应保持水平状态。

② 平板振动器的电动机与平板应保持紧固，电源线必须固定在平板上，电气开关应装在手把上。平板式振动器作业时，应使平板与混凝土保持接触，使振波有效地振实混凝土，待表面出浆，不再下沉后，即可缓慢向前移动，移动速度应能保证混凝土振实出浆。在振的振动器，不得搁置在已凝或初凝的混凝土上。

③ 用绳拉平板振动器时，拉绳应干燥绝缘，移动或转向时，不得用脚踢电动机。作业转移时电动机的导线应保持有足够的长度和松度。严禁用电源线拖拉振动器。

④ 作业后必须做好清洗、保养工作。振动器要放在干燥处。

（3）附着振动器

1）原理与技术要领

附着振动器振捣混凝土应符合下列规定：

① 附着振动器应与模板紧密连接，设置间距应通过试验确定。

② 附着振动器应根据混凝土浇筑高度和浇筑速度，依次从下往上振捣。

2）附着振动器安全操作规程

① 附着振动器轴承不应承受轴向力，在使用时，电动机轴应保持水平状态。

② 在一个模板上同时使用多台附着振动器时，各振动器的频率应保持一致，相对面的振动器应错开安装。

③ 作业前，应对附着振动器进行检查和试振。试振不得在干硬土或硬质物体上进行。安装在搅拌站料仓上的振动器，应安置橡胶垫。

④ 安装时，附着振动器底板安装螺孔的位置应正确，应防止地脚螺栓安装扭斜而使

机壳受损。地脚螺栓应紧固，各螺栓的紧固程度应一致。

⑤ 附着振动器使用时，引出电缆线不得拉得过紧，更不得断裂。作业时，应随时观察电气设备的漏电保护器和接地或接零装置并确认合格。

⑥ 附着振动器安装在混凝土模板上时，每次振动时间不应超过 1min，当混凝土在模内泛浆流动或成水平状即可停振，不得在混凝土初凝状态时再振。

⑦ 装置附着振动器的构件模板应坚固牢靠，其面积应与振动器额定振动面积相适应。

⑧ 作业后必须做好清洗和保养工作。振动器要放在干燥处。

（4）混凝土分层振捣的最大厚度应符合表 A-35 的规定

混凝土分层振捣的最大厚度 **表 A-35**

振捣方法	混凝土分层振捣的最大厚度
插入式振动器	振捣棒作用部分长度的 1.25 倍
平板振动器	200mm
附着振动器	根据设置方式，通过试验确定

（5）混凝土振捣后是否密实判断标准

一是表面泛浆和外观均匀，二是混凝土不再显著下沉和不出现气泡（用插入式振动器时每个插点振捣时间约 20～30s）。振捣时要特别注意竖向结构构件的底部以及结构构件中的配筋密集处等部位，如图 A-71。

图 A-71 混凝土振捣

（6）特殊部位的混凝土应采取加强振捣措施

1）宽度大于 0.3m 的预留洞底部区域，应在洞口两侧进行振捣，并应适当延长振捣时间。宽度大于 0.8m 的洞口底部，应采取特殊的技术措施。

2）后浇带及施工缝边角处应加密振捣点，并应适当延长振捣时间。

3）钢筋密集区域或型钢与钢筋结合区域，应选择小型振捣棒辅助振捣、加密振捣点，并应适当延长振捣时间。

4）基础大体积混凝土浇筑流淌形成的坡脚，不得漏振。

4. 混凝土养护

（1）混凝土养护有关规定

混凝土浇筑完毕后，应根据原材料、配合比、浇筑部位和施工季节等具体情况，在施工技术方案中确定有效的养护措施。

1）应在浇筑完毕后的 12h 以内对混凝土进行覆盖并保湿养护。

2）混凝土浇水养护时间。对采用硅酸盐水泥、普通硅酸盐水泥或矿渣硅酸盐水泥拌制的混凝土，不得少于 7d。对其他品种水泥、掺用缓凝型外加剂、大掺量矿物掺合料、抗渗混凝土，强度等级 C60 及以上的混凝土不得少于 14d。地下室底层墙、柱和上部结构首层墙、柱，宜适当增加养护时间，大体积混凝土养护时间应根据施工方案确定。

3）浇水次数应能保持混凝土处于湿润状态。混凝土养护用水应与拌制用水相同。

4）采用塑料布覆盖养护的混凝土，其敞露的全部表面应覆盖严密，并应保持塑料布内有冷凝水。

5）混凝土强度达到 1.2N/mm^2 前，不得在其上踩踏或安装模板及支架。

6）当日平均气温低于 5℃时，不得浇水。混凝土表面不便浇水或使用塑料布时，宜涂刷养护剂。对大体积混凝土的养护，应根据气候条件按施工技术方案采取控温措施。

（2）混凝土养护方法

混凝土养护方法有标准养护、自然养护、蒸汽养护、蓄热养护等。

1）标准养护。标准养护是指混凝土试件在温度 20±2℃和相对湿度 95%以上的潮湿环境或水中（标准条件）养护 28d。有条件的施工现场可以配备标准养护室，对混凝土试件进行标准养护。

2）自然养护。自然养护是指在平均气温高于+5℃的条件下使混凝土保持湿润状态。

自然养护又可分为洒水养护、覆盖养护、喷涂养护剂养护等。

① 洒水养护

洒水养护是指用吸水保温能力较强的材料（如草帘、芦席、麻袋、锯末等）将混凝土覆盖然后洒水使其保持湿润，也可采用直接洒水、蓄水使混凝土表面处于湿润状态的养护方式，是施工现场使用最多的养护方式，如图 A-72 所示。洒水养护用水应符合规范的规定，当日最低温度低于 5℃时，不应采用洒水养护。

图 A-72　洒水养护

② 覆盖养护

覆盖养护是在混凝土表面覆盖塑料薄膜、塑料薄膜加麻袋、塑料薄膜加草帘等使混凝土与空气隔绝，阻止水分的蒸发，保证水化作用正常进行的养护方式。塑料薄膜应紧贴混凝土裸露表面，塑料薄膜内应保持有凝结水，如图 A-73 所示。

图 A-73　铺塑料薄膜养护

③ 喷涂养护剂养护

喷涂养护剂养护是指在混凝土裸露表面喷涂覆盖致密的养护剂进行养护。养护剂应均匀喷涂在结构构件表面，不得漏喷，养护剂应具有可靠的保湿效果，保湿效果可通过试验检验，养护剂使用方法应符合产品说明书的有关要求。

3）蒸汽养护。蒸汽养护是指将构件放置在有饱和蒸汽或蒸汽、空气混合物的养护室内，在较高的温度和相对湿度的环境中进行养护，以加速混凝土的硬化，使混凝土在较短的时间内达到规定的强度标准值。

4）蓄热养护。蓄热养护为混凝土冬期施工养护方法。

（3）各构件养护方法

1）基础大体积混凝土裸露表面应采用覆盖养护方式。当混凝土浇筑体表面以内 40～100mm 位置的温度与环境温度的差值小于 25℃时，可结束覆盖养护。覆盖养护结束但尚未达到养护时间要求时，可采用洒水养护方式直至养护结束。

2）柱、墙混凝土养护方法应符合下列规定：

① 地下室底层和上部结构首层柱、墙混凝土带模养护时间，不应少于 3d。带模养护结束后，可采用洒水养护方式继续养护，也可采用覆盖养护或喷涂养护剂养护方式继续养护。

② 其他部位柱、墙混凝土可采用洒水养护，也可采用覆盖养护或喷涂养护剂养护。

5. 混凝土质量检查

混凝土结构施工质量检查可分为过程控制检查和拆模后的实体质量检查。过程控制检查应在混凝土施工全过程中，按施工段划分和工序安排及时进行。拆模后的实体质量检查应在混凝土表面未作处理和装饰前进行。

混凝土结构施工质量检查应符合下列规定：

1）检查的频率、时间、方法和参加检查的人员，应根据质量控制的需要确定。

2）施工单位应对完成施工的部位或成果的质量进行自检，自检应全数检查。

3）混凝土结构施工质量检查应作出记录。返工和修补的构件，应有返工修补前后的记录，并应有图像资料。

4）已经隐蔽的工程内容，可检查隐蔽工程验收记录。

5）需要对混凝土结构性能进行检验时，应委托有资质的检测机构检测，并应出具检测报告。

6）混凝土浇筑前应检查混凝土送料单，核对混凝土配合比，确认混凝土强度等级，检查混凝土运输时间，测定混凝土坍落度，必要时还应测定混凝土扩展度。

（1）过程控制检查

在混凝土浇筑过程中，对拌制混凝土所用原材料的品种、规格和用量做检查。

每一工作班至少两次。在每一工作班内，当混凝土配合比由于外界影响有变动时，应及时检查。混凝土的搅拌时间，应随时检查。

1）采用预拌混凝土时，供方应提供混凝土配合比通知单、混凝土抗压强度报告、混凝土质量合格证和混凝土运输单。当需要其他资料时，供需双方应在合同中明确约定。预拌混凝土质量控制资料的保存期限，应满足工程质量追溯的要求。

2）混凝土坍落度和维勃稠度的质量检查应符合下列规定：

① 坍落度和维勃稠度的检验方法，应符合现行国家标准《普通混凝土拌合物性能试验方法标准》GB/T 50080 的有关规定。

② 坍落度、维勃稠度的允许偏差应符合表 A-36 的规定。

混凝土坍落度、维勃稠度的允许偏差　　表 A-36

坍落度(mm)			
设计值(mm)	≤40	50～90	≥100
允许偏差(mm)	±10	±20	±30
维勃稠度(s)			
设计值(s)	≥11	10～6	≤5
允许偏差(s)	±3	±2	±1

③ 预拌混凝土的坍落度检查应在交货地点进行。

④ 坍落度大于 220mm 的混凝土，可根据需要测定其坍落扩展度，扩展度的允许偏差为±30mm。

（2）现浇结构实体质量检查

现浇结构实体质量检查，即拆模后的混凝土实体质量检查要进行外观质量、现浇结构位置和尺寸、混凝土强度的验收与评价。前两部分详见 A-2-3“4. 现浇结构实体质量检查”。

为了检查混凝土强度是否达到设计要求，应在混凝土浇筑当天做标准养护试块和同条件养护试块。同时为检查混凝土是否达到拆模强度，应在混凝土浇筑当天按照梁和板等水平构件混凝土方量制作拆模试块，做抗压强度试验。同条件养护试块和拆模试块的养护条件应与实体结构部位养护条件相同，并应妥善保管。

结构混凝土强度等级必须满足设计要求。用于检查结构构件混凝土强度的标准养护试件，应在混凝土浇筑地点随机抽取。试件取样和留置应符合下列规定：

1）每拌制 100 盘且不超过 $100m^3$ 的同一配合比混凝土，取样不得少于 1 次。

2）每工作班拌制的同一配合比的混凝土不足 100 盘时，取样不得少于 1 次。

3）每次连续浇筑超过 $1000m^3$ 时，同一配合比的混凝土每 $200m^3$ 取样不得少于 1 次。

4）每一楼层、同一配合比混凝土，取样不得少于 1 次。

5）每次取样应至少留置一组试件。

检验方法：检查施工记录及混凝土标准养护试件试验报告。

检验评定混凝土强度时，应采用 28d 龄期标准养护试件。其成型方法及标准养护条件应符合现行国家标准《混凝土物理力学性能试验方法标准 》GB/T 50081 的规定。

在《混凝土物理力学性能试验方法标准 》GB/T 50081 中规定，施工现场应具备混凝土标准试件制作条件，并应设置标准试件养护室或养护箱。标准试件养护应符合国家现行有关标准的规定。采用标准养护的试件，应在温度为 20±5℃的环境中静置一昼夜至二昼夜，然后编号、拆模。拆模后应立即放入温度为 20±2℃，相对湿度为 95%以上的标准养护室中养护，标准养护室内的试件应放在支架上，彼此间隔 10～20mm，试件表面应保持潮湿，并不得被水直接冲淋。龄期从搅拌加水开始计时。

6. 大体积混凝土裂缝控制

（1）大体积混凝土宜采用后期强度作为配合比设计、强度评定及验收的依据。基础混凝土，确定混凝土强度时的龄期可取为 60d（56d）或 90d。柱、墙混凝土强度等级不低于 C80 时，确定混凝土强度时的龄期可取为 60d（56d）。确定混凝土强度时采用大于 28d 的龄期时，龄期应经设计单位确认。

（2）大体积混凝土施工配合比设计应符合《混凝土结构工程施工规范》GB 50666—2011 第 7.3.7 条的规定，并应加强混凝土养护。

（3）大体积混凝土施工时，应对混凝土进行温度控制，并应符合下列规定：

1）混凝土入模温度不宜大于 30℃。混凝土浇筑体最大温升值不宜大于 50℃。

2）在覆盖养护或带模养护阶段，混凝土浇筑体表面以内 40～100mm 位置处的温度与混凝土浇筑体表面温度差值不应大于 25℃。结束覆盖养护或拆模后，混凝土浇筑体表面以内 40～100mm 位置处的温度与环境温度差值不应大于 25℃。

3）混凝土浇筑体内部相邻两测温点的温度差值不应大于 25℃。

4）混凝土降温速率不宜大于 2.0℃/d。当有可靠经验时，降温速率要求可适当放宽。

（4）基础大体积混凝土测温点设置应符合下列规定：

1）宜选择具有代表性的两个交叉竖向剖面进行测温，竖向剖面交叉位置宜通过基础中部区域。

2）每个竖向剖面的周边及以内部位应设置测温点，两个竖向剖面交叉处应设置测温点。混凝土浇筑体表面测温点应设置在保温覆盖层底部或模板内侧表面，并应与两个剖面上的周边测温点位置及数量对应。环境测温点不应少于 2 处。

3）每个剖面的周边测温点应设置在混凝土浇筑体表面以内 40～100mm 位置处。每个剖面的测温点宜竖向、横向对齐。每个剖面竖向设置的测温点不应少于 3 处，间距不应小于 0.4m 且不宜大于 1.0m。每个剖面横向设置的测温点不应少于 4 处，间距不应小于 0.4m 且不应大于 10m。

4）对基础厚度不大于 1.6m，裂缝控制技术措施完善的工程，可不进行测温。

（5）柱、墙、梁大体积混凝土测温点设置应符合下列规定：

1）柱、墙、梁结构实体最小尺寸大于 2m，且混凝土强度等级不低于 C60 时，应进行测温。

2）宜选择沿构件纵向的两个横向剖面进行测温，每个横向剖面的周边及中部区域应设置测温点。混凝土浇筑体表面测温点应设置在模板内侧表面，并应与两个剖面上的周边测温点位置及数量对应。环境测温点不应少于 1 处。

3）每个横向剖面的周边测温点应设置在混凝土浇筑体表面以内 40～100mm 位置处。每个横向剖面的测温点宜对齐。每个剖面的测温点不应少于 2 处，间距不应小于 0.4m 且不宜大于 1.0m。

4）可根据第一次测温结果，完善温差控制技术措施，后续施工可不进行测温。

（6）大体积混凝土测温应符合下列规定：

1）宜根据每个测温点被混凝土初次覆盖时的温度确定各测点部位混凝土的入模温度。

2）浇筑体周边表面以内测温点、浇筑体表面测温点、环境测温点的测温，应与混凝土浇筑、养护过程同步进行。

3）应按测温频率要求及时提供测温报告，测温报告应包含各测温点的温度数据、温差数据、代表点位的温度变化曲线、温度变化趋势分析等内容。

4）混凝土浇筑体表面以内 40～100mm 位置的温度与环境温度的差值小于 20℃时，可停止测温。

（7）大体积混凝土测温频率应符合下列规定：

1）第 1 天至第 4 天，每 4h 不应少于 1 次。

2）第 5 天至第 7 天，每 8h 不应少于 1 次。

3）第 7 天至测温结束，每 12h 不应少于 1 次。

【实践操作】

1. 教师演示

独立基础混凝土浇筑及养护见表 A-37。

独立基础混凝土浇筑及养护　　表 A-37

步骤	操作及说明	标准与指导	备注
(1)混凝土地面水平运输	采用双轮手推车进行运输	混凝土运输过程中要能保持良好的均匀性，不离析、不漏浆。保证混凝土具有设计配合比规定的坍落度	
(2)进行独立基础 DJ_Z06 混凝土浇筑	布料、摊平、捣实和抹面修整	混凝土要振捣密实（用插入式振动器时每个插点振捣时间约 20～30s）	

续表

步骤	操作及说明	标准与指导	备注
(3)对独立基础 DJ_Z06 进行养护	对独立基础 DJ_Z06 进行麻袋覆盖洒水养护	浇筑混凝土完成后 12h 内即可间断洒水养护,使混凝土保持湿润	

2. 技术交底

(1) 在浇筑混凝土前，模板应浇水湿润，但模板内部不得有积水，模板拼缝严密不得有漏浆。

(2) 在浇筑混凝土时，需要安排人员对模板及其支架进行观察、维护。发生异常情况时，应按施工技术方案及时进行处理。

(3) 在浇筑混凝土时，钢筋工要派专人看守钢筋，在混凝土初凝时调整钢筋位置，使之恢复准确位置，对于因碰撞位移的钢筋及时复位。

(4) 混凝土拌合物入模温度不应低于 5℃，且不应高于 35℃。

(5) 混凝土运输、输送、浇筑过程中严禁加水。混凝土运输、输送、浇筑过程中散落的混凝土严禁用于混凝土结构构件的浇筑。

(6) 混凝土应布料均衡。应对模板及支架进行观察和维护，发生异常情况应及时进行处理。混凝土浇筑和振捣应采取防止模板、钢筋、钢构、预埋件及其定位件移位的措施。

(7) 混凝土浇筑后，在混凝土初凝前和终凝前，宜分别对混凝土裸露表面进行抹面处理。但混凝土强度达到 1.2MPa 前，不得在其上踩踏、堆放物料、安装模板及支架。

3. 安全技术交底

(1) 振捣工必须懂得振动器的安全知识和使用方法，保养、作业后及时性清洁设备。

(2) 振动器不得放在初凝的混凝土、地板、脚手架、道路上进行试振。维修或作业间断时，应切断电源。

(3) 混凝土浇筑前，应对振动器进行试运转，振动器操作人员应穿绝缘靴、戴绝缘手套。振动器不能挂在钢筋上，湿手不能接触电源开关，防止触电。混凝土运输、浇筑部位应有职业健康安全防护栏杆、操作平台。

4. 人员分工

2 人进行混凝土运输，2 人布料和摊平，2 人振捣，并进行角色对调。随后 6 人共同进行抹面修整，6 人共同进行养护。

5. 实施准备

材料、机具、验收规范及工作页和考核表等的准备如图 A-74 所示。

6. 学生实施

依据教师任务单进行独立基础混凝土浇筑和养护，混凝土浇筑及养护实训学生工作页见附表 43。

7. 验收与评价

进行组内评价、小组互评、教师点评，混凝土浇筑及养护实训验收考核表见附表 44。出现不符合规范要求应及时分析原因并进行整改，必要时课后对关键环节和技能点进行强化练习。

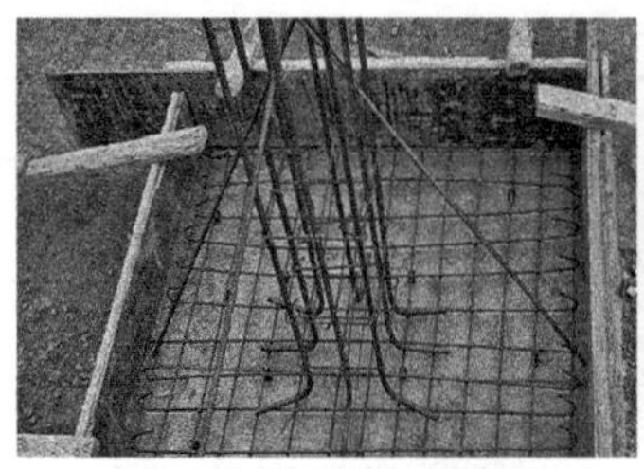

已完成的基础钢筋和模板

混凝土搅拌机

混凝土

混凝土测定及浇筑工具

验收规范

工作页和考核表

图 A-74　混凝土浇筑及养护实施准备

【课后拓展】

【拓展 1】 设备基础施工缝留设位置应符合的规定

（1）水平施工缝应低于地脚螺栓底端，与地脚螺栓底端的距离应大于 150mm。当地脚螺栓直径小于 30mm 时，水平施工缝可留设在深度不小于地脚螺栓埋入混凝土部分总长度的 3/4 处。

（2）竖向施工缝与地脚螺栓中心线的距离不应小于 250mm，且不应小于螺栓直径的 5 倍。

【拓展 2】 独立基础混凝土浇筑及养护施工现场安全管理

（1）基础及地下室施工要有足够的照明，使用低压电，非电工不得随便接电。

（2）操作人员戴安全帽、口罩、手套等，临边、高空作业系好安全带。操作人员在作业过程中，应集中精力正确操作，注意机械工况，不得擅自离开工作岗位或将机械交给其他无证人员操作。严禁无关人员进入作业区或操作室内。

（3）混凝土泵车作业中，严禁充润滑油保养。保持水箱内储满清水，发现水质混浊并有较多砂粒时，应及时处理。料斗上的过滤方格网在作业中不得随意移去。炎热天气要防止液压油油温过高，如达到 70℃或烫伤时，应停止运行，寒冷季节要采取防冻措施，以防冻坏机械。

（4）垂直运输使用井架、龙门架、外用电梯运送混凝土时，车把不得超出吊盘（笼）以外，车轮挡掩，稳起稳落。用塔式起重机运送混凝土时，小车必须焊有牢固吊环，吊点不得少于 4 个，并保持车身平衡。使用专用吊斗时，吊环应牢固可靠，吊索具应符合起重机械安全规程要求。

B 框架柱施工

工作任务描述

进行本工程项目的钢筋混凝土框架柱施工。

工作任务分解

1. 钢筋混凝土框架柱整体工艺流程

放线→框架柱钢筋安装→框架柱模板及支撑安装→框架柱混凝土施工→框架柱模板及支撑拆除

2. 钢筋混凝土框架柱施工可分解为

（1）工作任务 B-1 框架柱钢筋施工。

（2）工作任务 B-2 框架柱模板安装与验收。

（3）工作任务 B-3 框架柱混凝土施工。

工作任务实施

工作任务 B-1 框架柱钢筋施工

工作任务描述

进行框架柱钢筋施工。

工作任务分解

（1）职业能力 B-1-1 能识读框架柱施工图。

（2）职业能力 B-1-2 能进行框架柱钢筋进场验收。

（3）职业能力 B-1-3 能进行框架柱钢筋下料。

（4）职业能力 B-1-4 能进行框架柱钢筋加工。

（5）职业能力 B-1-5 能进行框架柱钢筋连接及验收。

（6）职业能力 B-1-6 能进行框架柱钢筋安装及验收。

工作 任务实施

职业能力 B-1-1 能识读框架柱施工图

【学习目标】

（1）掌握《混凝土结构施工图平面整体表示方法制图规则和构造详图（现浇混凝土框架、剪力墙、梁、板）》22G101-1（以下简称 22G101-1）框架柱平法施工图制图规则。

（2）能识读框架柱施工图。

【基础知识】

《混凝土结构施工图平面整体表示方法制图规则和构造详图（现浇混凝土框架、剪力墙、梁、板）》22G101-1 框架柱平法施工图制图规则原文重点摘录：

2 柱平法施工图制图规则

2.1 柱平法施工图的表示方法

2.1.1 柱平法施工图系在柱平面布置图上采用列表注写方式或截面注写方式表达。

2.1.4 上部结构嵌固部位的注写

1 框架柱嵌固部位在基础顶面时，无须注明。

2 框架柱嵌固部位不在基础顶面时，在层高表嵌固部位标高下使用双细线注明，并在层高表下注明上部结构嵌固部位标高。

3 框架柱嵌固部位不在地下室顶板，但仍需考虑地下室顶板对上部结构实际存在嵌固作用时，可在层高表地下室顶板标高下使用双虚线注明，此时首层柱端箍筋加密区长度范围及纵筋连接位置均按嵌固部位要求设置。

2.2 列表注写方式

2.2.1 列表注写方式

2.2.2 柱表注写内容规定如下：

1. 注写柱编号，柱编号由类型代号和序号组成。

框架柱 KZ 转换柱 ZHZ 芯柱 XZ 梁上柱 LZ 剪力墙上柱 QZ

2. 注写各段柱的起止标高

3. 截面尺寸与轴线位置关系

4. 注写柱纵筋

当柱纵筋直径相同，各边根数也相同时（包括矩形柱、圆柱和芯柱），将纵筋注写在“全部纵筋”一栏中。除此之外，柱纵筋分角筋、截面 b 边中部筋和 h 边中部筋三项分别注写（对于采用对称配筋的矩形截面柱，可仅注写一侧中部筋，对称边省略不注。对于采用非对称配筋的矩形截面柱，必须每侧均注写中部筋）。

5. 注写箍筋类型号及箍筋肢数，在箍筋类型栏内注写按本规则第 2.2.3 条规定的箍筋类型号与肢数。

6. 注写柱箍筋，包括钢筋级别、直径与间距。

用斜线“/”区分柱端箍筋加密区与柱身非加密区长度范围内箍筋的不同间距。施工人员需根据标准构造详图的规定，在规定的几种长度值中取其最大者作为加密区长度。当框架节点核心区内箍筋与柱端箍筋设置不同时，应在括号中注明核心区箍筋直径及间距。

【例 1】ф10@100/200，表示箍筋为 HPB300 级钢筋，直径为 10，加密区间距为 100，非加密区间距为 200。

ф10@100/200（ф12@100），表示柱中箍筋为 HPB300 级钢筋，直径为 10，加密区间距为 100，非加密区间距为 200。框架节点核心区箍筋为 HPB300 级钢筋，直径为 12，间距为 100。

当箍筋沿柱全高为一种间距时，则不使用“/”线。

【例 2】ф10@100，表示沿柱全高范围内箍筋均为 HPB300，钢筋直径为 10，间距为 100。

当圆柱采用螺旋箍筋时，需在箍筋前加“L”。

【例 3】Lф10@100/200，表示采用螺旋箍筋，HPB300，钢筋直径为 10，加密区间距为 100，非加密区间距为 200。

【实践操作】

1. 教师演示

（1）读图整体思路是先建施后结施。

在读结构施工图之前，请读者先通过读建筑施工图了解工程整体概况。

（2）结构施工图的读图顺序

在读结施-04 之前应该先读封皮、目录、混凝土结构设计说明，特别是混凝土结构设计说明。

（3）读结施-04 基础顶面～15.300 柱平法施工图具体如表 B-1 所示。

框架柱施工图识读 表 B-1

步骤	操作及说明	标准与指导	备注
(1)读图名、比例、注释	基础顶面～15.300 柱平法施工图、1∶100、注释(注释 1. KZ-8 柱顶标高为 11.320，注释 2. 图中(　)内标注适用于标高 11.320～15.300)	要求查找迅速、准确。注释只找标高、尺寸、材料等关键信息，多于三点用速读法浏览即可，后面用到哪条看哪条	
(2)读总长、总宽、轴线	总长 45800，总宽 18100。 纵向轴线 A-M，横向轴线 1-13	要求查找迅速、准确	
(3)读构件的尺寸和配筋	以 2 轴交 M 轴处 DJ_Z06 上方的 KZ-2 为例。 先找其集中标准，尺寸 500×500，12 根三级钢筋，直径为 16mm，箍筋配一级钢筋，直径为 8mm，间距为加密区 100mm，非加密区 200mm	要求查找迅速、准确	
(4)从左到右、从下到上读构件名称、细部尺寸、特殊部位	除 KZ 外，6、9 轴交 K 轴处有两个 LZ-1，表示梁上柱-1。 3 轴交 M 轴处 JLQ 表示剪力墙(该部分在项目 F 进行说明)	查漏补缺，重点细读	
(5)从施工角度说明柱平法施工图涉及哪些工种？如何计算各自的工程量？	例如：混凝土体积如何计算？ KZ-2 为长方体，查结施图-05 知，M 轴 2-3 轴段 KL21 梁高为 620mm，KZ-2 一层柱高＝4.120－(－1.000)－0.620＝4.5(m)＝4500(mm)，混凝土体积＝500×500×4500＝1.125(m^3)	还可以思考：钢筋工(钢筋量)、木工(支模量)等	

2. 学生实施

依据教师所给任务进行框架柱施工图识读。

3. 验收与评价

教师根据学生识读图纸完成情况进行打分与点评。

职业能力 B-1-2 能进行框架柱钢筋进场验收

【学习目标】

（1）能进行框架柱钢筋进场资料与外观验收。

（2）能进行框架柱钢筋进场复试的抽样工作。

【基础知识】

框架柱钢筋进场验收与独立基础钢筋进场验收基础知识内容相同，如有需要请扫描二维码查看。

01钢筋进场验收基础知识

【实践操作】

框架柱钢筋进场验收与独立基础钢筋进场验收实践操作内容相同，如有需要请扫描二维码查看。

02钢筋进场验收实践操作

职业能力 B-1-3 能进行框架柱钢筋下料

【学习目标】

（1）掌握框架柱钢筋下料的方法。

（2）能进行框架柱钢筋下料计算。

25教学视频

【基础知识】

框架柱钢筋下料与独立基础钢筋下料基础知识内容相同，如有需要请扫描二维码查看。

03钢筋下料基础知识

柱接筋长度计算：

《混凝土结构施工图平面整体表示方法制图规则和构造详图（现浇混凝土框架、剪力墙、梁、板）》22G101-1 框架柱平法施工图制图规则原文重点摘录见图 B-1。

接筋：每层柱插筋上方接长的钢筋，简称接筋。

本层柱接筋长度＝本层层高－本层柱下部非连接区长度＋上层柱下部非连接区长度。

非连接区长度＝max（$H_n/6$，h_c，500），H_n 为本层柱净高，h_c 为柱截面长边尺寸。

【实践操作】

1. 教师演示

（1）一层框架柱接筋长度计算

以 2 轴交 M 轴处 DJ_Z06 上方的 KZ-2 为例，计算其在插筋上方接长的接筋长度，接筋由一层延续到二层，见表 B-2。

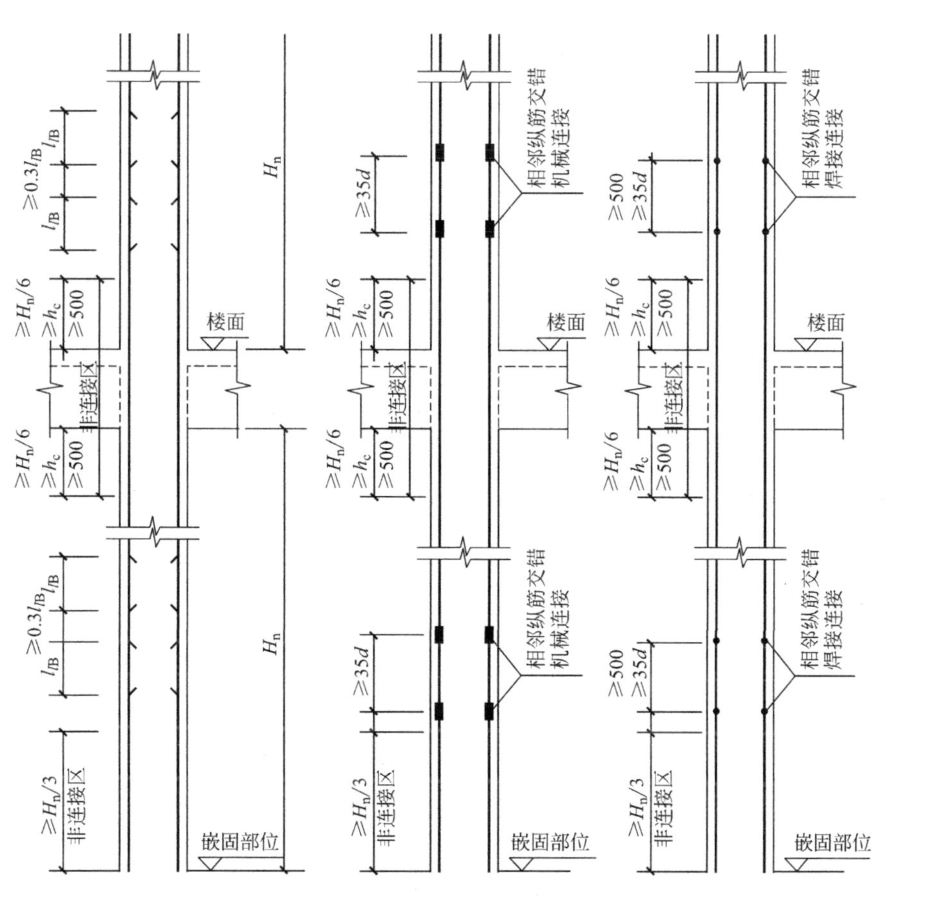

图 B-1 框架柱纵向钢筋连接构造

框架柱接筋长度计算 **表 B-2**

步骤	操作及说明	标准与指导	备注
(1)分析公式，查找相关信息	一层柱接筋长度＝一层层高－一层柱下部非连接区长度＋二层柱下部非连接区长度 查阅建施-08 知，一层层高＝4.2m，二层层高＝3.6m	要求查找迅速、准确	
(2)计算一层柱下部非连接区长度	基础底面标高为－1.5m，基础高度 500mm，则基础顶面标高为－1.000m，查结施-05 的 4.120 梁平法施工图及 KL2、KL21 知，梁高为 620mm，则一层柱的净高 Hn＝4.120－(－1.000)－0.62＝4500(mm)。 4.120 板 板模板 柱 －1.000 基础 则一层柱下部非连接区长度＝Hn/3＝1500mm	当无地下室时，应取基础顶部为嵌固部位，即非连接区≥Hn/3，则一层柱下部非连接区长度＝Hn/3，Hn 为本层柱净高	

续表

步骤	操作及说明	标准与指导	备注
(3)计算二层柱下部非连接区长度	二层层高＝3.6m，假设梁高为600，则二层柱的净高Hn＝3600－600＝3000(mm)。 查阅建施-04知，2轴交M轴处DJ_Z06上方的KZ-2截面尺寸500×500，柱截面长边尺寸hc＝500mm。 则二层柱下部非连接区长度＝max{Hn/6，hc，500}＝500mm		
(4)计算一层柱接筋长度	一层柱接筋长度＝一层层高－一层柱下部非连接区长度＋二层柱下部非连接区长度＝5120－1500＋500＝4120(mm)	当一层柱下部非连接区长度＝二层柱下部非连接区长度，则一层柱接筋长度＝一层层高	柱接筋长度只是将各段相加，不是下料长度
(5)计算一层柱接筋下料长度	一层柱接筋下料长度＝一层柱接筋长度＝4120mm	由于没有弯折和弯钩，柱接筋下料长度＝柱接筋长度	

(2) 一层柱箍筋个数计算

查阅建施-04知，2轴交M轴处KZ-2箍筋间距：加密区为100mm，非加密区为200mm（图B-2）。

一层柱下部非连接区段箍筋个数＝一层柱下部非连接区段/间距＋1＝（1500－50）/100＋1＝16（个）。

一层柱上部非连接区段箍筋个数＝一层柱上部非连接区段/间距＋1＝（max{Hn/6，hc，500}＋620）/100＋1＝（500＋620）/100＋1＝12（个）。

一层柱连接区段箍筋个数＝（一层柱高－一层柱下部非连接区段－一层柱上部非连接区段）/200＋1＝（4500－1500－500－620）/200＋1＝14（个）。

一层柱箍筋个数合计＝16＋12＋14－2＝42－2＝40（个）（图B-3）。

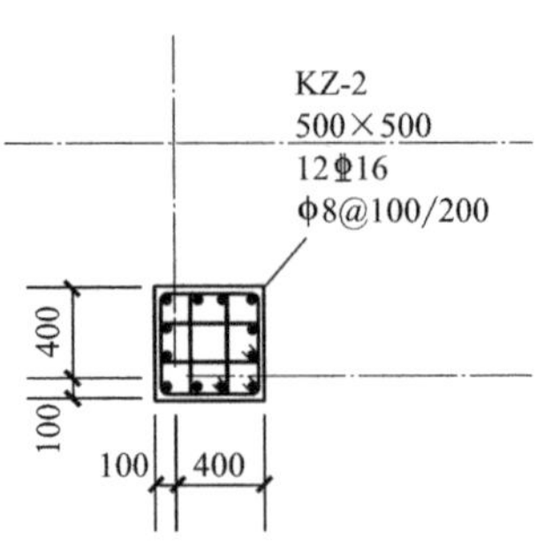

图B-2　KZ-2

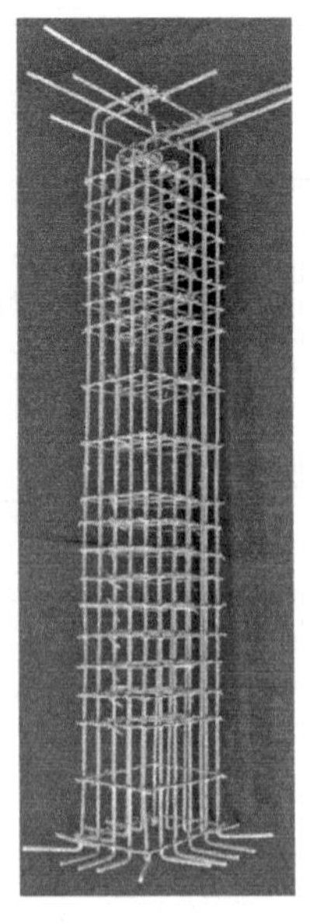

图B-3　框架柱箍筋构造

（3）钢筋配料单编制

本工程项目框架柱部分钢筋配料单见表 B-3。

本工程项目框架柱部分钢筋配料单　　表 B-3

构件名称	钢筋编号	简图	级别	直径（mm）	下料长度（mm）	单根根数（根）	合计根数（根）	质量（kg）
KZ-2（共 2 个）	1 接筋		三级	16	4120	12	24	156.18
	2 箍筋		一级	8	1944	40	80	61.41
	3 箍筋		三级	8	1386	80	160	87.57

注：1. 2 号外围大箍筋下料长度＝直段长度－弯折减少长度＋弯钩增加长度＝（边长－2×保护层厚度）×4－3×$2d$＋2×$12d$＝（500－2×25）×4＋18×8＝1944（mm）。

2. 3 号复合小箍筋下料长度＝直段长度－弯折减少长度＋弯钩增加长度＝（边长－2×保护层厚度）×4－3×$2d$＋2×$12d$＝［（500－2×25－4×16－2×8）/3＋2×16＋2×8＋450］×2－3×$2d$＋2×$12d$＝1242＋18×8＝1386（mm）。

2. 学生实施

依据教师所给任务进行框架柱底板钢筋、插筋长度和插筋个数计算。

3. 验收与评价

教师根据学生计算完成情况进行打分与点评。

职业能力 B-1-4　能进行框架柱钢筋加工

【学习目标】

（1）能规范操作钢筋加工机械进行框架柱钢筋调直、除锈、切断、弯曲成型。

（2）了解钢筋冷拉、冷拔。

【基础知识】

框架柱钢筋加工与独立基础钢筋加工基础知识内容相同，如有需要请扫描二维码查看。

04钢筋加工基础知识

【实践操作】

1. 教师演示（技工演示）

钢筋调直程序见表 A-7，钢筋切断见表 A-8，钢筋弯曲见表 A-9。

批量切断钢筋：以 2 轴交 M 轴处 DJ_Z06 上方的 KZ-2 为例，在Φ 16 钢筋上切取 KZ-2 的一层柱 1 号接筋下料长度 4120mm，共 24 根（根数请参照附录图纸结构施工图-04“结施基础顶面～15.300 柱平法施工图”KZ-2）。

在Φ 8 钢筋上切取 KZ-2 的 2 号箍筋下料长度 1944mm 共 80 根。在Φ 8 钢筋上切取 KZ-2 的 3 号箍筋下料长度 1386mm 共 160 根（表 B-3）。

2. 技术交底

(1) 箍筋的末端应按设计要求做弯钩，并应符合下列规定：

1) 对一般结构构件，箍筋弯钩的弯折角度不应小于 90°，弯折后平直段长度不应小于箍筋直径的 5 倍。对有抗震设防要求或设计有专门要求的结构构件，箍筋弯钩的弯折角度不应小于 135°，弯折后平直段长度不应小于箍筋直径的 10 倍和 75mm 两者之中的较大值。

2) 圆形箍筋的搭接长度不应小于其受拉锚固长度，且两末端均应作不小于 135°的弯钩，弯折后平直段长度对一般结构构件不应小于箍筋直径的 5 倍，对有抗震设防要求的结构构件不应小于箍筋直径的 10 倍和 75mm 的较大值。

(2) 箍筋成型

1) 箍筋端头应平直，不能有弯曲。因此用切断机下料时，根数不能多于 5 根，长度应统一，端头平整，发现端头不直或不平时调整切断机刀头。

2) 依据本工程抗震要求，所有箍筋均做 135°弯钩，平直段长度 $10d$，且两个弯钩平直段，相互平行。本工程箍筋主要为φ 8、φ 10 等，其弯钩的平直长度分别为 80mm、100mm。

3) 箍筋加工，每制作一批时应先预制一个构件，核对尺寸准确后，方可成批制作，所做成品必须方正，弯钩平直部分必须平行（图 B-4）。

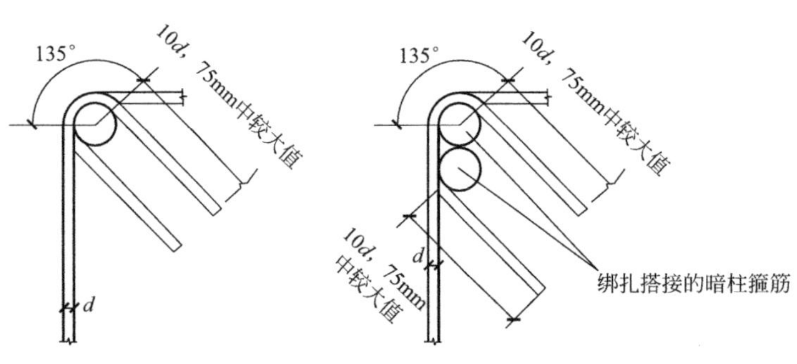

图 B-4　箍筋加工相关规定

3. 安全技术交底

(1) 钢筋调直，防止钢筋甩弯伤人。钢筋切断，30cm 以内的短料必须用钳子夹住短料。钢筋弯曲，防止站位不对钢筋伤人。

(2) 要求学生合理设计钢筋切断长度，尽量少留废料。

(3) 钢筋加工时，场地要平整，工作台要稳固，各种加工机械在离场时一定要拉闸断电。

(4) 多人运送钢筋时，起、落、转、停动作要一致，人工上下传递不得在同一垂直线上。严禁从高处向下方抛扔或从低处向高处投掷材料和工具。

(5) 钢筋调直、切断、弯曲、除锈、冷拉等各道工序的加工机械必须遵守现行行业标准《建筑机械使用安全技术规程》JGJ 33 的规定，保证职业健康安全装置齐全有效，动力线路用钢管从地坪下引入，机壳要有保护零线。

（6）加工好的钢筋现场堆放应平稳、分散，防止倾倒、塌落伤人。

4. 人员分工

1人练习钢筋调直、2人配合练习钢筋切断、2人练习钢筋弯曲，然后进行角色调换。

5. 实施准备

材料、机具、验收规范及工作页和考核表等的准备如图A-30所示。

6. 学生实施

依据教师所给任务进行框架柱钢筋的调直、除锈、切断、弯曲。钢筋调直、除锈、切断实训见附表3，箍筋弯曲实训学生工作页见附表5，受力筋加工实训学生工作页见附表7。

7. 验收与评价（扫描二维码查看）

20钢筋加工验收与评价

【课后拓展】

【拓展】其他形式箍筋的制作

焊接封闭箍筋宜采用闪光对焊，也可采用气压焊或单面搭接焊，并宜采用专用设备进行焊接。焊接封闭箍筋下料长度和端头加工应按焊接工艺确定。焊接封闭箍筋的焊点设置，应符合下列规定：

（1）每个箍筋的焊点数量应为1个，焊点宜位于多边形箍筋中的某边中部，且距箍筋弯折处的位置不宜小于100mm。

（2）矩形柱箍筋焊点宜设在柱短边，等边多边形柱箍筋焊点可设在任一边。不等边多边形柱箍筋焊点应位于不同边上。

（3）梁箍筋焊点应设置在顶边或底边。

职业能力B-1-5　能进行框架柱钢筋连接及验收

【学习目标】

（1）掌握钢筋搭接连接、搭接焊、直螺纹套筒连接工艺。

（2）能对直螺纹套筒连接进行质量验收。

26教学视频

【基础知识】

框架柱钢筋连接及验收与独立基础钢筋连接及验收基础知识内容相同，如有需要请扫描二维码查看。

05钢筋连接及验收基础知识

框架柱纵向钢筋连接构造见图B-1。

【实践操作】

1. 教师演示

直螺纹套筒连接质量验收表B-4。

直螺纹套筒连接质量验收 表 B-4

步骤	操作及说明	标准与指导	备注
(1)检查错头长度	查阅图纸结施-04 知，DJ_Z06 上方柱为 KZ-2，插筋为 12⌀16，检查机械连接接头是否相互错开 $35d=35\times16=560$(mm)	相邻纵向受力钢筋机械连接接头宜相互错开 $35d$(d 为纵向受力钢筋的较大直径)	
(2)检查接头质量	检查钢筋丝头长度是否满足企业标准产品设计要求，有效长度应不小于 1/2 连接套筒长度，公差为 $+2P$(P 为螺纹螺距)	应符合《钢筋机械连接技术规程》JGJ 107—2016 的相应要求	

2. 技术交底

（1）滚轧直螺纹连接的钢筋要调直后下料，钢筋切头要整齐，不得有弯曲，下料采用无齿锯，不得采用切割机、气割下料，切口断面应与钢筋轴线垂直，端头不得出现翘曲或马蹄形。

（2）加工滚轧直螺纹时，要用水溶性润滑液，不得加润滑液直接套丝或使用机油做润滑液。

（3）加工滚轧直螺纹钢筋丝头的牙形、螺距等必须与连接套的牙形螺距一致，并经配套的量规检测合格，要求牙形饱满，无断牙、秃牙等缺陷，牙齿表面光洁，自检合格后的丝头要带上保护帽加以保护。

（4）质检人员要用牙形规、环规按规范规定数量抽查钢筋丝头的加工数量，抽查钢筋丝头的加工质量，连接完成后，连接套筒外露有效螺纹，单边不得超过 $2P$，不得出现肉眼可见的裂纹，并填写钢筋直螺纹加工检验记录（图 B-5）。

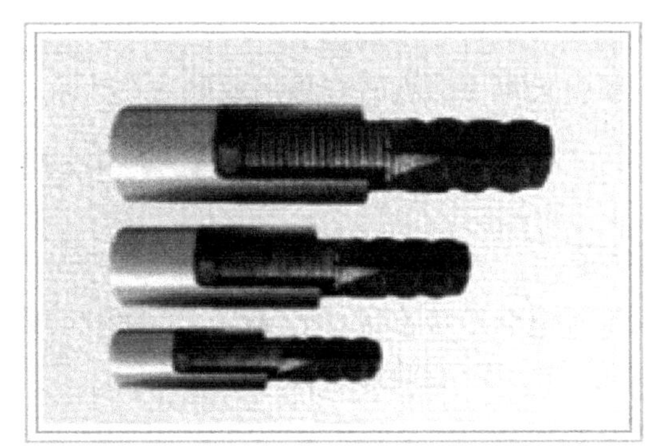

图 B-5 直螺纹连接

（5）接头施工现场取样处理：现场截取抽样试件后，原接头位置的钢筋采用同等规格的钢筋进行搭接连接，应满足搭接倍数。

（6）自检合格的钢筋丝头，一头拧上同规格的保护帽，另一头拧上同规格的连接套筒。

（7）检查完的接头上用红油漆做出标记，以示自检合格，采用预埋接头时，带连接套的钢筋应牢固，连接套的外露端应用密封盖。

3. 安全技术交底

（1）必须穿戴好劳动保护用品，严格按照直螺纹连接安全操作规程进行操作。

（2）搬运钢筋时，防止碰撞物体或他人，特别是防止碰挂周围的电线。

4. 人员分工

对于钢筋绑扎搭接连接及质量验收，由4人扮演工人，1人扮演施工员进行质量验收，然后进行角色调换。

对于搭接焊及直螺纹套筒连接，工艺不需要学生掌握，只需要按照规范要求进行验收。

5. 实施准备

材料、机具、验收规范及工作页和考核表等的准备如图A-39所示。

6. 学生实施

依据教师所给任务单进行框架柱钢筋绑扎搭接连接及质量验收，参照钢筋绑扎实训学生工作页附表9进行。进行框架柱钢筋直螺纹套筒连接及质量验收，框架柱纵筋连接实训学生工作页见附表11。

7. 验收与评价

（1）主控项目验收

依据现行行业标准《钢筋机械连接技术规程》JGJ 107，钢筋的连接方式应符合设计要求，接头做力学性能检验结果应符合该标准的规定，直螺纹接头安装后检验拧紧扭矩其检验结果应符合该标准的相关规定，具体规定详见“C-1-5【实践操作】2. 技术交底”。

（2）一般项目验收

钢筋接头位置应符合设计和施工方案要求。有抗震设防要求的结构中，梁端、柱端箍筋加密区范围内钢筋不应进行搭接。

接头的外观检查质量应符合相关标准的规定。

接头面积百分率应符合设计要求。当设计无具体要求时，应符合现行国家标准《混凝土结构设计规范》GB 50010的有关规定。

（3）组内评价、小组互评、教师点评

框架柱纵筋连接实训验收考核表见附表12。

【课后拓展】

【拓展】施工现场滚轧直螺纹接头质量标准

（1）滚轧直螺纹套筒进场前厂家应提供厂家资质证明、接头型式检验报告，现场操作人员已培训完毕。

（2）套筒进场要有套筒合格证书，并由工长做外观、尺寸检查记录。

（3）在施工前，滚轧直螺纹接头应做接头工艺检验。

（4）在现场施工过程中，按每种规格接头每500个做一组试验。

（5）为了满足见证取样的要求（在实体上切割），预留主筋长度应长出500cm，以保证取样和接头错开要求。钢筋接头在现场取样完毕后在钢筋切断位置绑扎一根同直径的钢筋，长度满足搭接倍数（见证取样是指施工单位在工程监理单位或建设单位的见证下，按照有关规定从施工现场随机抽取试样，送至具备相应资质的检测机构进行检验的活动）。

（6）外观质量要求：接头丝扣外露不得大于2扣，外观检查不合格的钢筋不应进入施工一线绑扎，要重新加工套丝，经检查合格后方可进入施工一线绑扎。

职业能力 B-1-6　能进行框架柱钢筋安装及验收

【学习目标】

27教学视频

（1）掌握钢筋安装工艺。

（2）能熟练进行框架柱钢筋安装。

（3）能对钢筋安装进行质量验收。

【基础知识】

1. 准备工作

（1）熟悉施工图纸。通过熟悉图纸，一方面校核钢筋加工中是否有遗漏或误差。另一方面也可以检查施工图纸中是否存在与实际情况不符的地方。

（2）核对钢筋加工配料单和钢筋料牌。在熟悉施工图纸过程中，应核对钢筋加工配料单和钢筋料牌，并检查已加工成型的规格、形状、数量、间距是否与施工图纸一致。

（3）确定安装顺序。

① 钢筋安装主要工作内容包括放样画线、排筋绑扎、垫撑铁和保护层垫块、检查校正及固定预埋件等。

梁类构件先摆纵筋，再排箍筋，最后固定。

板类构件一般先排受力钢筋，后排分布钢筋。

墙类构件先接长竖向钢筋，再绑扎水平钢筋。

柱类构件先接长纵向受力筋，再排箍筋。

② 钢筋安装或现场绑扎应与模板安装相配合。

梁钢筋一般在梁底板安装后再安装或绑扎，当断面高度较大时（>600mm），或跨度较大、钢筋较密的梁，可留一面侧模，待钢筋安装或绑扎完成后再安装。

板钢筋绑扎应在楼板模板安装后进行，并应按设计先画线，然后摆料、绑扎。

墙钢筋绑扎应在模板安装前进行。

柱钢筋现场绑扎时，一般在模板安装前进行（即先绑扎柱钢筋再安装模板）或模内安装（即先安装三面模板，待钢筋安装后再封第四面模板）。

（4）做好材料、机具的准备。钢筋绑扎与安装的主要材料、机具包括钢筋钩、吊线坠、木水平尺、麻线、长钢尺、钢卷尺、扎丝、垫保护层用的砂浆垫块或塑料卡、撬杆、绑扎架等。

（5）放线。放线要从中心点开始向两边量距放点，定出纵向钢筋的位置。水平筋的放线可放在纵向钢筋或模板上。

2. 钢筋绑扎

钢筋绑扎应顺直均匀、位置正确。

钢筋绑扎的操作方法有一面顺扣法、十字花扣法、反十字扣法、兜扣法、缠扣法、兜扣加缠法、套扣法等，较常用的是一面顺扣法。

为防止钢筋网（骨架）发生歪斜变形，相邻绑扎点的绑扣应采用八字形扎法。

3. 钢筋现场安装注意事项

(1) 钢筋的接长、钢筋骨架或钢筋网的成型应优先采用焊接或机械连接，如不能采用焊接或骨架过大过重不便于运输安装时，可采用绑扎的方法。

(2) 钢筋绑扎一般采用 20～22 号铁丝，绑扎时应注意钢筋位置是否准确，绑扎是否牢固，搭接长度及绑扎点位置是否符合规范要求。

(3) 板和墙的钢筋网，除靠近外围两行钢筋的相交点全部扎牢外，中间部分的相交点可相隔交错扎牢，但必须保证受力钢筋不位移，双向受力的钢筋，须全部扎牢。

(4) 梁和柱的箍筋，除设计有特殊要求时，应与受力钢筋垂直设置。箍筋弯钩叠合处，应沿受力钢筋方向错开设置。柱中的竖向钢筋搭接时，角部钢筋的弯钩应与模板成 45°。弯钩与模板的最小角度不得小于 15°。

(5) 当受力钢筋采用机械连接接头或焊接接头时，设置在同一构件内的接头宜相互错开。钢筋搭接处，应在中心和两端用铁丝扎牢。绑扎搭接接头中钢筋的横向净距不应小于钢筋直径，且不应小于 25mm。钢筋搭接接头连接区段长度为 $1.3l_{lE}$，凡搭接接头中点位于该连接区段内的搭接接头均属于同一连接区段。同一连接区段内，纵向钢筋搭接接头面积百分率为该区段内有搭接接头的纵向受力钢筋截面面积与全部纵向受力钢筋截面面积的比值。

(6) 构件交接处的钢筋位置应符合设计要求。当设计无具体要求时，应保证主要受力构件和构件中主要受力方向的钢筋位置。框架节点处梁纵向受力钢筋宜放在柱纵向钢筋内侧。当主次梁底部标高相同时，次梁下部钢筋应放在主梁下部钢筋之上。剪力墙中水平分布钢筋宜放在外侧，并宜在墙端弯折锚固。

(7) 钢筋安装应采用定位件固定钢筋的位置，并宜采用专用定位件。定位件应具有足够的承载力、刚度、稳定性和耐久性。定位件的数量、间距和固定方式，应能保证钢筋的位置偏差符合国家现行有关标准的规定。混凝土框架梁、柱保护层内，不宜采用金属定位件。

4. 钢筋工程质量验收

浇筑混凝土之前应进行钢筋隐蔽工程验收，其内容应包括：

(1) 纵向受力钢筋的品种、牌号、规格、数量、位置。

(2) 钢筋的连接方式、接头位置、接头数量、接头面积百分率、搭接长度、锚固方式及锚固长度。

(3) 箍筋、横向钢筋的品种、牌号、规格、数量、间距，箍筋弯钩的弯折角度及平直段长度。

(4) 预埋件的规格、数量、位置。

钢筋隐蔽工程验收可与钢筋分项工程验收同时进行，钢筋验收时，不允许钢筋间距累计正偏差后造成钢筋数量减少。

【实践操作】

1. 教师演示

框架柱钢筋安装及验收见表 B-5。

框架柱钢筋安装及验收 表 B-5

步骤	操作及说明	标准与指导	备注
(1)弹钢筋位置线	将小卷尺 200mm 对准竖向轴线上端向左量 100mm，向右量 400mm 用粉笔定出点位。200mm 对准竖向轴线下端向左量 100mm，向右量 400mm 用粉笔定出点位，然后用墨斗弹出 KZ-02 两边边线。同理弹出 KZ-02 的上下边线。 KZ-2 100 400 100 400 然后依次从边线向内量取 20mm 保护层厚度，再依次量取 3 个 132mm 和 1 个 20mm 400 400 100	粉笔定点要小，并取中心点才能保证精确（也可用红芯木工笔）。 墨斗弹线要用力拉紧，对准粉笔定位点，并由第三人竖直弹线	1) 132＝(500－20－20－16×4)/3。 2)实际施工时框架柱放线与基础放线是同时进行的
(2)布置钢筋	根据框架柱的配筋图计算各种钢筋的直线下料长度、根数及重量，然后编制钢筋配料单，进行钢筋备料加工。 将框架柱 2144mm 钢筋共 6 根，2704mm 钢筋共 6 根，按照弹线进行钢筋布置，其中两个对角为 2704mm，另两个对角为 2144mm，其间钢筋长短筋间隔布置	将框架柱按照放线位置与基础底板钢筋绑扎固定	
(3)绑柱预留插筋	采用一面顺扣法将十字相交的交叉点全部扎牢，在相邻两个绑点应呈八字形	钢筋安装要以保证质量、提高工效、减轻劳动强度为原则	

2. 技术交底

(1) 框架节点核心区内均应设置水平箍筋。有抗震设防要求的，必须按施工图纸、设计文件的要求设置复合箍筋（图 B-6），不得随意减少。无抗震设防要求的箍筋间距不宜大于 250mm，且不得大于 $15d$。

(2) 柱子钢筋定位，在定位柱箍筋上用油漆标注出柱子的轴线，再在楼面上找出柱子的轴线，将定位柱箍筋的轴线和柱子的轴线重合，用电焊把定位柱箍筋固定在梁面上（图 B-7）。

3. 安全技术交底

(1) 绑扎钢筋的绑丝头，应弯回至骨架内侧。暂停绑扎时，应检查所绑扎的钢筋或骨架，确认连接牢固后方可离开现场。

(2) 要保持作业面道路通畅，作业环境整洁。

图 B-6 框架柱复合箍筋

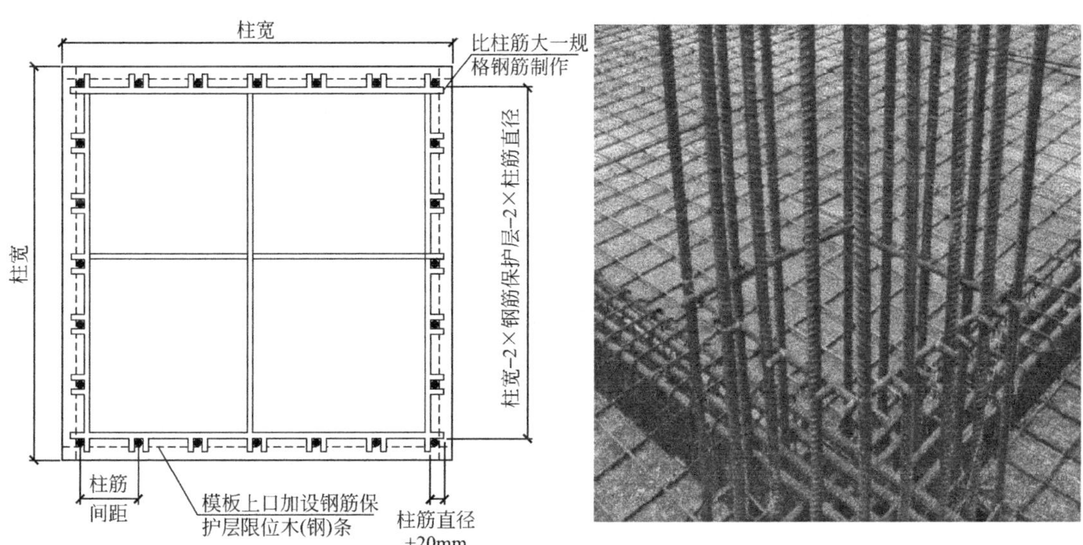

图 B-7 柱子定位钢筋

4. 人员分工

放线时，1 人执卷尺，2 人辅助定点，另外 2 人弹墨线，然后角色对调。安装钢筋时，2 人摆放钢筋，3 人执钢筋钩进行绑扎安装，然后角色对调。

5. 实施准备

材料、机具、施工和验收规范及工作页和考核表等的准备如图 A-42 所示。

6. 学生实施

依据教师所给任务单进行框架柱钢筋安装及验收。框架柱钢筋安装实训学生工作页见附表 17。

7. 验收与评价

（1）主控项目验收

首先检查钢筋的品种、级别、规格、数量、纵向受力钢筋的锚固方式和锚固长度等是否符合设计要求。

检查数量：全数检查。

检验方法：观察，尺量检查。

（2）一般项目验收

检查钢筋安装允许偏差和检验方法，见表 A-16。

检查数量：在同一检验批内，对柱，应抽查构件数量的 10%，且不少于 3 件。

（3）组内评价、小组互评、教师点评

框架柱钢筋安装验收考核表见附表 18。出现不符合规范要求应及时分析原因并进行整改，必要时课后对关键环节和技能点进行强化练习。

【课后拓展】

【拓展】框架柱钢筋安装施工现场安全管理

（1）操作面楼板预留洞口应加盖木板并有醒目标志。绑扎钢筋用脚手架应由专业人员搭设，高处作业的操作人员要系好安全带。

（2）绑扎 3m 以上的柱钢筋必须搭设操作平台，不得站在钢筋骨架上操作或上下。已绑扎的柱骨架应用临时支撑拉牢，以防倾倒。在高空、深坑绑扎钢筋和安装骨架，必须搭设脚手架和马道。

（3）在高处楼层上拉钢筋或钢筋调向时，必须事先观察运行上方或周围附近是否有高压线，严防碰触。脚手架上不得集中码放钢筋，应随使用随运送。

工作任务 B-2　框架柱模板安装与拆除

工作任务描述

进行框架柱模板施工。

工作任务分解

（1）职业能力 B-2-1 能进行框架柱模板加工。

（2）职业能力 B-2-2 能进行框架柱模板安装。

（3）职业能力 B-2-3 能进行框架柱模板拆除。

工作任务实施

职业能力 B-2-1　能进行框架柱模板加工

【学习目标】

28教学视频

（1）掌握模板施工用量计算方法。

（2）能进行框架柱模板加工。

【基础知识】

框架柱模板加工与独立基础模板加工基础知识内容相同，如有需要请扫描二维码查看。

06模板加工基础知识

【实践操作】

1. 教师演示

框架柱模板加工与制作表 B-6。

框架柱模板加工与制作 表 B-6

步骤	操作及说明	标准与指导	备注
(1)计算模板的尺寸	查阅结施-04 知，KZ-02 的平面尺寸为 500×500，高度为 4988mm。选用 40×60 的方木，15mm 厚胶合板模板，则 KZ-02 的两块短拼板尺寸为 500×4988，两块长拼板尺寸为(15×2+500)×4988=530×4988。 KZ-2 100 400 100 400 则框架柱模板用量=(500×4988+530×4988)×2=10.276(m^2)。 同时用 40mm×60mm 方木对模板进行加固，间距 200mm，长度同模板	依据此法依次计算出所有框架柱模板用量	已知板厚度为 120mm，提前思考确定板的模板采用厚度 12mm 的胶合板模板。 一层柱模板高度 Hn=4.120−(−1.000)−0.12−0.012=4988(mm) 4.120 板 板模板 柱 −1.000 基础
(2)制作每块模板	用卷尺沿一整张模板的宽边依次量 2 次宽度 500mm，用卷尺沿一整张模板的宽边依次量 2 次宽度 530mm，用木工锯锯下，并将两次锯下的拼板进行竖向拼接(500mm 拼 500mm，530mm 拼 530mm，并补齐到 4998mm 长度)，另外两块拼板方法相同	尺量应精确，量线要平直	

2. 安全技术交底（扫描二维码查看）

13模板加工安全技术交底

3. 人员分工

采用角色扮演，2 人放线，2 人裁切模板，1 人钉模板，然后进行角色调换。

4. 学生实施

依据教师所给任务单进行框架柱模板施工用量计算及模板加工与制作，模板加工实训学生工作页见附表27。

5. 验收与评价

进行组内评价、小组互评、教师点评。模板加工实训验收考核表见附表28。出现不符合规范要求应及时分析原因并进行整改，必要时课后对关键环节和技能点进行强化练习。

【课后拓展】

【拓展】框架柱模板加工施工现场安全管理

（1）电锯、电刨等木工机具要有专人负责，持证上岗，严禁戴手套操作，严禁用竹编板等材料包裹锯体，分料器要齐全，不得使用倒顺开关。

（2）圆锯的锯盘及传动部应安装防护罩，并设有分料器，其长度不小于50 cm，厚度大于锯盘的木料，严禁使用圆锯。

职业能力 B-2-2　能进行框架柱模板安装

【学习目标】

（1）掌握框架柱模板安装施工工艺。

（2）能进行框架柱模板安装。

（3）能进行框架柱模板安装验收。

29教学视频

【基础知识】

框架柱模板安装与独立基础模板安装知识内容相同，如有需要请扫描二维码观看。

15模板安装基础知识

【实践操作】

1. 教师演示

框架柱模板安装见表B-7。

框架柱模板安装　　表B-7

步骤	操作及说明	标准与指导	备注
(1)放线	在基础顶上弹出中心线、边线和模板控制线	弹线需准确，模板控制线距离边线200mm	

续表

步骤	操作及说明	标准与指导	备注
(2)组装模板并固定	先在四块拼板上弹出拼板的中心线→将拼板中心线与中心线的墨线对齐沿边线竖立模板→钉子固定连接四块侧拼板→找正校直→加对拉螺栓和柱箍固定。 然后用对拉螺栓把模板进一步固定，再加上柱箍，从柱模板底起100mm加第一道对拉螺栓，往上每隔600mm加一道对拉螺栓。从柱模板底起100mm加第一道柱箍，往上每隔1200mm加一道柱箍	模板位置、标高必须安装准确、固定牢固	

2. 技术交底

(1) 柱接槎要求：

1) 楼面标高必须严格控制，其收口要整齐。

2) 为了保证柱接槎密实，其接缝位置必须在浇筑混凝土前凿毛，框架柱接槎做法见图 B-8。

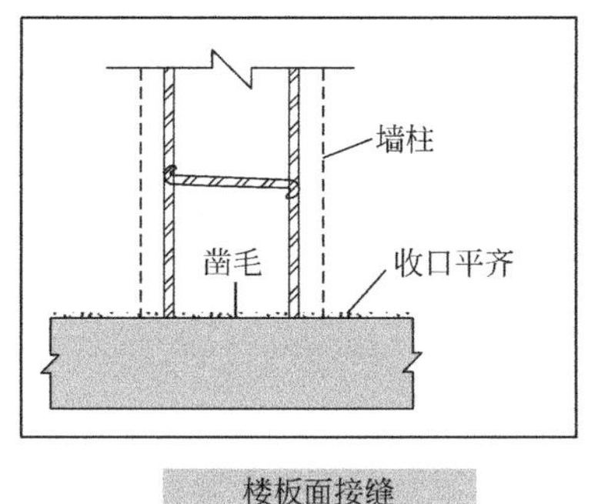

楼板面接缝

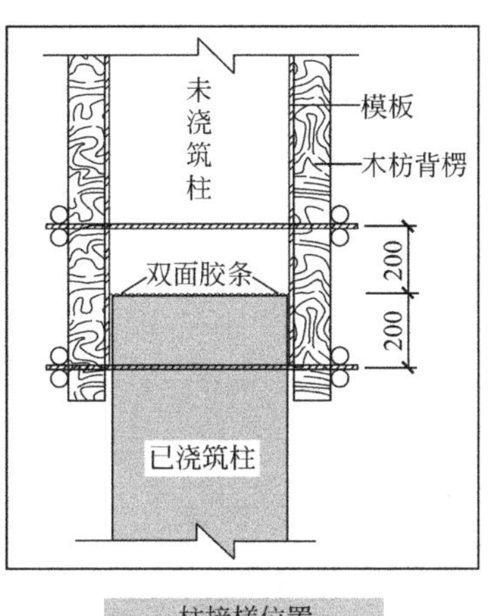

柱接槎位置

楼板面接缝封堵

图 B-8　柱接槎做法

(2) 柱模板底部应设清扫口，有利于清理模板内的杂物，保证混凝土的振捣质量。

3. 安全技术交底

(1) 安装整块柱模板时，不得将其支在柱钢筋上代替临时支撑。

（2）支设高度在 3m 以上的柱模板，四周应设斜撑，并应设立操作平台，低于 3m 的可用马凳操作。

（3）组装立柱模板时，四周必须设牢固支撑，如柱模在 6m 以上，应将几个柱模连成整体。

（4）两人抬运模板时要互相配合、协同工作。空中传递模板、工具应用运输工具或绳子系牢后升降，不得乱扔。支撑过程中，如需中途停歇，应将支撑、拼板、方木等钉牢。

4. 人员分工

采用角色扮演，2 人加工模板，3 人安装模板，进行组内角色扮演。

5. 实施准备

材料、机具、施工和验收规范及工作页和考核表等的准备如图 A-53 所示。

6. 学生实施

依据教师所给任务单进行框架柱模板安装，柱模板安装实训学生工作页见附表 31。

7. 验收与评价

（1）主控项目验收

模板及支架材料的技术指标（材质、规格、尺寸及力学性能）应符合国家现行有关标准和专项施工方案的规定。

（2）一般项目验收

模板工程验收的内容主要有：模板的标高、位置、尺寸、垂直度、平整度、接缝、支撑等；预埋件以及预留孔洞的位置和数量；模板内是否有垃圾和其他杂物。

1）模板安装质量应符合要求，详见 A-2-2【实践操作】中验收与评价的一般项目验收该部分内容。

2）检查脱模剂应符合要求，详见 A-2-2【实践操作】中验收与评价的一般项目验收该部分内容。

3）支架立柱和竖向模板安装在土层上时，应符合下列规定：

① 土层应坚实、平整。其承载力或密实度应符合施工方案的要求。

② 应有防水、排水措施。对湿陷性黄土、膨胀土，应有防水措施。对冻胀性土，应有预防冻融措施。

③ 支架立柱下应设置垫板，并应符合施工方案的要求。

检查数量：全数检查。

检验方法：观察检查。承载力检查勘察报告或试验报告。

4）现浇结构模板安装的允许偏差及检验方法见表 B-8。

检查数量：在同一检验批内，对柱，应抽查构件数量的 10%，且不少于 3 件。

现浇结构模板安装的允许偏差及检验方法 **表 B-8**

项目	允许偏差(mm)	检验方法
轴线位置	5	尺量
底模上表面标高	±5	水准仪或拉线、尺量

续表

项目		允许偏差(mm)	检验方法
模板内部尺寸	基础	±10	尺量
	柱、墙、梁	+4,−5	尺量
	楼梯相邻踏步高度	5	尺量
柱、墙垂直度	层高≤5m	6	经纬仪或吊线、尺量
	层高＞5m	8	经纬仪或吊线、尺量
相邻模板表面高差		2	尺量
表面平整度		5	2m靠尺和塞尺量测

注：检查轴线位置，当有纵横两个方向时，沿纵、横两个方向量测，并取其中偏差的较大值。

5）固定在模板上的预埋件、预留孔和预留洞不得遗漏，且应安装牢固，详见 A-2-2【实践操作】中验收与评价的一般项目验收该部分内容。

（3）进行组内评价、小组互评、教师点评。柱模板安装实训验收考核表见附表 32。出现不符合规范要求应及时分析原因并进行整改，必要时课后对关键环节和技能点进行强化练习。

【课后拓展】

【拓展】框架柱模板安装施工现场安全管理

（1）在模板上施工时，堆物（钢筋、模板、木方等）不宜过多，不准集中在一处堆放。高处作业时，材料码放必须平稳整齐。

（2）使用的工具不得乱放。地面作业时应随时放入工具箱，高处作业应放入工具袋内。作业时使用的铁钉，不得含在嘴中。

（3）当模板高度大于 5m 以上时，应搭脚手架，设防护栏，禁止上下在同一垂直面操作。

（4）单片柱模板吊装时，应采用卸扣（卡环）和柱模连接，严禁用钢筋钩代替，以避免柱模翻转时脱钩造成事故，待模板立稳后并拉好支撑，方可摘除吊钩。

（5）模板安装就位后，要采取防止触电的保护措施，施工楼层上的漏电箱必须设漏电保护装置，防止漏电伤人。

职业能力 B-2-3　能进行框架柱模板拆除

【学习目标】

（1）掌握框架柱模板拆除方法与工艺。

（2）能进行框架柱模板拆除。

【基础知识】

框架柱模板拆除与独立基础模板拆除基础知识内容相同，如有需要请扫描二维码查看。

07模板拆除基础知识

【实践操作】

1. 教师演示

框架柱模板拆除见表 B-9。

框架柱模板拆除　　表 B-9

步骤	操作及说明	标准与指导	备注
(1)查侧模板拆除时间	本工程框架柱混凝土强度 C30≥C20，查表侧模板的拆除时间为 1d(假设日平均气温为 25℃)，即混凝土浇筑完成 24h 后开始拆模	应用时，按照当地日平均气温进行查表	
(2)侧模板拆除	拆除框架柱侧模板拉结→拆除斜撑→拆除钉子及四块侧拼板	先支的后拆，后支的先拆	

2. 技术交底（扫描二维码查看）

22模板拆除技术交底

3. 安全技术交底（扫描二维码查看）

18模板拆除安全技术交底

4. 人员分工

2 人扶模板、3 人拆模板，然后进行角色调换。

5. 实施准备

材料、机具、施工和验收规范及工作页和考核表等的准备如图 A-56 所示。

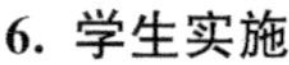

6. 学生实施

依据教师所给任务单进行框架柱模板的拆除及现浇结构观感质量验收实训。模板拆除及现浇结构观感质量验收实训学生工作页见附表 41。

7. 验收与评价

进行组内评价、小组互评、教师点评。模板拆除及现浇结构观感质量验收实训验收考核表见附表 42。验收标准见表 A-25、A-26。出现不符合规范要求应及时分析原因并进行整改，必要时课后对关键环节和技能点进行强化练习。

【课后拓展】

【拓展】框架柱模板拆除施工现场安全管理

（1）拆模必须满足拆模时所需混凝土强度，经项目技术负责人和监理工程师同意才能拆模，不得因拆模而影响工程质量。

（2）拆模作业人员必须站在平稳牢固可靠的地方，保持自身平衡，不得猛撬，以防失稳坠落。

（3）拆模的顺序和方法。应按照先支后拆、后支先拆的顺序。先拆非承重模板，后拆承重的模板及支撑。

（4）拆模间歇时，应将已活动的模板、拉杆、支撑等固定牢固，严防突然掉落、倒塌伤人。

（5）两人抬运模板时，应相互配合，协同工作。传递模板和工具，应用运输工具或绳索系牢后升降，不得乱抛。

工作任务 B-3 框架柱混凝土施工

工作任务描述

进行框架柱混凝土施工。

工作任务分解

（1）职业能力 B-3-1 能进行自拌混凝土施工配料计算。

（2）职业能力 B-3-2 能根据工程实际做好混凝土施工准备。

（3）职业能力 B-3-3 能进行框架柱混凝土浇筑及养护。

工作任务实施

职业能力 B-3-1 能进行自拌混凝土施工配料计算

【学习目标】

（1）能根据施工图纸估算框架柱混凝土施工用量。

（2）能进行自拌混凝土施工配料计算。

【基础知识】

1. 混凝土冬期施工的概念

当室外日平均气温连续 5 日稳定低于 5℃时，应采取冬期施工措施。当室外日平均气温连续 5 日稳定高于 5℃时，可解除冬期施工措施。《建筑工程冬期施工规程》JGJ/T 104—2011 规定：室外日平均气温连续 5d 稳定低于 5℃的初日作为冬期施工的起始日期，当气温回升时，取第一个连续 5d 日平均气温稳定高于 5℃的末日作为冬期施工的终止日期。初日和末日之间的日期即为冬期施工期。

2. 混凝土冬期施工受冻临界强度

冬期浇筑的混凝土在受冻以前必须达到的最低强度，称为混凝土冬期施工的受冻临界强度。

混凝土在养护初期遭受冻结，当气温恢复到正温后，即使正温养护到一定龄期也不能达到其设计强度，称为混凝土的早期冻害。试验证明，混凝土在浇筑后立即受冻，抗压强度损失约 50%，抗拉强度损失约 40%。

反之，混凝土在受冻前达到某一强度值遭受冻结，此时，混凝土内部水泥水化反应所产生的粘结力足以抵抗自由水结冰产生的冻胀应力，混凝土强度损失甚小。混凝土解冻后，混凝土强度能够继续增长，可达到原设计强度等级，对强度影响不大，只是增长缓慢而已。因此，为避免混凝土遭冻结而带来的危害，必须使混凝土在受冻前达到一定的强度值。这个强度就是混凝土冬期施工的受冻临界强度。

冬期浇筑的混凝土，其受冻临界强度应符合下列规定：

(1) 当采用蓄热法、暖棚法、加热法施工时，采用硅酸盐水泥、普通硅酸盐水泥配制的混凝土，不应低于设计混凝土强度等级值的30%。采用矿渣硅酸盐水泥、粉煤灰硅酸盐水泥、火山灰质硅酸盐水泥、复合硅酸盐水泥配制的混凝土时，不应低于设计混凝土强度等级值的40%。

(2) 当室外最低气温不低于－15℃时，采用综合蓄热法、负温养护法施工的混凝土受冻临界强度不应低于4.0MPa。当室外最低气温不低于－30℃时，采用负温养护法施工的混凝土受冻临界强度不应低于5.0MPa。

(3) 强度等级等于或高于C50的混凝土，不宜低于设计混凝土强度等级值的30%。

(4) 有抗渗要求的混凝土，不宜小于设计混凝土强度等级值的50%。

(5) 有抗冻耐久性要求的混凝土，不宜低于设计混凝土强度等级值的70%。

(6) 当采用暖棚法施工的混凝土中掺入早强剂时，可按综合蓄热法受冻临界强度取值。

(7) 当施工需要提高混凝土强度等级时，应按提高后的强度等级确定受冻临界强度。

(8) 当混凝土未达到受冻临界强度而气温骤降至0℃以下时，应按冬期施工的要求采取应急防护措施。工程越冬期间，应采取维护保温措施。

防止混凝土早期冻害的措施有两种：一是早期增强，主要提高混凝土的早期强度，如使用早强水泥或超早强水泥，掺早强剂或早强型减水剂，早期保温蓄热，早期短时加热等。二是改善混凝土的内部结构，具体做法是增加混凝土密实度，排除多余的游离水，或掺用减水型引气剂，提高混凝土抗冻能力。此外，还可以掺用防冻剂，降低混凝土冰点温度等措施。

3. 混凝土冬期施工方法

混凝土冬期施工，常用的施工方法有蓄热法、外部加热法、综合蓄热法及掺外加剂法等，一般情况下，应优先考虑使用蓄热法。也可以在混凝土中掺外加剂或采用高强度等级水泥、早强水泥，使混凝土提前或者在负温下达到设计强度。当上述方法不能满足要求时，或采用外部加热方法和改善保温措施，以提高混凝土冻结前的强度。

(1) 蓄热法

混凝土浇筑后，利用原材料加热以及水泥水化放热，并采取适当保温措施（如覆盖保温）延缓混凝土冷却，在混凝土温度降到0℃以前达到受冻临界强度的施工方法。

蓄热法适用于室外最低温度不低于－15℃的地面以下工程或表面系数（即结构冷却的表面积 m^2 与其全部结构体积 m^3 之比）不大于 $15m^{-1}$ 的结构。一般在气温不太寒冷的地区或是初冬和冬末季节，应优先采用蓄热法施工。

采用蓄热法时，最好使用普通硅酸盐水泥和硅酸盐水泥。

(2) 综合蓄热法

掺早强剂或早强型复合外加剂的混凝土浇筑后，利用原材料加热以及水泥水化放热，并采取适当保温措施延缓混凝土冷却，在混凝土温度降到0℃以前达到受冻临界强度的施工方法。

综合蓄热法一般分为低蓄热养护和高蓄热养护两种。低蓄热养护过程主要以使用早强水泥或掺负温外加剂等冷操作方法为主，使混凝土达到允许受冻的临界强度。高蓄热养护过程则主要以短时间加热为主，使混凝土在养护期间达到要求的受荷强度。这两种方法的选择取决于施工条件和气温条件。一般日平均气温不低于－15℃，表面系数为6～12m^{-1}，且选用高效保温材料时，宜采用低蓄热养护。当日平均气温低于－15℃，表面系数大于13m^{-1}时，宜用短时加热的高蓄热养护。

（3）掺外加剂法

掺外加剂法，是指在冬期施工的混凝土中加入一定剂量的外加剂，保证水泥在负温条件下能够继续水化，从而使混凝土在负温下达到抗冻害的临界强度。目前，我国常用的复合外加剂有亚硝酸钠和硫酸钠复合剂、NC早强剂及MS-F早强型减水剂等。根据使用的外加剂不同，可将混凝土分为冷混凝土、负温混凝土和硫酸铝盐早强混凝土等。

1）冷混凝土。冷混凝土是指用氯盐溶液配制的混凝土。在施工时，只需对拌合水加热，其他材料不进行加热，成型后也不采取保温措施，完全在寒冷条件下进行施工。

氯盐对钢筋有锈蚀作用，故在下列情况不得在钢筋混凝土中掺用氯盐：排出大量蒸汽的车间、浴池、游泳馆、洗衣房和经常处于空气相对湿度大于80%的房间以及有顶盖的钢筋混凝土蓄水池等在高湿度空气环境中使用的结构。处于水位升降部位的结构。露天结构或经常受雨、水淋的结构。有外露钢筋、预埋件而无防护措施的结构。与含有酸、碱或硫酸盐等侵蚀介质相接触的结构。使用过程中经常处于环境温度为60℃以上的结构。使用冷拉钢筋或冷拔低碳钢丝的结构。

2）负温混凝土。负温混凝土是指在负温下配制混凝土时，排除单掺氯盐的化学外加剂，在混凝土中渗入防冻剂，使混凝土在负温条件下能够不断硬化，在混凝土温度降到防冻剂规定温度前达到受冻临界强度的混凝土。

选择抗冻剂设计方案时，要求外加剂对钢筋无锈蚀作用。对混凝土的性能无影响。混凝土早期强度高、后期强度不损失。

负温混凝土的施工，宜优先使用硅酸盐水泥和普通硅酸盐水泥，水泥强度等级不宜低于42.5MPa，禁止使用高铝水泥（铝酸三钙含量超过6%）。

防冻剂的掺量，应根据混凝土的使用温度（指掺防冻剂的混凝土的浇筑现场5～7d的最低温度）确定。

负温混凝土要特别注意初期养护，严禁早期受冻，初期养护温度不得低于防冻剂的规定温度，否则应立即采取补救措施。氯盐混凝土或掺引气剂的混凝土不宜加热养护。混凝土在负温条件下的养护，不允许浇水，外露表面必须覆盖。

（4）外部加热法

外部加热法，是利用外部热源加热浇筑后的混凝土，使混凝土在较高、正温条件下硬化的冬季养护方法。外部加热，能使混凝土强度迅速增长，短期内可达到拆模强度，但是费用较高，只适宜在蓄热法和综合蓄热法养护达不到要求时采用。根据加热混凝土所采用热源不同，外部加热养护方法，可分为蒸汽加热法、电热法、远红外加热法、暖棚加热法等。

1）蒸汽加热法。蒸汽加热养护法是利用热蒸汽对混凝土构件进行加热养护，在混凝土的周围形成湿热环境来加速混凝土硬化的方法。蒸汽加热法除采用预制构件厂用的蒸汽养护窑之外，还有棚罩法、热模法和构件内部通气法。

2）远红外加热法。远红外加热法是通过热源产生的红外线，使混凝土温度升高从而获得早期强度。产生红外线的能源有电源、天然气、煤气和蒸汽等。远红外加热适用于薄壁钢筋混凝土结构、装配式钢筋混凝土结构的接头混凝土、固定预埋件的混凝土和施工缝处继续浇筑的混凝土处的加热等。一般辐射源距混凝土表面应大于 300mm，混凝土表面温度宜控制在 20～90℃。混凝土表面宜用塑料薄膜覆盖，以防止水分蒸发影响混凝土质量。

3）暖棚法。暖棚法是在混凝土构件的四周搭设暖棚，或将房屋门窗用草帘、草垫等堵严，采用在棚（屋）内生火炉，或设热风机加热，或安装散热器通蒸汽或热水等热源进行供暖，使混凝土在正温环境下养护至临界强度或预定设计强度。暖棚法由于需要较多的搭盖材料和保温加热设施，施工费用较高。暖棚法适用于严寒天气施工的地下室、人防工程或建筑面积不大而混凝土工程又很集中的工程。暖棚法养护混凝土时，要求暖棚内的温度不得低于 5℃ ，并应保持混凝土表面湿润。

【实践操作】

1. 教师演示

自拌混凝土施工配料计算见表 A-28。

2. 学生实施

依据教师所给任务单进行独立基础自拌混凝土施工配料计算。

3. 验收与评价

教师根据学生计算完成情况进行打分与点评。

职业能力 B-3-2 能根据工程实际做好混凝土施工准备

【学习目标】

（1）掌握泵送混凝土的特点及施工要点。

（2）能熟练进行混凝土的现场搅拌。

【基础知识】

框架柱与独立基础混凝土施工准备基础知识内容相同，如有需要请扫描二维码查看。

08混凝土施工准备基础知识

1. 混凝土冬期施工原材料要求

混凝土冬期施工，应按现行行业标准《建筑工程冬期施工规程》JGJ/T 104 的有关规定进行热工计算。

（1）水泥

冬期施工混凝土宜采用硅酸盐水泥或普通硅酸盐水泥。采用蒸汽养护时，宜采用矿渣硅酸盐水泥。

（2）粗细骨料

用于冬期施工混凝土的粗、细骨料中，不得含有冰、雪冻块及其他易冻裂物质。

（3）外加剂

冬期施工混凝土用外加剂，应符合现行国家标准《混凝土外加剂应用技术规范》GB 50119 的有关规定。采用非加热养护方法时，混凝土中宜掺入引气剂、引气型减水剂或含有引气组分的外加剂，混凝土含气量宜控制为 3.0%～5.0%。

2. 冬期施工混凝土配合比要求

冬期施工混凝土配合比，应根据施工期间环境气温、原材料、养护方法、混凝土性能要求等经试验确定，并宜选择较小的水胶比和坍落度。

3. 混凝土冬期施工搅拌前预热要求

冬期施工混凝土搅拌前，原材料预热应符合下列规定：

（1）宜加热拌合水，当仅加热拌合水不能满足热工计算要求时，可加热骨料。拌合水与骨料的加热温度可通过热工计算确定，加热温度不应超过表 B-10 的规定。

（2）水泥、外加剂、矿物掺合料不得直接加热，应置于暖棚内预热。

混凝土冬期施工原材料预热温度规定　　表 B-10

水泥强度等级	拌合水	骨料
42.5 以下	80℃	60℃
42.5、42.5R 以上	60℃	40℃

冬期拌制混凝土，水的加热常采用锅烧水、用蒸汽加热水、用电极加热水等方法。骨料加热是将骨料放在铁板上面，底下燃烧直接加热，或者通过蒸汽管、电热线加热等，但不得用火焰直接加热骨料。

4. 冬期施工混凝土搅拌

冬期施工混凝土搅拌应符合下列规定：

（1）液体防冻剂使用前应搅拌均匀，由防冻剂溶液带入的水分应从混凝土拌合水中扣除。

（2）蒸汽法加热骨料时，应加大对骨料含水率测试频率，并应将由骨料带入的水分从混凝土拌合水中扣除。

（3）混凝土搅拌前应对搅拌机械进行保温或采用蒸汽进行加温，搅拌时间应比常温搅拌时间延长 30～60s。

（4）混凝土搅拌时应先投入骨料与拌合水，预拌后再投入胶凝材料与外加剂。胶凝材料、引气剂或含引气组分外加剂不得与 60℃以上热水直接接触。

5. 冬期施工混凝土温度要求

混凝土拌合物的出机温度不宜低于 10℃，入模温度不应低于 5℃ 。预拌混凝土或需远距离运输的混凝土，混凝土拌合物的出机温度可根据距离经热工计算确定，但不宜低于 15℃。大体积混凝土的入模温度可根据实际情况适当降低。

6. 冬期施工混凝土运输

混凝土运输、输送机具及泵管应采取保温措施。当采用泵送工艺浇筑时，应采用水泥浆或水泥砂浆对泵和泵管进行润滑、预热。混凝土运输、输送与浇筑过程中应进行测温，其温度应满足热工计算的要求。

【实践操作】

1. 教师演示

采用预拌水泥砂浆法进行混凝土配料见表 A-29：

2. 技术交底

（1）对首次使用的配合比应进行开盘鉴定，开盘鉴定应包括下列内容：

1）混凝土的原材料与配合比设计所采用原材料的一致性。

2）出机混凝土工作性与配合比设计要求的一致性。

3）混凝土强度。

4）混凝土凝结时间。

5）工程有要求时，尚应包括混凝土耐久性能等。

（2）混凝土在生产过程中的质量检查应符合下列规定：

1）生产前应检查混凝土所用原材料的品种、规格是否与施工配合比一致。在生产过程中应检查原材料实际称量误差是否满足要求，每一工作班应至少检查 2 次。

2）生产前应检查生产设备和控制系统是否正常、计量设备是否归零。

3）混凝土拌合物的工作性检查每 $100m^3$ 不应少于 1 次，且每一工作班不应少于 2 次，必要时可增加检查次数。

4）骨料含水率的检验每工作班不应少于 1 次。当雨雪天气等外界影响导致混凝土骨料含水率变化时，应及时检验。

3. 安全技术交底（扫描二维码查看）

16混凝土施工准备安全技术交底

4. 人员分工

3 人装料，2 人出料。

5. 学生实施

分组采用预拌水泥净浆法进行混凝土配料。

6. 验收与评价

组内评价、小组互评、教师点评。

职业能力 B-3-3　能进行框架柱混凝土浇筑及养护

【学习目标】

（1）掌握框架柱混凝土浇筑及养护工艺。

（2）能熟练进行框架柱混凝土的浇筑及养护。

（3）能对框架柱混凝土的浇筑及养护进行质量验收。

【基础知识】

框架柱与独立基础混凝土浇筑及养护基础知识内容相同，如有需要请扫描二维码查看。

09混凝土浇筑及养护基础知识

1. 混凝土冬期施工浇筑

混凝土冬期施工浇筑，应符合下列规定：

（1）混凝土浇筑前，应清除地基、模板和钢筋上的冰雪和污垢，并应进行覆盖保温。

（2）混凝土分层浇筑时，分层厚度不应小于 400mm。在被上一层混凝土覆盖前，已浇筑层的温度应满足热工计算要求，且不得低于 2℃。

（3）采用加热方法养护现浇混凝土时，应根据加热产生的温度应力对结构的影响采取措施，并应合理安排混凝土浇筑顺序与施工缝留置位置。

2. 混凝土冬期施工养护

混凝土结构工程冬期施工养护，应符合下列规定：

（1）当室外最低气温不低于－15℃时，对地面以下的工程或表面系数不大于 $5m^{-1}$ 的结构，宜采用蓄热法养护，并应对结构易受冻部位加强保温措施。对表面系数为 $5m^{-1}$～$15m^{-1}$ 的结构，宜采用综合蓄热法养护。采用综合蓄热法养护时，混凝土中应掺加具有减水、引气性能的早强剂或早强型外加剂。

（2）对不易保温养护且对强度增长无具体要求的一般混凝土结构，可采用掺防冻剂的负温养护法进行养护。

（3）当本条第（1）、（2）款不能满足施工要求时，可采用暖棚法、蒸汽加热法、电加热法等方法进行养护，但应采取降低能耗的措施。

（4）混凝土浇筑后，对裸露表面应采取防风、保湿、保温措施，对边、棱角及易受冻部位应加强保温。在混凝土养护和越冬期间，不得直接对负温混凝土表面浇水养护。

（5）混凝土强度未达到受冻临界强度和设计要求时，应继续进行养护。当混凝土表面温度与环境温度之差大于 20℃时，拆模后的混凝土表面应立即进行保温覆盖。

3. 混凝土冬期施工的模板和保温层拆除

模板和保温层的拆除，除应符合强度及设计要求外，尚应符合下列规定：

（1）混凝土强度应达到受冻临界强度，且混凝土表面温度不应高于 5℃。

（2）对墙、板等薄壁结构构件，宜推迟拆模。

4. 混凝土冬期施工测温

混凝土冬期施工期间，应按国家现行有关标准的规定对混凝土拌合水温度、外加剂溶液温度、骨料温度、混凝土出机温度、运输温度、浇筑温度、入模温度，以及养护期间混凝土内部和现场环境温度进行测量。

对拌合水温度、外加剂溶液温度、骨料温度的测量，每工作台班至少进行 3 次。对混凝土出机温度、运输温度、浇筑温度、入模温度，每 2h 测量 1 次。混凝土内部温度应在最有代表性的测温点测量温度，加强对混凝土施工质量的控制。现场环境温度应在每天 2：00、8：00、14：00、20：00 各测量一次。

一般情况下，蓄热法养护每昼夜测量 4 次。加热法在升温期间每 1h 测 1 次，恒温期间每 2h 测 1 次，直到混凝土达到所需强度为止。掺防冻剂的混凝土强度未达到 3.5MPa 以前，每隔 2h 测 1 次，以后每隔 6h 测 1 次。

混凝土工程冬期施工应加强骨料含水率、防冻剂掺量检查，以及原材料、入模温度、实体温度和强度监测。应依据气温的变化，检查防冻剂掺量是否符合配合比与防冻剂说明书的规定，并应根据需要调整配合比。

5. 混凝土冬期施工的试件留置

冬期施工混凝土强度试件的留置，除应符合现行国家标准《混凝土结构工程施工质量验收规范》GB 50204 的有关规定外，尚应增加不少于 2 组的同条件养护试件。同条件养护试件应在解冻后进行试验。

6. 混凝土冬期施工质量检查

冬期施工时，除应遵守常规施工的质量检查外，尚应符合《建筑工程冬期施工规程》JGJ/T 104—2011 规定，要严格检查外加剂的质量和浓度。混凝土浇筑后应增加两组与结构同条件养护的试块，一组用以检验混凝土受冻前的强度，另一组用以检验转入常温养护 28d 的强度。混凝土试块不得在受冻状态下试压，当混凝土试块受冻时，对边长为 150mm 的立方体试块，应在 15～20℃室温下解冻 5～6h，或浸入 10℃的水中解冻 6h，将试块表面擦干后进行试压。

7. 混凝土冬期施工的拆模和成熟度

（1）混凝土拆模

混凝土养护到规定时间，应根据同条件养护的试块试压，证明混凝土达到规定拆模强度后方可拆模。对加热法施工的构件模板和保温层，应在混凝土冷却到 5℃后方可拆模。当混凝土和外界温差大于 20℃时，拆模后的混凝土应注意覆盖，使其缓慢冷却。在拆除模板过程中发现混凝土有冻害现象，应暂停拆模，经处理后方可拆模。

（2）混凝土成熟度

1）成熟度的概念。成熟度是指混凝土在养护期间养护温度和养护时间的乘积。由于混凝土在冬期养护期间，养护温度是一个不断变化的过程，所以其强度增长不是简单地和龄期有关，而是和养护期间所达到的成熟度有关。

2）成熟度法的适用范围。适用于不掺外加剂在 50℃ 以下正温养护和掺外加剂在 30℃ 以下养护的混凝土，或掺有防冻剂在负温养护法施工的混凝土，来预估混凝土强度标准值 60％以内的强度值。

3）成熟度法的适用条件。用成熟度法预估混凝土强度，需用实际工程使用的混凝土原材料和配合比，制作不少于 5 组混凝土立方体标准试件，在标准条件下养护，得出 1d、2d、3d、7d、28d 的强度值，并需取得现场养护混凝土的温度实测资料（温度、时间）。

4）成熟度法计算混凝土的强度。当采用蓄热法或综合蓄热法养护时，可用标准养护试件各龄期强度数据，经回归分析拟合成成熟度——强度曲线方程。

【实践操作】

1. 教师演示

框架柱混凝土浇筑及养护见表 B-11。

框架柱混凝土浇筑及养护 **表 B-11**

步骤	操作及说明	标准与指导	备注
(1)混凝土地面水平运输	采用双轮手推车进行运输	混凝土运输过程中要保持良好的均匀性和规定的坍落度	
(2)进行框架柱 KZ-02 混凝土浇筑	布料、摊平、捣实和抹面修整	混凝土要振捣密实	

续表

步骤	操作及说明	标准与指导	备注
(3)对框架柱 KZ-02 进行养护	对框架柱 KZ-02 进行洒水养护	浇筑混凝土完成后 12h 内即可间断洒水养护，使混凝土保持湿润	

2. 技术交底

混凝土结构施工过程中，应进行下列检查：

（1）模板

1）模板及支架位置、尺寸。

2）模板的变形和密封性。

3）模板涂刷脱模剂及必要的表面湿润。

4）模板内杂物清理。

（2）钢筋及预埋件

1）钢筋的规格、数量。

2）钢筋的位置。

3）钢筋的混凝土保护层厚度。

4）预埋件规格、数量、位置及固定。

（3）混凝土拌合物

1）坍落度、入模温度等。

2）大体积混凝土的温度测控。

（4）混凝土施工

1）混凝土输送、浇筑、振捣等。

2）混凝土浇筑时模板的变形、漏浆等。

3）混凝土浇筑时钢筋和预埋件位置。

4）混凝土试件制作。

5）混凝土养护。

3. 安全技术交底

（1）插入式振捣棒应保持清洁，不得有混凝土粘接在电动机外壳上妨碍散热。

（2）混凝土振动器使用前必须经电工检验确认合格后方可使用。开关箱内必须装设漏电保护器，插座插头应完好无损，电源线不得破皮漏电。操作者必须穿绝缘鞋（胶鞋），戴绝缘手套。

（3）混凝土振动器使用前检查各部位连接牢固，旋转方向正确，清洁。作业转移时，电机电缆线要保持足够的长度和高度，严禁用电缆线拖拉振捣器。

4. 人员分工

2 人进行混凝土运输，2 人布料和摊平，2 人振捣，并进行角色调换。随后 6 人共同进行抹面修整，6 人共同进行养护。

5. 实施准备

材料、机具、验收规范及工作页和考核表等的准备如图 A-74 所示。

6. 学生实施

依据教师任务单进行框架柱混凝土浇筑和养护，混凝土浇筑及养护实训学生工作页见附表43。

7. 验收与评价

进行组内评价、小组互评、教师点评。混凝土浇筑及养护实训验收考核表见附表44。出现不符合规范要求应及时分析原因并进行整改，必要时课后对关键环节和技能点进行强化练习。

【课后拓展】

【拓展】框架柱混凝土浇筑及养护施工现场安全管理

(1) 机械进入作业地点后，施工技术人员应向操作人员进行施工任务和职业健康安全技术措施交底。操作人员应熟悉作业环境和施工条件，听从指挥，遵守现场职业健康安全规则。使用机械与职业健康安全生产发生矛盾时，必须首先服从职业健康安全要求。

(2) 浇筑框架柱时，应搭设操作平台，铺满并绑牢跳板，严禁直接站在模板或支架上操作。

(3) 雨期施工要注意电气设备的防雨、防潮、防触电。

(4) 混凝土泵车支腿应全部伸出并支固，未支固前不得启动布料杆。布料杆升离支架后方可回转，布料杆伸出时应按顺序进行，严禁用布料杆起吊或拖拉物件。

(5) 当布料杆处于全伸状态时，严禁移动车身。作业中需要移动时，应将上段布料杆折叠固定，移动速度不超过10km/h。布料杆不得使用超过规定直径的配管，装接的软管应系防脱安全绳带。

(6) 应随时监视各种仪表和指示灯，发现不正常应及时调整或处理。如出现输送管道堵塞时，应进行逆向运转使混凝土返回料斗，必要时应拆管排除堵塞。

(7) 泵送工作应连续作业，必须暂停时应每隔5～10min（冬期3～5min）泵送一次。若停止较长时间后泵送时，应逆向运转1～2个行程，然后顺向泵送。泵送时料斗内应保持一定量的混凝土，防止吸入空气。

C 框架梁施工

工作任务描述

进行本工程项目的钢筋混凝土框架梁施工。

工作任务分解

1. 钢筋混凝土框架梁整体工艺流程

放线→框架梁模板及支撑安装→框架梁钢筋安装→框架梁混凝土施工→框架梁模板及支撑拆除

2. 钢筋混凝土框架梁施工可分解为

（1）工作任务 C-1 框架梁钢筋施工。

（2）工作任务 C-2 框架梁模板安装与拆除。

（3）工作任务 C-3 框架梁混凝土施工。

工作任务实施

工作任务 C-1 框架梁钢筋施工

工作任务描述

进行框架梁钢筋施工。

工作任务分解

（1）职业能力 C-1-1 能识读框架梁施工图。

（2）职业能力 C-1-2 能进行框架梁钢筋进场验收。

（3）职业能力 C-1-3 能进行框架梁钢筋下料。

（4）职业能力 C-1-4 能进行框架梁钢筋加工。

（5）职业能力 C-1-5 能进行框架梁钢筋连接及验收。

（6）职业能力 C-1-6 能进行框架梁钢筋安装及验收。

工作任务实施

职业能力 C-1-1　能识读框架梁施工图

【学习目标】

（1）掌握《混凝土结构施工图平面整体表示方法制图规则和构造详图（现浇混凝土框架、剪力墙、梁、板）》22G101-1 框架梁平法施工图制图规则。

（2）能识读框架梁施工图。

【基础知识】

《混凝土结构施工图平面整体表示方法制图规则和构造详图（现浇混凝土框架、剪力墙、梁、板）》22G101-1 框架梁平法施工图制图规则原文重点摘录：

4　梁平法施工图制图规则

4.1　梁平法施工图的表示方法

4.1.1　梁平法施工图系在梁平面布置图上采用平面注写方式或截面注写方式表达。

4.2　平面注写方式

4.2.1　平面注写方式，系在梁平面布置图上，分别在不同编号的梁中各选一根梁，在其上注写截面尺寸和配筋具体数值的方式来表达梁平法施工图。

平面注写包括集中标注与原位标注，集中标注表达梁的通用数值，原位标注表达梁的特殊数值。当集中标注中的某项数值不适用于梁的某部位时，则将该项数值原位标注，施工时，原位标注取值优先。

4.2.2　梁编号由梁类型代号、序号、跨数及有无悬挑代号几项组成，见表 2-4。

表 2-4　梁编号

梁类型	代号
楼层框架梁	KL
楼层框架扁梁	KBL
屋面框架梁	WKL
框支梁	KZL
托柱转换梁	TZL
非框架梁	L
悬挑梁	XL
井字梁	JZL

注：1.（××A）为一端有悬挑，（××B）为两端有悬挑，悬挑不计入跨数。

【例 1】 KL7（5A）表示第 7 号框架梁，5 跨，一端有悬挑。

L9（7B）表示第 9 号非框架梁，7 跨，两端有悬挑。

2. 楼层框架扁梁节点核心区代号 KBH。

3. 本图集中非框架梁 L、井字梁 JZL 表示端支座为铰接。当非框架梁 L、井字梁形 L

端支座上部纵筋为充分利用钢筋的抗拉强度时，在梁代号后加“g”。

【例 2】 Lg7（5）表示第 7 号非框架梁，5 跨，端支座上部纵筋为充分利用钢筋的抗拉强度。

【例 3】 LN5（3）表示第 5 号受扭非框架梁，3 跨。

4.2.3 梁集中标注的内容，有五项必注值及一项选注值（集中标注可以从梁的任意一跨引出），规定如下：

1. 梁编号为必注值。其中，对井字梁编号中关于跨数的规定见第 4.2.7 条。

2. 梁截面尺寸，该项为必注值。

当为等截面梁时，用 $b \times h$ 表示。

当有悬挑梁且根部和端部的高度不同时，用斜线分隔根部与端部的高度值，即为 $b \times h_1/h_2$。

3. 梁箍筋，包括钢筋级别、直径、加密区与非加密区间距及肢数，该项为必注值。箍筋加密区与非加密区的不同间距及肢数需用斜线“/”分隔。当梁箍筋为同一种间距及肢数时，则不需用斜线。当加密区与非加密区的箍筋肢数相同时，则将肢数注写一次。箍筋肢数应写在括号内。加密区范围见相应抗震等级的标准构造详图。

【例 4】 Φ10@100/200（4），表示箍筋为 HPB300 钢筋，直径为 10，加密区间距为 100，非加密区间距为 200，均为四肢箍。

【拓展】 Φ8@100（4）/150（2），表示箍筋为 HPB300 钢筋，直径为 8，加密区间距为 100，四肢箍。非加密区间距为 150，两肢箍。

非框架梁、悬挑梁、井字梁采用不同的箍筋间距及肢数时，也用斜线“/”将其分隔开来。注写时，先注写梁支座端部的箍筋（包括箍筋的箍数、钢筋级别、直径、间距与肢数），在斜线后注写梁跨中部分的箍筋间距及肢数。

【例 5】 13Φ10@150/200（4），表示箍筋为 HPB300 钢筋，直径为 10。梁的两端各有 13 个四肢箍，间距为 150。梁跨中部分间距为 200，四肢箍。

【拓展】 18Φ12@150（4）/200（2），表示箍筋为 HPB300 钢筋，直径为 12。梁的两端各有 18 个四肢箍，间距为 150。梁跨中部分，间距为 200，双肢箍。

4. 梁上部通长筋或架立筋配置（通长筋可为相同或不同直径采用搭接连接、机械连接或焊接的钢筋），该项为必注值。所注规格与根数应根据结构受力要求及箍筋肢数等构造要求而定。当同排纵筋中既有通长筋又有架立筋时，应用加号“+”将通长筋和架立筋相连。注写时需将角部纵筋写在加号的前面，架立筋写在加号后面的括号内，以示不同直径及与通长筋的区别。当全部采用架立筋时，则将其写入括号内。

【例 6】 2Φ22 用于双肢箍。2Φ22+（4Φ12）用于六肢箍，其中 2Φ22 为通长筋，4Φ12 为架立筋。

当梁的上部纵筋和下部纵筋为全跨相同，且多数跨配筋相同时，此项可加注下部纵筋的配筋值，用分号“;”将上部与下部纵筋的配筋值分隔开来，少数跨不同者，按本规则第 4.2.1 条的规定处理。

【例 7】 3Φ22；3Φ20 表示梁的上部配置 3Φ22 的通长筋，梁的下部配置 3Φ20 的通长筋。

5. 梁侧面纵向构造钢筋或受扭钢筋配置，该项为必注值。

当梁腹板高度 h_w≥450mm 时，需配置纵向构造钢筋，所注规格与根数应符合规范规定。此项注写值以大写字母 G 打头，接续注写设置在梁两个侧面的总配筋值，且对称配置。

【例 8】 G4Φ12，表示梁的两个侧面共配置Φ12 的纵向构造钢筋，每侧各配置 2Φ12。

当梁侧面需配置受扭纵向钢筋时，此项注写值以大写字母 N 打头，接续注写配置在梁两个侧面的总配筋值，且对称配置。受扭纵向钢筋应满足梁侧面纵向构造钢筋的间距要求，且不再重复配置纵向构造钢筋。

【例 9】 N6Φ22，表示梁的两个侧面共配置 6Φ22 的受扭纵向钢筋，每侧各配置 3Φ22。

注：1. 当为梁侧面构造钢筋时，其搭接与锚固长度可取为 $15d$。

2. 当为梁侧面受扭纵向钢筋时，其搭接长度为 l_l 或/l_{lE}，锚固长度为 l_a 或 l_{aE}。其锚固方式同框架梁下部纵筋。

6. 梁顶面标高高差，该项为选注值。

梁顶面标高高差，系指相对于结构层楼面标高的高差值，对于位于结构夹层的梁，则指相对于结构夹层楼面标高的高差。有高差时，需将其写入括号内，无高差时不注。

注：当某梁的顶面高于所在结构层的楼面标高时，其标高高差为正值，反之为负值。

31教学视频

4.2.4 梁原位标注的内容规定如下：

1. 梁支座上部纵筋，该部位含通长筋在内的所有纵筋：

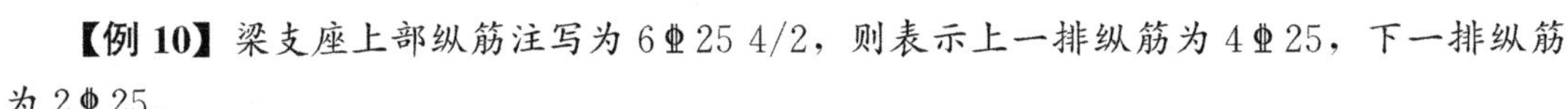

(1) 当上部纵筋多于一排时，用斜线“/”将各排纵筋自上而下分开。

【例 10】 梁支座上部纵筋注写为 6Φ25 4/2，则表示上一排纵筋为 4Φ25，下一排纵筋为 2Φ25。

(2) 当同排纵筋有两种直径时，用加号“+”将两种直径的纵筋相连，注写时将角部纵筋写在前面。

【例 11】 梁支座上部有四根纵筋，2Φ25 放在角部，2Φ22 放在中部，在梁支座上部应注写为 2Φ25+2Φ22。

(3) 当梁中间支座两边的上部纵筋不同时，须在支座两边分别标注。当梁中间支座两边的上部纵筋相同时，可仅在支座的一边标注配筋值，另一边省去不注。

2. 梁下部纵筋：

(1) 当下部纵筋多于一排时，用斜线“/”将各排纵筋自上而下分开。

【例 12】 梁下部纵筋注写为 6Φ25 2/4，则表示上一排纵筋为 2Φ25，下一排纵筋为 4Φ25，全部伸入支座。

(2) 当同排纵筋有两种直径时，用加号“+”将两种直径的纵筋相连，注写时角筋写在前面。

(3) 当梁下部纵筋不全部伸入支座时，将梁支座下部纵筋减少的数量写在括号内。

【例 13】 梁下部纵筋注写为 6Φ252 (-2) /4，则表示上排纵筋为 2Φ25，且不伸入支座。下一排纵筋为4Φ25，全部伸入支座。

【拓展】梁下部纵筋注写为2Φ25+3Φ22（-3）/5Φ25，表示上排纵筋为2Φ25和3Φ22，其中3Φ22不伸入支座。下一排纵筋为5Φ25，全部伸入支座。

3. 当在梁上集中标注的内容（即梁截面尺寸、箍筋、上部通长筋或架立筋，梁侧面纵向构造钢筋或受扭纵向钢筋，以及梁顶面标高高差中的某一项或几项数值）不适用于某跨或某悬挑部分时，则将其不同数值原位标注在该跨或该悬挑部位，施工时应按原位标注数值取用。

4. 附加箍筋或吊筋，将其直接画在平面图中的主梁上，用线引注总配筋值（附加箍筋的肢数注在括号内）。当多数附加箍筋或吊筋相同时，可在梁平法施工图上统一注明，少数与统一注明值不同时，再原位引注。

4.4 梁支座上部纵筋的长度规定

4.4.1 为方便施工，凡框架梁的所有支座和非框架梁（不包括井字梁）的中间支座上部纵筋的伸出长度a_0值在标准构造详图中统一取值为：第一排非通长筋及与跨中直径不同的通长筋从柱（梁）边起伸出至$L_n/3$位置。第二排非通长筋伸出至$L_n/4$位置。L_n的取值规定为：对于端支座，L_n为本跨的净跨值。对于中间支座，L_n为支座两边较大一跨的净跨值。

4.4.2 悬挑梁（包括其他类型梁的悬挑部分）上部第一排纵筋伸出至梁端头并下弯，第二排伸出至$3l/4$位置，l为自柱（梁）边算起的悬挑净长。当具体工程需要将悬挑梁中的部分上部钢筋从悬挑梁根部开始斜向弯下时，应由设计者另加注明。

4.5.1 当梁（不包括框支梁）下部纵筋不全部伸入支座时，不伸入支座的梁下部纵筋截断点距支座边的距离，在标准构造详图中统一取为$0.1L_{ni}$（L_{ni}为本跨梁的净跨值）。

4.6 其他

4.6.1 非框架梁、井字梁的上部纵向钢筋在端支座的锚固要求，本图集标准构造详图中规定：当设计按铰接时（代号L、JZL），平直段伸至端支座对边后弯折，且平直段长度≥$0.35l_{ab}$，弯后直段长度$12d$（d为纵向钢筋直径）。当充分利用钢筋的抗拉强度时（代号Lg、JZLg），直段伸至端支座对边后弯折，且平直段长度≥$0.6l_{ab}$，弯后直段长度$12d$。

4.6.2 非框架梁的下部纵向钢筋在中间支座和端支座的锚固长度：在本图集的构造详图中规定对于带肋钢筋为$12d$。对于光面钢筋为$15d$（d为纵向钢筋直径）。端支座直锚长度不足时，可采取弯钩锚固形式措施。当计算中需要充分利用下部纵向钢筋的抗压强度或抗拉强度，或具体工程有特殊要求时，其锚固长度应由设计者按照《混凝土结构设计规范》GB 50010—2010的相关规定进行变更。

【实践操作】

32教学视频

1. 教师演示

（1）读图整体思路先建施后结施。

（2）结构施工图的读图顺序。

在读结施-05之前应该先读封皮、目录、混凝土结构设计说明，特别是混凝土结构设计说明。

(3) 读结施-05 "4.120 梁平法施工图" 具体如表 C-1 所示。

框架梁施工图识读 **表 C-1**

步骤	操作及说明	标准与指导	备注
(1) 读图名、比例、注释	4.120 梁平法施工图、1∶100。	要求查找迅速、准确。注释只找标高、尺寸、材料等关键信息,多于三点用速读法浏览即可,后面用到哪条看哪条	
(2) 读总长、总宽,轴线	总长 45800,总宽 18100。 纵向轴线 A-M,横向轴线 1-13	要求查找迅速、准确	
(3) 读构件的尺寸和配筋	以框架梁 KL21 为例先找其集中标准。 第一项:框架梁 21,1 跨。 第二项:梁宽=300mm,梁高=620mm。 第三项:箍筋为一级钢筋,直径为 8mm,间距为 100mm,双肢箍。 第四项:梁上部通长纵筋为 2 根三级钢筋,直径为 25mm,梁下部通长纵筋为 7 根三级钢筋,直径 20mm,下部第 1 排为 2 根,下部第 2 排为 5 根。 第五项:梁侧面受扭钢筋(即腰筋)为 6 根三级钢筋,直径为 12mm。 再找原位标注。 KL21 与 2 轴与 3 轴相交处梁上部为原位标注,用原位标注钢筋减去集中标注中的梁上部通长钢筋为原位非通长钢筋 2 根三级钢筋,直径为 22mm	梁集中标注的内容,有五项必注值及一项选注值。 梁原位标注的钢筋是总钢筋数	
(4)从左到右、从下到上读构件名称、细部尺寸、特殊部位	可以发现在 6-7 轴交 G-L 轴间有 L10,为非框架梁 10,是框架梁的次梁,具体读图方法同 KL		
(5)从施工角度说明梁平法施工图涉及哪些工种?如何计算各自的工程量?	例如:混凝土体积如何计算? KL21 为长方体,体积=300×620×(3400+5000−400−400)=1.413(m^3)	还可以思考:钢筋工(钢筋量)、木工(支模量)等	还可以思考: 模板用什么类型、如何施工、需要多少人工工期等。 钢筋怎么加工、怎么安装、需要多少人工工期如何等。 也可留至编制施工方案或编制钢筋配料单时进行

2. 学生实施

依据教师所给任务进行框架梁施工图识读。

3. 验收与评价

教师根据学生识读图纸完成情况进行打分与点评。

职业能力 C-1-2 能进行框架梁钢筋进场验收

【学习目标】

（1）能进行框架梁钢筋进场资料与外观验收。

（2）能进行框架梁钢筋进场复试的抽样工作。

【基础知识】

框架梁钢筋进场验收与独立基础钢筋进场验收基础知识内容相同，如有需要请扫描二维码查看。

01钢筋进场验收基础知识

【实践操作】

框架梁钢筋进场验收与独立基础钢筋进场验收实践操作内容相同，如有需要请扫描二维码查看。

02钢筋进场验收实践操作

职业能力 C-1-3 能进行框架梁钢筋下料

【学习目标】

（1）掌握框架梁钢筋下料的方法。

（2）能进行框架梁钢筋下料。

33教学视频

【基础知识】

框架梁钢筋下料与独立基础钢筋下料基础知识内容相同，如有需要请扫描二维码查看。

03钢筋下料基础知识

【实践操作】

1. 教师演示

（1）框架梁钢筋下料长度计算（表 C-2）

框架梁钢筋下料长度计算 **表 C-2**

步骤	操作及说明	标准与指导	备注
（1）计算受拉钢筋抗震锚固长度 l_{aE}	查阅结施-01 混凝土结构设计说明知，梁混凝土强度 C30，抗震等级三级，查阅图纸结施-05 知 KL21，受拉钢筋基本抗震锚固长度 $l_{abE}=37d=37\times25=925$。 查阅 22G101-1 第 89 页知，梁上部钢筋和下部钢筋伸至柱外侧纵筋内侧且≥$0.4l_{abE}$，柱保护层厚度为 20mm，梁上部钢筋伸至柱外侧纵筋内侧长度＝500－20－16－25＝439(mm)。 梁下部钢筋伸至柱外侧纵筋内侧长度＝500－20－16－25＝439(mm)	查阅结施-01 和结施-05 知 KL21，查阅 22G101-1 第 89 页知，梁上部钢筋伸至柱外侧纵筋内侧且≥$0.4l_{abE}$	

续表

步骤	操作及说明	标准与指导	备注
(2)计算梁钢筋直线长度	梁上部钢筋直线长度=5000+3400−400−400+439+439+15×25×2=9228(mm)。 梁下部钢筋直线长度=5000+3400−400−400+439+439+15×20×2=9078(mm)	弯钩段长度15d	梁钢筋直线长度只是将各段相加，不是下料长度
(3)计算梁钢筋下料长度	梁上部钢筋下料长度=9228−2×2×25=9128(mm)。 梁下部钢筋下料长度=9078−2×2×25=8978(mm)	梁钢筋下料长度=梁插筋长度−弯折减少长度，90°弯折减少长度=2d	

(2) 框架梁箍筋个数计算（表C-3）

框架梁箍筋个数计算 **表C-3**

步骤	操作及说明	标准与指导	备注
计算箍筋个数	KL21箍筋加密区箍筋个数=(5000+3400−400−400−50−50)/100+1=76(个)	KL21全梁加密，箍筋加密区箍筋个数=梁净尺寸/箍筋间距+1，第一道箍筋从柱边50mm起	

(3) 钢筋配料单编制

本工程项目框架梁部分钢筋配料单见表C-4。

本工程项目框架梁部分钢筋配料单 **表C-4**

构件名称	钢筋编号	简图	级别	直径(mm)	下料长度(mm)	单根根数(根)	合计根数(根)	质量(kg)
KL21(共1个)	1梁上部纵筋		三级	25	9128	2	2	70.40
	2梁下部纵筋		三级	20	8978	7	7	155.10
KL21(共1个)	3箍筋		一级	8	1824	76	76	54.74

注：1. KL21详见附录图纸结施图-05。

2. 梁抗扭钢筋和拉筋可参照《混凝土结构施工图平面整体表示方法制图规则和构造详图（现浇混凝土框架、剪力墙、梁、板）》22G101-1梁平法规则指导学生完成。

3. 框架梁箍筋下料长度=直段长度−弯折减少长度+弯钩增加长度=（边长−2×保护层厚度）×4−3×2d+2×12d=［（300−2×20）+（620−2×20）］×2+18×8=1824（mm）。

2. 学生实施

依据教师所给任务进行框架梁纵向钢筋、箍筋、抗扭钢筋和拉筋计算。

3. 验收与评价

教师根据学生计算完成情况进行打分与点评。

职业能力 C-1-4 能进行框架梁钢筋加工

【学习目标】

能规范操作钢筋加工机械进行框架梁钢筋调直、除锈、切断、弯曲成型。

【基础知识】

框架梁钢筋加工基础知识与独立基础钢筋加工基础内容相同，如有需要请扫描二维码查看。

04钢筋加工基础知识

【实践操作】

1. 教师演示（技工演示）

钢筋调直程序见表 A-7，钢筋切断见表 A-8，钢筋弯曲见表 A-9。

批量切断钢筋：

在 12m 长Φ 25 钢筋上切取框架梁 1 号梁上部纵筋钢筋下料长度 9128mm 共 2 根。在 9m 长Φ 20 钢筋上切取框架梁 2 号梁下部纵筋钢筋下料长度 8978mm 共 7 根。切取箍筋下料长度 1824mm，共 76 个。

在Φ 8 钢筋上切取 KL21 的 3 号箍筋下料长度 1824mm 共 76 根。

2. 技术交底

（1）拉筋的末端应按设计要求做弯钩，并应符合下列规定：

1）拉筋用作梁、柱复合箍筋中单肢箍筋或梁腰筋间拉结筋时，两端弯钩的弯折角度均不应小于 135°。

2）拉筋弯折后平直段长度对一般结构构件，拉筋弯钩的弯折后平直段长度不应小于箍筋直径的 5 倍。对有抗震设防要求或设计有专门要求的结构构件，拉筋弯钩的弯折后平直段长度不应小于拉筋直径的 10 倍和 75mm 两者之中的较大值。

（2）拉筋成型

本工程梁侧面构造钢筋或抗扭钢筋的拉筋，拉筋成型时两端做成 135°弯钩，其弯钩的平直部分长度取 10 倍的钢筋直径和 75mm 的较大值。

3. 安全技术交底（扫描二维码查看）

4. 人员分工

1 人练习钢筋调直、2 人配合练习钢筋切断、2 人练习钢筋弯曲，然后进行对调。

17钢筋加工安全技术交底

5. 实施准备

材料、机具、验收规范及工作页和考核表等的准备如图 A-30 所示。

6. 学生实施

依据教师所给任务进行框架梁钢筋的调直、除锈、切断、弯曲。钢筋调直、除锈、切断实训见附表 3，箍筋弯曲实训学生工作页见附表 5，受力筋加工实训学生工作页见附表 7。

7. 验收与评价（扫描二维码查看）

20钢筋加工验收与评价

【课后拓展】

【拓展】框架梁钢筋加工施工现场安全管理

（1）作业人员必须经安全培训考试合格才能上岗作业，必须持证上岗，严禁无证操作，禁止操作与自己无关的机械设备。

（2）作业前必须检查机械设备、作业环境、照明设施等，并试运行符合安全要求。

职业能力 C-1-5　能进行框架梁钢筋连接及验收

34教学视频

【学习目标】

（1）掌握钢筋搭接连接、闪光对焊和直螺纹套筒连接工艺。

（2）能熟练进行框架梁架立筋搭接连接。

（3）能对钢筋搭接连接、闪光对焊、直螺纹套筒连接进行质量验收。

【基础知识】

框架梁钢筋连接及验收与独立基础钢筋连接及验收基础知识内容相同，如有需要请扫描二维码查看。

05钢筋连接及验收基础知识

【实践操作】

1. 教师演示

钢筋绑扎搭接连接及质量验收见表 C-5。

钢筋绑扎搭接连接及质量验收　　表 C-5

步骤	操作及说明	标准与指导	备注
（1）计算搭接长度	查阅图纸结施-05 知，KL21 侧面受扭钢筋为三级钢筋，直径为 12mm，按照搭接钢筋面积百分率 25%，$l_{lE}=44d=44\times12=528$(mm)	查阅结施-01 混凝土结构设计说明知，梁混凝土强度 C30，抗震等级三级。 查 22G101-1 第 62 页纵向受拉钢筋搭接长度 $l_{lE}=44d$	该梁侧面受扭钢筋可不搭接
（2）绑扎搭接连接	将两根需要接长钢筋搭接 528mm，用一面顺扣法进行绑扎搭接连接	要求搭接尺寸精确符合长度要求，绑扎要牢固	
（3）绑扎搭接连接质量验收	检查钢筋的绑扎搭接接头是否牢固，钢尺量搭接长度是否为 528mm，和相邻两接头位置是否错开 $1.3l_{lE}=686.4$(mm)	钢筋绑扎接头位置的要求以及钢筋位置的允许偏差应符合现行国家标准《混凝土结构工程施工质量验收规范》GB 50204 的规定	

直螺纹套筒连接质量验收见表 C-6。

直螺纹套筒连接质量验收　　表 C-6

步骤	操作及说明	标准与指导	备注
(1)检查错头长度	检查机械连接接头是否相互错开，若钢筋为三级钢筋，直径为 25mm，$35d=35\times25=875$(mm)	相邻纵向受力钢筋机械连接接头宜相互错开 $35d$（d 为纵向受力钢筋的较大直径）	KL21 可不连接
(2)检查接头质量	检查钢筋丝头长度是否满足企业标准产品设计要求，有效长度应不小于 1/2 连接套筒长度，公差为$+1P$（P 为螺距）	应符合《钢筋机械连接技术规程》JGJ 107—2016 的相应要求	

2. 技术交底

（1）对机械连接接头，直螺纹接头安装后应按现行行业标准《钢筋机械连接技术规程》JGJ 107 的规定检验拧紧扭矩。

检查数量：按现行行业标准《钢筋机械连接技术规程》JGJ 107 的规定确定。

检验方法：使用专用扭力扳手或专用量规检查。

直螺纹钢筋接头的安装质量应符合下列要求：

1）安装接头时可用管钳扳手拧紧，应使钢筋丝头在套筒中央位置相互顶紧。标准型接头安装后的外露螺纹不宜超过 $2P$。

2）安装后应用扭力扳手校核拧紧扭矩，拧紧扭矩值应符合表 C-7 的规定。

直螺纹接头安装时的最小拧紧扭矩值 **表 C-7**

钢筋直径(mm)	≤16	18～20	22～25	28～32	36～40
拧紧扭矩(N·m)	100	200	260	320	360

（2）在施工现场加工钢筋接头时，应符合下列规定：

1）加工钢筋接头的操作工人应经专业技术人员培训合格后才能上岗，人员应相对稳定。

2）钢筋接头的加工应经工艺检验合格后方可进行。

（3）直螺纹接头的现场加工应符合下列规定：

1）钢筋端部应切平或镦平后加工螺纹。

2）镦粗头不得有与钢筋轴线相垂直的横向裂纹。

3）钢筋丝头长度应满足企业标准产品设计要求，公差应为 0～2.0P（P 为螺距）。

4）钢筋丝头宜满足 6f 级精度要求，应用专用直螺纹量规检验，通规能顺利旋入并达到要求的拧入长度，止规旋入不得超过 $3P$。抽检数量 10%，检验合格率不应小于 95%。

（4）接头安装前应检查连接件产品合格证及套筒表面生产批号标识。产品合格证应包括适用钢筋直径和接头性能等级、套筒类型、生产单位、生产日期以及可追溯产品原材料力学性能和加工质量的生产批号。

（5）接头的现场检验应按验收批进行。同一施工条件下采用同一批材料的同等级、同型式、同规格接头，应以 500 个为一个验收批进行检验与验收，不足 500 个也应作为一个验收批。对接头的每一验收批，必须在工程结构中随机截取 3 个接头试件做抗拉强度试验，按设计要求的接头等级进行评定。当 3 个接头试件的抗拉强度均符合《钢筋机械连接技术规程》JGJ 107—2016 表 3.0.5 中相应等级的强度要求时，该验收批应评为合格。如有 1 个试件的抗拉强度不符合要求，应再取 6 个试件进行复检。复检中如仍有 1 个试件的抗拉强度不符合要求，则该验收批应评为不合格。现场检验连续 10 个验收批抽样试件抗拉强度试验一次合格率为 100%时，验收批接头数量可扩大 1 倍。

（6）螺纹接头安装后应在验收批中抽取其中 10%的接头进行拧紧扭矩校核，拧紧扭矩值不合格数超过被校核接头数的 5%时，应重新拧紧全部接头，直到合格为止。

3. 人员分工

对于钢筋绑扎搭接连接及质量验收，由 4 人扮演工人，1 人扮演施工员进行质量验收，然后进行角色调换。

对于搭接焊及直螺纹套筒连接，工艺不需要学生掌握，只需要按照规范要求进行验收。

4. 实施准备

材料、机具、验收规范及工作页和考核表等的准备如图 A-39 所示。

5. 学生实施

依据教师所给任务单进行框架梁钢筋绑扎搭接连接及质量验收，参照钢筋绑扎实训学生工作页附表 9 进行。进行框架梁钢筋直螺纹套筒连接及质量验收，框架梁纵筋连接实训学生工作页见附表 13。

6. 验收与评价

（1）主控项目验收

依据现行行业标准《钢筋机械连接技术规程》JGJ 107，钢筋的连接方式应符合设计要求，接头作力学性能检验结果应符合该标准的规定，直螺纹接头安装后检验拧紧扭矩其检验结果应符合该标准的相关规定，具体规定详见“2. 技术交底”。

（2）一般项目验收

钢筋接头的位置应符合设计和施工方案要求。有抗震设防要求的结构中，梁端、柱端箍筋加密区范围内钢筋不应进行搭接。

接头的外观检查质量应符合相关标准的规定。

接头面积百分率应符合设计要求。当设计无具体要求时，应符合现行国家标准《混凝土结构设计规范》GB 50010 的有关规定。

（3）组内评价、小组互评、教师点评

钢筋绑扎实训验收考核表见附表 10，框架梁纵筋连接实训验收考核表见附表 14。

【课后拓展】

【拓展】框架梁钢筋焊接施工现场安全管理

（1）作业前应检查焊机、线路、焊机外壳保护接零等，确认安全后方可作业。

（2）焊接作业现场周围 10m 范围内不得堆放易燃易爆物品。

（3）作业时应穿戴工作服、绝缘鞋、电焊手套、防护面罩、护目镜等防护用品，高处作业时系安全带。

职业能力 C-1-6　能进行框架梁钢筋安装及验收

【学习目标】

（1）掌握钢筋安装工艺。

（2）能熟练进行框架梁钢筋安装。

（3）能对钢筋安装进行质量验收。

【基础知识】

框架梁钢筋安装及验收与框架柱钢筋安装及验收基础知识内容相同，如有需要请扫描二维码查看。

【实践操作】

1. 教师演示

框架梁钢筋安装及验收见表 C-8。

框架梁钢筋安装及验收　　表 C-8

步骤	操作及说明	标准与指导	备注
(1)布置钢筋	根据框架梁的配筋图计算各种钢筋的直线下料长度、根数及重量，然后编制钢筋配料单，进行钢筋备料加工。 将框架梁钢筋进行钢筋布置。 梁类构件先摆纵筋，纵筋按照先摆下部纵筋后摆上部纵筋的顺序，再排箍筋	梁钢筋安装应在梁底模板安装后进行	
(2)绑扎钢筋	按照先绑梁上部纵筋后绑梁下部纵筋，采用一面顺扣法将十字相交的交叉点全部扎牢，在相邻两个绑点应呈八字形。 若有梁侧纵向构造钢筋或梁侧面受扭钢筋将钢筋从梁两端穿筋的方法进行绑扎	在保证质量、提高工效、减轻劳动强度的原则下，优化施工顺序。 梁钢筋安装应分清预制部分和模内绑扎部分，以及二者相互的衔接，避免后续工序施工困难甚至造成返工浪费	

2. 技术交底

(1) 梁上部纵向钢筋水平方向的最小净距（即钢筋外边缘之间最小距离），不应小于 30mm 和 1.5d。各排钢筋的净距不应小于 25mm 和 d。

(2) 吊筋弯起段应伸至梁上边缘并且水平段 20d，弯起角度当主梁高≤800mm 为 45°，>800mm 时为 60°，见图 C-1。

(3) 设置加密箍时，应在集中荷载两侧分别设置，每侧不少于 3 个（按设计要求），核心区箍筋不得漏放。

(4) 当梁腹板高度≥450mm 时，在梁侧面沿梁高高度范围内配置纵向构造钢筋或抗扭钢筋（按设计要求）。

图 C-1　吊筋

3. 安全技术交底

(1) 减少施工现场的机械噪声和机械振动，钢筋运输、放料轻拿轻放。

(2) 绑扎成型的钢筋要进行成品保护，可以加跳板防止人员踩踏。

4. 人员分工

放线时，1 人执卷尺，2 人辅助定点，另外 2 人弹墨线，然后角色对调。

安装钢筋时，2 人摆放钢筋，3 人执钢筋钩进行绑扎安装，然后角色对调。

5. 实施准备

材料、机具、施工和验收规范及工作页和考核表等的准备如图 A-42 所示。

6. 学生实施

依据教师所给任务单进行框架梁钢筋安装及验收。梁钢筋安装实训学生工作页见附表19。

7. 验收与评价

（1）主控项目验收

首先检查钢筋的品种、级别、规格、数量、纵向受力钢筋的锚固方式和锚固长度等是否符合设计要求。

检查数量：全数检查。

检验方法：观察，尺量检查。

（2）一般项目验收

检查钢筋安装允许偏差和检验方法，见表A-16。

检查数量：在同一检验批内，对梁，应抽查构件数量的10%，且不少于3件。

（3）组内评价、小组互评、教师点评

梁钢筋安装验收考核表见附表20。出现不符合规范要求应及时分析原因并进行整改，必要时课后对关键环节和技能点进行强化练习。

【课后拓展】

【拓展】框架梁钢筋安装施工现场安全管理

（1）新进场的作业人员，必须首先参加入场安全教育培训，经考试合格后方可上岗，未经教育培训或考试不合格者，不得上岗作业。

（2）施工期间先装防护栏后施工操作，临边防护随施工层上升，高度不低于1.5m，并用密目网遮挡。

（3）绑扎基础钢筋、圈梁、挑檐、外墙、边柱钢筋时应按规定安放钢筋支架、马道，应搭设外脚手架或悬挑架铺设脚手板，并按规定挂好安全网。脚手架搭设必须由专业架子工搭设且符合职业健康安全技术操作规程。

（4）悬空大梁钢筋的绑扎，必须站在满铺脚手板或操作平台上操作。

工作任务C-2　框架梁模板安装与拆除

工作任务描述

进行框架梁模板施工。

工作任务分解

（1）职业能力C-2-1能进行框架梁模板加工。

（2）职业能力C-2-2能进行框架梁模板安装。

（3）职业能力C-2-3能进行框架梁模板拆除。

工作 任务实施

职业能力 C-2-1 能进行框架梁模板加工

36教学视频

【学习目标】

（1）掌握模板施工用量计算方法。

（2）能进行框架梁模板加工。

【基础知识】

框架梁模板加工与独立基础模板加工基础知识内容相同，如有需要请扫描二维码查看。

06模板加工基础知识

【实践操作】

1. 教师演示

框架梁模板加工与制作见表 C-9。

框架梁模板加工与制作 **表 C-9**

步骤	操作及说明	标准与指导	备注
(1)计算模板的尺寸	查阅结施-05 知，KL21 的平面尺寸为 300×620，选用 40×60 的方木，15mm 厚胶合板模板，KL21 的底模板尺寸为 300×(5000＋3400－400－400)＝300×7600(mm)。 KL21 的两块侧模板尺寸为(620－120－12)×7600＝488×7600。 则框架梁模板用量＝300×7600＋488×7600×2＝9.698(m^2)。 同时用 40×60 方木对模板进行加固，间距 200mm，长度同模板	梁模板尺寸按照净跨度计算，依据此法依次计算出所有框架梁模板用量	
(2)制作每阶模板	用卷尺沿一整张模板的宽边依次量 4 次高度 300mm，最后一个高度为 280mm，用木工锯锯下后依次连接。 然后在另一整张模板上沿宽度量 2 次 620mm，然后用木工锯锯下，另一整张模板上沿宽度量 2 次 620mm，最后一个高度为 280mm，用木工锯锯下后依次连接	尺量应精确，量线要平直	

2. 安全技术交底（扫描二维码查看）

3. 人员分工

采用角色扮演，2 人放线，2 人裁切模板，1 人钉模板，然后进行角色调换。

13模板加工安全技术交底

4. 学生实施

依据教师所给任务单进行框架梁模板施工用量计算及模板加工与制作，模板加工实训学生工作页见附表 27。

5. 验收与评价

进行组内评价、小组互评、教师点评。模板加工实训验收考核表见附表 28。出现不符合规范要求应及时分析原因并进行整改，必要时课后对关键环节和技能点进行强化练习。

【课后拓展】

【拓展】框架梁模板加工施工现场安全管理

（1）作业前应试机，各部件运转正常后方可作业。开机前必须将机械周围及脚下作业区的杂物清理干净，必要时应在作业区铺垫板。

（2）木工机械运转过程中出现故障时，必须立即停机、切断电源。

（3）木工机械链条、齿轮和皮带等传动部分，必须安装防护罩或防护板。

职业能力 C-2-2　能进行框架梁模板安装

37教学视频

【学习目标】

（1）掌握框架梁模板安装施工工艺。

（2）能进行框架梁模板安装。

（3）能进行框架梁模板安装验收。

【基础知识】

框架梁模板安装与独立基础模板安装基础知识内容相同，如有需要请扫描二维码查看。

15模板安装基础知识

【实践操作】

1. 教师演示

框架梁模板安装见表 C-10。

框架梁模板安装　　表 C-10

步骤	操作及说明	标准与指导	备注
(1)抄 50 线、确定梁底标高	KL21 梁底标高＝4.150－0.62＝3.53(m)，由 50 线向上量 3.03m 并在钢管或钢筋上做好标记	50 线一定要准确，否则整栋楼标高都不准	
(2)将基础轴线引测至梁底标高处	两人配合采用吊线坠的方法将轴线引测至梁底模板的中心，并确定好梁底模板的位置	引测要准确，画线要细	
(3)将侧模板钉固在梁底模板上	钉子固定连接两块侧拼板→找正校直→加斜撑固定和拉结	模板位置、标高必须安装准确、固定牢固	

2. 技术交底

（1）梁模板加固要求

1）严格按照施工方案安装穿墙螺杆。

2）模板拼缝处要贴海绵条，并用木方压实。

3）根据构件尺寸进行模板设计，一般内楞采用方木，间距 200mm 并符合方案要求，外楞采用方木或钢管。如采用钢管使用双钢管，穿梁螺杆紧固，螺杆直径为 $\phi 14$，并采用配套的螺母和蝴蝶卡，见图 C-2。

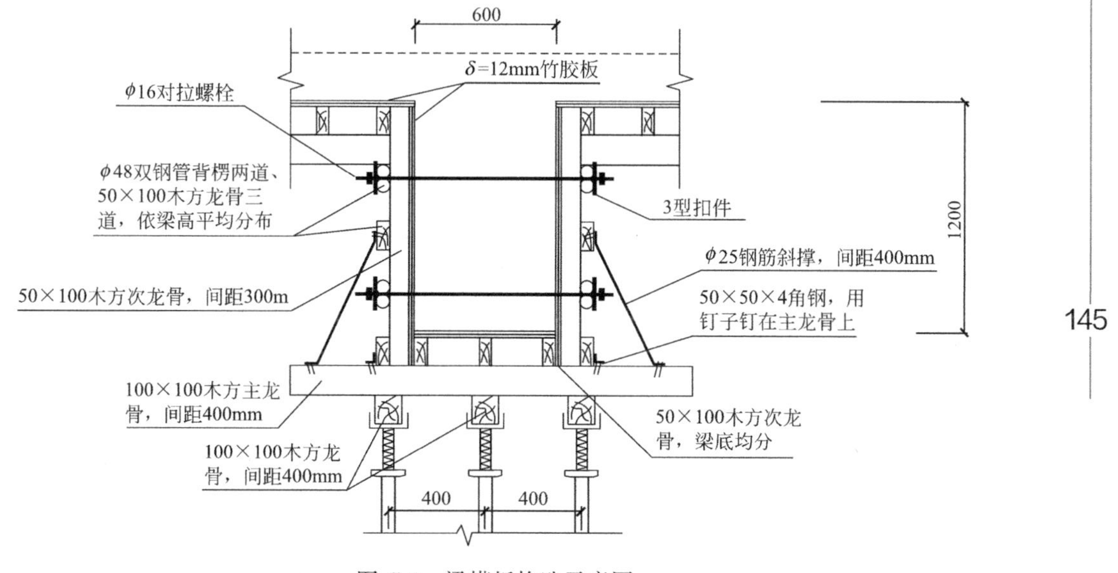

图 C-2　梁模板构造示意图

（2）梁柱接头模板

1）采用多层模板定型加工制作，严格控制加工尺寸。

2）梁模板截面尺寸在规范许可范围内宁小勿大，以保证与柱所留梁缺口拼接严密，见图 C-3。

图 C-3　梁柱模板拼接

3. 安全技术交底（扫描二维码查看）

（1）用钢管和扣件搭设双排立柱支架支承梁模时，扣件应拧紧，且应检查扣件螺栓的扭力矩是否符合规定，当扭力矩不能达到规定值时，可放两个与原扣件挨紧。横杆步距按设计规定，严禁随意增大。

（2）支设 4m 以上的梁模板时，应搭设工作台，不足 4m 的，可使用马凳操作，不准站在柱模板上及在梁模板上行走，更不允许利用拉杆、支撑攀登上下。

（3）支设独立梁模应搭设临时操作平台，不得站在柱模上操作及在梁底模上行走和立侧模。模板工程作业高度在 2m 及以上时，必须设置安全防护设施。

4. 人员分工

采用角色扮演，2 人加工模板，3 人安装模板，进行组内角色扮演。

5. 实施准备

材料、机具、施工和验收规范及工作页和考核表等的准备如图 A-53 所示。

6. 学生实施

依据教师所给任务单进行框架梁模板安装，梁模板安装实训学生工作页见附表 33。

7. 验收与评价

（1）主控项目验收

模板及支架材料的技术指标（材质、规格、尺寸及力学性能）应符合国家现行有关标准和专项施工方案的规定。

（2）一般项目验收

模板工程验收的内容主要有模板的标高、位置、尺寸、垂直度、平整度、接缝、支撑等。预埋件以及预留孔洞的位置和数量。模板内是否有垃圾和其他杂物。

1）模板安装质量应符合要求，详见 A-2-2【实践操作】中验收与评价的一般项目验收该部分内容。

2）检查脱模剂应符合要求，详见 A-2-2【实践操作】中验收与评价的一般项目验收该部分内容。

3）模板的起拱应符合现行国家标准《混凝土结构工程施工规范》GB 50666 的规定，并应符合设计及施工方案的要求。通常梁跨度超过 4m 时宜起拱，起拱高度宜为梁、板跨度的 1/1000～3/1000，“起拱不得减少构件截面高度”，执行本条时应注意检查梁在跨中部位侧模的高度。

检查数量：在同一检验批内，对梁，应抽查构件数量的 10%，且不少于 3 件。

检验方法：水准仪或尺量检查。

4）现浇结构模板安装的允许偏差及检验方法见表 B-9。

检查数量：在同一检验批内，对梁，应抽查构件数量的 10%，且不少于 3 件。

5）固定在模板上的预埋件、预留孔和预留洞不得遗漏，且应安装牢固，详见 A-2-2【实践操作】中验收与评价的一般项目验收该部分内容。

（3）进行组内评价、小组互评、教师点评

梁模板安装实训验收考核表见附表 34。出现不符合规范要求应及时分析原因并进行整改，必要时课后对关键环节和技能点进行强化练习。

【课后拓展】

【拓展 1】采用扣件式钢管作为模板支架时，支架搭设应符合下列规定：

(1) 模板支架搭设所采用的钢管、扣件规格，应符合设计要求。立杆纵距、立杆横距、支架步距以及构造要求，应符合专项施工方案的要求。

(2) 立杆纵距与立杆横距不应大于 1.5m，支架步距不应大于 2.0m。立杆纵向和横向宜设置扫地杆，纵向扫地杆距立杆底部不宜大于 200mm，横向扫地杆宜设置在纵向扫地杆的下方。立杆底部宜设置底座或垫板。

(3) 立杆接长除顶层步距可采用搭接外，其余各层步距接头应采用对接扣件连接，两个相邻立杆的接头不应设置在同一步距内。

(4) 立杆步距的上下两端应设置双向水平杆，水平杆与立杆的交错点应采用扣件连接，双向水平杆与立杆的连接扣件之间的距离不应大于 150mm。

(5) 支架周边应连续设置竖向剪刀撑。支架长度或宽度大于 6m 时，应设置中部纵向或横向的竖向剪刀撑，剪刀撑的间距和单幅剪刀撑的宽度均不宜大于 8m，剪刀撑与水平杆的夹角宜为 45°～60°。支架高度大于 3 倍步距时，支架顶部宜设置一道水平剪刀撑，剪刀撑应延伸至周边。

(6) 立杆、水平杆、剪刀撑的搭接长度，不应小于 0.8m，且不应少于 2 个扣件连接，扣件盖板边缘至杆端不应小于 100mm。

(7) 扣件螺栓的拧紧力矩不应小于 40N·m，且不应大于 65N·m。

(8) 支架立杆搭设的垂直偏差不宜大于 1/200。

【拓展 2】采用扣件式钢管作模板支架时，质量检查应符合下列规定：

(1) 梁下支架立杆间距的偏差不宜大于 50mm，板下支架立杆间距的偏差不宜大于 100mm。水平杆间距的偏差不宜大于 50mm。

(2) 应检查支架顶部承受模板荷载的水平杆与支架立杆连接的扣件数量，采用双扣件构造设置的抗滑移扣件，其上下应顶紧，间隙不应大于 2mm。

(3) 支架顶部承受模板荷载的水平杆与支架立杆连接时，支架每步双向水平杆应与立杆扣接，不得缺失。

【拓展 3】框架梁模板安装施工现场安全管理

(1) 在支模时，操作人员不得站在支撑上，而应设置立人板，以便操作人员站立。立人板应用木质 50mm×200mm 中板为宜，并适当绑扎固定。不得用钢模板和 50mm×100mm 的木板。

(2) 操作人员登高必须走人行梯道，严禁利用模板支撑攀登上下，不得在墙顶、独立梁及其他高处狭窄且无防护的模板面上行走。

(3) 楼层高度超过 4 m 或二层及二层以上的建筑物，安装和拆除钢模板时，周围应设安全网或搭设脚手架和加设防护栏杆，无法支搭防护架时要设水平兜网或挂安全带。在临街及交通要道地区，尚应设警示牌，并设专人维持安全，防止伤及行人。

职业能力 C-2-3　能进行框架梁模板拆除

【学习目标】

（1）掌握框架梁模板拆除方法与工艺。

（2）能进行框架梁模板拆除。

【基础知识】

框架梁模板拆除与独立基础模板拆除基础知识内容相同，如有需要请扫描二维码查看。

07模板拆除基础知识

【实践操作】

1. 教师演示

框架梁模板拆除见表 C-11。

框架梁模板拆除　　表 C-11

步骤	操作及说明	标准与指导	备注
(1)查侧模板的拆除时间	本工程框架梁混凝土强度等级 C30≥C20，查表 A-22，侧模板的拆除时间为 1d(假设日平均气温为 25℃)，即混凝土浇筑完成 24h 后开始拆模	应用时，按照当地日平均气温进行查表	
(2)侧模板的拆除	拆除框架梁侧模板→拆除斜撑→拆除框架梁拉结→拆除钉子及侧模板	先支的后拆，后支的先拆	
(3)底模板的拆除	KL21 跨度 5000＋3400＝8400＞8000，混凝土实际强度达到混凝土设计强度的 100%才可拆模，查表 A-24，按日平均气温 25℃，则需 21d 后才可以检测同条件养护的拆模试块强度，若达到混凝土设计强度的 100%，由试验单位出具报告单报监理工程师同意后方可拆模	拆底模板必须做同条件养护的拆模试块且达到规定强度，征得监理工程师同意后才可拆除	

2. 技术交底（扫描二维码查看）

3. 安全技术交底（扫描二维码查看）

22模板拆除技术交底

4. 人员分工

2 人扶模板、3 人拆模板，然后进行角色调换。

5. 实施准备

材料、机具、施工和验收规范及工作页和考核表等的准备如图 A-56 所示。

18模板拆除安全技术交底

6. 学生实施

依据教师所给任务单进行框架梁模板的拆除及现浇结构观感质量验收实训。模板拆除及现浇结构观感质量验收实训学生工作页见附表 41。

7. 验收与评价

进行组内评价、小组互评、教师点评。模板拆除及现浇结构观感质量验收实训考核表见附表 42。出现不符合规范要求应及时分析原因并进行整改，必要时课后对关键环节和技能点进行强化练习。

【课后拓展】

【拓展】框架梁模板拆除施工现场安全管理

(1) 特殊情况下在临边、洞口作业时，如无可靠的职业健康安全设施，必须系好安全带并扣好保险钩，高挂低用。经医生确认不宜高处作业人员，不得进行高处作业。

(2) 组合钢模板拆除时，上下应有人接应，模板随拆随运走，严禁从高处抛掷而下。

(3) 拆模起吊前，应检查对拉螺栓是否拆净，在确无遗漏并保证模板与墙体完全脱离后方准起吊。

(4) 拆模间歇时，应将已活动的模板、拉杆、支撑等固定牢固，防止其突然掉落伤人。

(5) 拆4m以上模板时，应搭脚手架或工作台，并设防护栏杆。严禁站在悬臂结构上敲拆底模。

(6) 已拆除的模板、拉杆、支撑等应及时运走或妥善堆放，严防操作人员因扶空、踏空坠落。

工作任务 C-3　框架梁混凝土施工

工作任务描述

进行框架梁混凝土施工。

工作任务分解

(1) 职业能力 C-3-1 能进行自拌混凝土施工配料计算。

(2) 职业能力 C-3-2 能根据工程实际做好混凝土施工准备。

(3) 职业能力 C-3-3 能进行框架梁混凝土浇筑及养护。

工作任务实施

职业能力 C-3-1　能进行自拌混凝土施工配料计算

【学习目标】

(1) 能根据施工图纸估算框架梁混凝土施工用量。

(2) 能进行自拌混凝土施工配料计算。

【基础知识】

框架梁自拌混凝土施工配料计算与独立基础自拌混凝土施工配料计算基础知识内容相同，如有需要请扫描二维码查看。

【实践操作】

1. 教师演示

自拌混凝土施工配料计算见表 A-28。

2. 学生实施

依据教师所给任务单进行框架梁自拌混凝土施工配料计算。

3. 验收与评价

教师根据学生计算完成情况进行打分与点评。

职业能力 C-3-2　能根据工程实际做好混凝土施工准备

【学习目标】

（1）掌握泵送混凝土的特点及施工要点。

（2）能熟练进行混凝土的现场搅拌。

【基础知识】

框架梁混凝土施工准备与独立基础混凝土施工准备基础知识内容相同，如有需要请扫描二维码查看。

1. 混凝土雨期施工的特点

（1）雨期施工具有突然性。由于暴雨、山洪等恶劣气象往往不期而至，这就需要雨期施工的准备和防范措施及早进行。

（2）雨期施工带有突击性。因为雨水对建筑结构和地基基础的冲刷或浸泡具有严重的破坏性，必须迅速及时地防护，才能避免给工程造成损失。

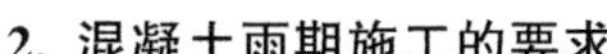

08混凝土施工准备基础知识

（3）雨期具有持续性。雨期往往持续时间很长，会阻碍工程施工顺利进行，应事先有充分估计并做好合理安排。

2. 混凝土雨期施工的要求

（1）编制施工组织计划时，要根据雨期施工的特点，将不宜在雨期施工的分项工程提前或延后安排。对必须在雨期施工的工程应制定有效措施，进行突击施工。

（2）合理进行施工安排。做到晴天抓紧室外工作，雨天安排室内工作，尽量缩小雨天室外作业时间和工作面。

（3）密切注意气象预报，做好抗台、防汛等准备工作，必要时应及时加固在建的构件。

（4）做好混凝土材料的防雨、防潮等工作。

3. 混凝土雨期施工准备

（1）做好现场排水。施工现场的道路、设施必须做到排水畅通，尽量做到雨停水干。要防止地面水排入地下室、基础、地沟内。要做好对危石的处理，防止滑坡和塌方。

（2）应做好原材料、成品、半成品的防雨工作。水泥应按“先收先用、后收后用”的原则进行，避免久存受潮而影响水泥性能。

（3）在雨期前应做好施工现场房屋、设备的排水防雨措施。

（4）备足排水需用的水泵及有关器材，准备适量的塑料布、油毡等防雨材料。

【实践操作】

1. 教师演示

采用预拌水泥砂浆法进行混凝土配料见表 A-29。

2. 技术交底

采用分次投料搅拌方法时，应通过试验确定投料顺序、数量及分段搅拌的时间等工艺参数。矿物掺合料宜与水泥同步投料，液体外加剂宜滞后于水和水泥投料。粉状外加剂宜溶解后再投料。

3. 安全技术交底（扫描二维码查看）

16混凝土施工准备安全技术交底

4. 人员分工

3 人装料，2 人出料。

5. 学生实施

分组采用预拌水泥净浆法进行混凝土配料。

6. 验收与评价

组内评价、小组互评、教师点评。

职业能力 C-3-3　能进行框架梁混凝土浇筑及养护

【学习目标】

（1）掌握框架梁混凝土浇筑及养护工艺。

（2）能熟练进行框架梁混凝土的浇筑及养护。

（3）能对框架梁混凝土的浇筑及养护进行质量验收。

【基础知识】

框架梁混凝土浇筑及养护与独立基础混凝土浇筑及养护基础知识内容相同，如有需要请扫描二维码查看。

09混凝土浇筑及养护基础知识

混凝土雨期施工注意事项：

（1）雨期施工期间，水泥和矿物掺合料应采取防水和防潮措施，并应对粗骨料、细骨料的含水率进行监测，及时调整混凝土配合比。

（2）雨期施工期间，除应采取防护措施外，小雨、中雨天气不宜进行混凝土露天浇筑，且不应进行大面积作业的混凝土露天浇筑。大雨、暴雨天气不应进行混凝土露天浇筑。突然遇到大雨要停止混凝土浇筑，已浇筑部位应加以覆盖。

（3）现浇混凝土应根据结构情况和可能，多考虑几道施工缝的留设位置。

（4）雨期施工期间，混凝土搅拌、运输设备和浇筑作业面应采取防雨措施，并应加强施工机械检查维修及接地接零检测工作。在雨天进行钢筋焊接时，应采取挡雨等安全措施。

（5）大面积混凝土浇筑前，要了解 2～3d 的天气预报，尽量避开大雨。混凝土浇筑现场要预备大量防雨材料，以备浇筑时突然遇雨进行覆盖。

（6）模板支撑下的回填土要密实，并加好垫板，雨后及时检查有无下沉，并应对模板及支架进行检查。

（7）雨期施工期间，应选用具有防雨水冲刷性能的模板脱模剂。模板脱模剂在涂刷前要及时掌握天气预报，以防脱模剂被雨水冲掉。

（8）雨期施工期间，应采取防止模板内积水的措施。模板内和混凝土浇筑分层面出现积水时，应在排水后再浇筑混凝土。

(9) 混凝土浇筑过程中，因雨水冲刷致使水泥浆流失严重的部位，应采取补救措施后再继续施工。混凝土浇筑完毕后，应及时采取覆盖塑料薄膜等防雨措施。

(10) 台风来临前，应对尚未浇筑混凝土的模板及支架采取临时加固措施。台风结束后，应检查模板及支架，已验收合格的模板及支架应重新办理验收手续。

【实践操作】

1. 教师演示

框架梁混凝土浇筑及养护见表 C-12。

框架梁混凝土浇筑及养护 **表 C-12**

步骤	操作及说明	标准与指导	备注
(1)混凝土地面水平运输	采用双轮手推车进行运输	混凝土运输过程中要能保持良好的均匀性和规定的坍落度	
(2)进行框架梁混凝土浇筑	布料、摊平、捣实和抹面修整	混凝土要振捣密实	
(3)对框架梁进行养护	对框架梁 KL21 进行麻袋覆盖洒水养护	浇筑混凝土完成后 12h 内即可间断洒水养护，使混凝土保持湿润	

2. 技术交底（扫描二维码查看）

3. 安全技术交底

(1) 振动器接线必须正确，电机绝缘电阻必须合格，并有可靠的零线保护，必须装设合格的漏电保护开关保护。

(2) 插入式振动器应 2 人操作，1 人控制振动器，1 人控制电机及开关，棒管弯曲半径不得小于 50cm，且不能多于 2 个弯，振捣棒不能硬插拔或推，不要蛮碰钢筋或模板等硬物，不能用棒体拔钢筋等。

19混凝土浇筑及养护技术交底

4. 人员分工

2 人进行混凝土运输，2 人布料和摊平，2 人振捣，并进行角色调换。随后 6 人共同进行抹面修整，6 人共同进行养护。

5. 实施准备

材料、机具、验收规范及工作页和考核表等的准备如图 A-74 所示。

6. 学生实施

依据教师任务单进行框架梁混凝土浇筑和养护，混凝土浇筑及养护实训学生工作页见附表 43。

7. 验收与评价

进行组内评价、小组互评、教师点评。混凝土浇筑及养护实训验收考核表见附表 44。出现不符合规范要求应及时分析原因并进行整改，必要时课后对关键环节和技能点进行强化练习。

【课后拓展】

【拓展 1】清水混凝土结构浇筑

(1) 应根据结构特点进行构件分区，同一构件分区应采用同批，并应连续浇筑。

（2）同层或同区内混凝土构件所用材料牌号、品种、规格应一致，并应保证结构外观色泽符合要求。

（3）竖向构件浇筑时应严格控制分层浇筑的间歇时间。

【拓展 2】框架梁混凝土浇筑及养护施工现场安全管理

（1）现场施工负责人应为机械作业提供道路、水电、机棚或停机场地等必备的条件，并消除对机械作业有妨碍或不安全的因素。夜间作业应设置充足的照明。

（2）使用井架或龙门架提升混凝土时，应设制动装置，升降应有明确信号，操作人员未离开提升台时，不得发升降信号。提升台内停放手推车要平衡，车把不得伸出台外，车轮前后应挡牢。

（3）使用溜槽、串筒时必须固定牢固，操作部位应设护身栏，严禁站在溜槽上操作。

（4）浇灌高度 2m 以上的框架梁混凝土应搭设操作平台，不得站在模板或支撑上操作。不得直接在钢筋上踩踏、行走。

（5）使用泵车浇筑混凝土时，输送管路要固定、垫实，严禁将输送软管弯曲，以免软管爆炸。当采用空气清洗管理时，必须严格按操作规程进行。泵管往楼上采用人力运输时，运输人员要量力而行，搬运时要注意脚下及周围环境，以防磕绊，两人合作时要相互步调一致，轻拿轻放，严禁抛扔。塔式起重机吊运时，要放在吊斗中，严禁超出吊斗上口，以防坠落伤人。

（6）使用覆盖物养护混凝土时，预留孔洞必须按规定设牢固盖板或围栏，并设安全标志。

D 现浇板施工

工作任务描述

进行本工程项目的钢筋混凝土现浇板施工。

工作任务分解

1. 钢筋混凝土现浇板整体工艺流程

放线→现浇板模板及支撑安装→现浇板钢筋安装→现浇板混凝土施工→现浇板模板及支撑拆除

2. 钢筋混凝土现浇板施工可分解

（1）工作任务 D-1 现浇板钢筋施工。

（2）工作任务 D-2 现浇板模板安装与拆除。

（3）工作任务 D-3 现浇板混凝土施工。

工作任务实施

工作任务 D-1 现浇板钢筋施工

工作任务描述

进行现浇板钢筋施工。

工作任务分解

（1）职业能力 D-1-1 能识读现浇板施工图。

（2）职业能力 D-1-2 能进行现浇板钢筋进场验收。

（3）职业能力 D-1-3 能进行现浇板钢筋下料。

（4）职业能力 D-1-4 能进行现浇板钢筋加工。

（5）职业能力 D-1-5 能进行现浇板钢筋连接及验收。

（6）职业能力 D-1-6 能进行现浇板钢筋安装及验收。

工作任务实施

职业能力 D-1-1 能识读现浇板施工图

【学习目标】

（1）掌握《混凝土结构施工图平面整体表示方法制图规则和构造详图（现浇混凝土框架、剪力墙、梁、板）》22G101-1 现浇板平法施工图制图规则。

（2）能识读现浇板施工图。

【基础知识】

《混凝土结构施工图平面整体表示方法制图规则和构造详图（现浇混凝土框架、剪力墙、梁、板）》22G101-1 现浇板平法施工图制图规则原文重点摘录：

5 有梁楼盖平法施工图制图规则

有梁楼盖的制图规则适用于以梁为支座的楼面与屋面板平法施工图设计。

5.1 有梁楼盖平法施工图的表示方法

5.1.1 有梁楼盖平法施工图，系在楼面板和屋面板布置图上，采用平面注写的表达方式。板平面注写主要包括板块集中标注和板支座原位标注。

5.1.2 为方便设计表达和施工识图，规定结构平面的坐标方向为：

1. 当两向轴网正交布置时，图面从左至右为 X 向，从下至上为 Y 向。

2. 当轴网转折时，局部坐标方向顺轴网转折角度做相应转折。

3. 当轴网向心布置时，切向为 X 向，径向为 Y 向。

5.2 板块集中标注

5.2.1 板块集中标注的内容为：板块编号，板厚，上部贯通纵筋，下部纵筋，以及当板面标高不同时的标高高差。

对于普通楼面，两向均以一跨为一板块。对于密肋楼盖，两向主梁（框架梁）均以一跨为一板块（非主梁密肋不计）。所有板块应逐一编号，相同编号的板块可择其一做集中标注，其他仅注写置于圆圈内的板编号，以及当板面标高不同时的标高高差。

板块编号：楼面板 LB 屋面板 WB 悬挑板 XB。

板厚注写为 h=×××（为垂直于板面的厚度）。当悬挑板的端部改变截面厚度时，用斜线分隔根部与端部的高度值，注写为 h=×××/×××。当设计已在图注中统一注明板厚时，此项可不注。

纵筋按板块的下部纵筋和上部贯通纵筋分别注写（当板块上部不设贯通纵筋时则不注），并以 B 代表下部纵筋，以 T 代表上部贯通纵筋，B&T 代表下部与上部。X 向纵筋以 X 打头，Y 向纵筋以 Y 打头，两向纵筋配置相同时则以 B&T 打头。

当为单向板时，分布筋可不必注写，而在图中统一注明。

当在某些板内（例如在悬挑板 XB 的下部）配置有构造钢筋时，则 X 向以 Xc，Y 向以 Yc 打头注写。

当Y向采用放射配筋时（切向为X向，径向为Y向），设计者应注明配筋间距的定位尺寸。

当纵筋采用两种规格钢筋“隔一布一”方式时，表达为直径xx/yy@×××，表示直径为xx的钢筋和直径为yy的钢筋二者之间间距为×××，直径xx的钢筋的间距为×××的2倍，直径yy的钢筋的间距为×××的2倍。

板面标高高差，系指相对于结构层楼面标高的高差，应将其注写在括号内，且有高差则注，无高差不注。

【例1】 有一楼面板块注写为：LB5 $h=110$

B：X⌀12@120；Y⌀10@110

表示5号楼面板，板厚110，板下部配置的纵筋X向为⌀12@120，Y向为⌀10@110。板上部未配置贯通纵筋。

【例2】 有一楼面板块注写为：LB5 $h=110$

B：X⌀10/12@100；Y⌀10@110

表示5号楼面板，板厚110，板下部配置的纵筋X向为⌀10、⌀12隔一布一，⌀10与⌀12之间间距为100。Y向为⌀10@110。板上部未配置贯通纵筋。

【例3】 有一悬挑板注写为：XB2 $h=150/100$

B：Xc&Yc⌀8@200

表示2号悬挑板，板根部厚150，端部厚100，板下部配置构造钢筋双向均为⌀8@200（上部受力钢筋见板支座原位标注）。

5.2.2　同一编号板块的类型、板厚和纵筋均应相同，但板面标高、跨度、平面形状以及板支座上部非贯通纵筋可以不同，如同一编号板块的平面形状可为矩形、多边形及其他形状等。

施工预算时，应根据其实际平面形状，分别计算各板块的混凝土与钢材用量。

设计与施工应注意：单向或双向连续板的中间支座上部同向贯通纵筋，不应在支座位置连接或分别锚固。当相邻两跨的板上部贯通纵筋配置相同，且跨中部位有足够空间连接时，可在两跨任意一跨的跨中连接部位连接。当相邻两跨的上部贯通纵筋配置不同时，应将配置较大者越过其标注的跨数终点或起点伸至相邻跨的跨中连接区域连接。

设计应注意板中间支座两侧上部纵筋的协调配置，施工及预算应按具体设计和相应标准构造要求实施。等跨与不等跨板上部纵筋的连接有特殊要求时，其连接部位及方式应由设计者注明。

5.3　板支座原位标注

5.3.1　板支座原位标注的内容为：板支座上部非贯通纵筋和悬挑板上部受力钢筋。

板支座原位标注的钢筋，应在配置相同跨的第一跨表达（当在梁悬挑部位单独配置时则在原位表达）。在配置相同跨的第一跨（或梁悬挑部位），垂直于板支座（梁或墙）绘制一段适宜长度的中粗实线（当该筋通长设置在悬挑板或短跨板上部时，实线段应画至对边或贯通短跨），以该线段代表支座上部非贯通纵筋，并在线段上方注写钢筋编号（如①、②等）、配筋值、横向连续布置的跨数（注写在括号内，且当为一跨时可不注），以及是否横向布置到梁的悬挑端。在板平面布置图中，不同部位的板支座上部非贯通纵筋及悬挑板上部受力钢筋，可仅在一个部位注写，对其他相同者则仅需在代表钢筋的线段上注写编号及按本条规则注写横向连续布置的跨数即可。

【例 4】在板平面布置图某部位，横跨支承梁绘制的对称线段上注有⑦Φ12@100(5A)，和1500，表示支座上部⑦号非贯通纵筋为Φ12@100，从该跨起沿支承梁连续布置5跨加梁一端的悬挑端，该筋自支座中线向两侧跨内的伸出长度均为1500。在同一板平面布置图的另一部位横跨梁支座绘制的对称线段上注有⑦（2）者，系表示该筋同⑦号纵筋，沿支承梁连续布置2跨，且无梁悬挑端布置。此外，与板支座上部非贯通纵筋垂直且绑扎在一起的构造钢筋或分布钢筋，应由设计者在图中注明。

5.3.2 当板的上部已配置有贯通纵筋，但需增配板支座上部非贯通纵筋时，应结合已配置的同向贯通纵筋的直径与间距采取"隔一布一"方式配置。

"隔一布一"方式，为非贯通纵筋的标注间距与贯通纵筋相同，两者组合后的实际间距为各自标注间距的1/2。当设定贯通纵筋为纵筋总截面面积的50%时，两种钢筋应取相同直径。当设定贯通纵筋大于或小于总截面面积的50%时，两种钢筋则取不同直径。

【例 5】板上部已配置贯通纵筋Φ12@250，该跨同向配置的上部支座非贯通纵筋为⑤Φ12@250，表示在该支座上部设置的纵筋实际为Φ12@125，其中1/2为贯通纵筋，1/2为⑤号非贯通纵筋（伸出长度值略）。

【例 6】板上部已配置贯通纵筋Φ10@250，该跨配置的上部同向支座非贯通纵筋为③Φ12@250，表示该跨实际设置的上部纵筋为Φ10和Φ12间隔布置，二者之间间距为125。

【实践操作】

1. 教师演示

（1）读图顺序为先建施后结施。

（2）结构施工图的读图顺序

说明：在读结施-06之前应该先读封皮、目录、混凝土结构设计说明，特别是混凝土结构设计说明。

（3）读结施-06 4.120板施工图具体如表D-1所示。

现浇板施工图识读 表 D-1

步骤	操作及说明	标准与指导	备注
(1)读图名、比例、注释	4.120板施工图、1：100、注释(注释1. 除特殊注明外板顶标高为4.120m,注释2. 未特殊标注的板厚均为120厚,未标注的板底钢筋均为一级直径为10间距200等)	要求查找迅速、准确； 注释只找标高、尺寸、材料等关键信息,多于三点用速读法浏览即可,后面用到哪条看哪条	
(2)读总长、总宽、轴线	总长45800,总宽18100。 纵向轴线A-M,横向轴线1-13	要求查找迅速、准确	
(3)读构件的尺寸和配筋	现浇板被梁划分为小块,以2-1/2轴交G-M轴板为例说明识读方法。 该板原位标注上部负筋说明为单向板,板底部钢筋按注释2未标注的板底钢筋均为一级钢筋,直径为10mm,间距为200mm,双向。板顶部原位钢筋如12号长度1250×2=2500,钢筋查图纸上钢筋表为三级钢筋,直径为10mm间距为180mm	单向板配筋由底部双向钢筋和顶部支座处上部负筋构成。 底部双向钢筋X向在下Y向在上。 其余单向板读图方法类似	

续表

步骤	操作及说明	标准与指导	备注
(4)从左到右、从下到上读构件名称、细部尺寸、特殊部位	可以发现在 F-L 轴交 6-9 轴段为双向板，底部钢筋按注释 2 未标注的板底钢筋均为一级钢筋，直径为 10mm，间距为 200mm，双向。顶部钢筋 X 向为 28 号和 29 号钢筋插排，Y 向为 30 号、36 号、35 号钢筋		
(5)从施工角度说明基础平面图涉及哪些工种？如何计算各自的工程量？	例如：混凝土体积如何计算？ 板为长方体，整层混凝土体积≈45800×18100×120=99.5(m^3)		

2. 学生实施

依据教师所给任务进行现浇板施工图识读。

3. 验收与评价

教师根据学生识读图纸完成情况进行打分与点评。

职业能力 D-1-2　能进行现浇板钢筋进场验收

【学习目标】

（1）能进行现浇板钢筋进场资料与外观验收。

（2）能进行现浇板钢筋进场复试的抽样工作。

01钢筋进场验收基础知识

【基础知识】

现浇板钢筋进场验收与独立基础钢筋进场验收基础知识内容相同，如有需要请扫描二维码查看。

02钢筋进场验收实践操作

【实践操作】

现浇板钢筋进场验收与独立基础钢筋进场验收实践操作内容相同，如有需要请扫描二维码查看。

职业能力 D-1-3　能进行现浇板钢筋下料

39教学视频

【学习目标】

（1）掌握现浇板钢筋下料的方法。

（2）能进行现浇板钢筋下料。

【基础知识】

03钢筋下料基础知识

现浇板钢筋下料与独立基础钢筋下料基础知识内容相同，如有需要请扫描二维码查看。

【实践操作】

1. 教师演示

（1）现浇板钢筋长度计算

现浇板钢筋长度计算见表 D-2。

现浇板钢筋长度计算 表 D-2

步骤	操作及说明	标准与指导	备注
(1)计算板底部钢筋长度	查阅结施-06 知，以 2-1/2 轴交 G-M 轴板为例。 单向板，板底部钢筋按注释 2 未标注的板底钢筋均为一级钢筋，直径为 10mm，间距为 200mm，双向。 板底部 *X* 向钢筋长度＝3400－200－125＋150＋125＝3350(mm)，锚固长度算至梁中线。 板底部 *Y* 向钢筋长度＝1200＋5700－200－200＋2×150＝6800(mm)	查阅 22G101-1 第 106 页知，板底部钢筋在端部梁中锚固长度≥5*d* 且至少到梁中线	L1 宽 250
(2)计算板顶部钢筋长度	板顶部原位钢筋如 12 号长度 1250×2＝2500，钢筋查图纸上钢筋表为三级钢筋，直径为 10mm，间距为 180mm。 故考虑锚固长度后 12 号钢筋长度＝2500＋2×15×10＝2800(mm)	查阅 22G101-1 第 106 页知，板顶部钢筋在端部梁中锚固长度伸至梁外侧角筋内侧向下弯折 15*d*。 梁保护层厚度 20mm，梁角筋直径为 18mm	板顶部钢筋长度只是将各段相加，不是下料长度
(3)计算板钢筋下料长度	板底部 *X* 向钢筋下料长度＝3350mm。 板底部 *Y* 向钢筋下料长度＝6800mm。 12 号钢筋下料长度＝2800－2×2d＝2800－2×2×10＝2760(mm)	下料长度＝直线长度－弯折减少长度，90°弯折减少长度＝2*d*	

(2) 现浇板钢筋个数计算

现浇板钢筋个数计算见表 D-3。

现浇板钢筋个数计算 表 D-3

步骤	操作及说明	标准与指导	备注
计算钢筋根数	以 2-1/2 轴交 G-M 轴板为例。 板底部 *X* 向钢筋根数＝(5700＋1200－200－200－100－100)/200＋1＝33(根)。 板底部 *Y* 向钢筋根数＝(3400－200－125－100－100)/200＋1＝15(根)。 12 号钢筋根数＝(5700＋1200－200－200－90－90)/180＋1＝36(根)	单向板，板底部钢筋按注释 2 未标注的板底钢筋均为一级钢筋，直径为 10mm，间距为 200mm，双向。 距梁边 1/2 板筋间距起步。现浇板钢筋根数＝板分布净尺寸/间距＋1。 板顶部原位钢筋如 12 号长度 1250×2＝2500，钢筋查图纸上钢筋表为三级钢筋，直径为 10mm，间距为 180mm	

(3) 钢筋配料单编制

本工程项目现浇板部分钢筋配料单见表 D-4。

本工程项目现浇板部分钢筋配料单 表 D-4

构件名称	钢筋编号	简图	级别	直径(mm)	下料长度(mm)	单根根数(根)	合计根数(根)	质量(kg)
以 2-1/2 轴交 G-M 轴板(共 1 个)	1 板底部 *X* 向钢筋		三级	10	3350	33	33	68.21
	2 板底部 *Y* 向钢筋		三级	10	6800	15	15	62.93
	3 板顶部 12 号钢筋		三级	10	2760	36	36	61.31

注：现浇板详见附录图纸结施图-06。

2. 学生实施

依据教师所给任务进行现浇板底板钢筋、插筋长度和插筋个数计算。

3. 验收与评价

教师根据学生计算完成情况进行打分与点评。

职业能力 D-1-4　能进行现浇板钢筋加工

【学习目标】

（1）能规范操作钢筋加工机械进行现浇板钢筋调直、除锈、切断、弯曲成型。

（2）了解钢筋冷拉、冷拔。

【基础知识】

现浇板钢筋加工与独立基础钢筋加工基础知识内容相同，如有需要请扫描二维码查看。

04钢筋加工基础知识

【实践操作】

1. 教师演示（技工演示）

钢筋调直程序见表 A-7，钢筋切断见表 A-8，钢筋弯曲见表 A-9。

钢筋切断：以 2-1/2 轴交 G-M 轴板为例。在⏀10 钢筋上批量切取 1 号板底部 X 向钢筋下料长度 3350mm 共 33 根。在⏀10 钢筋上批量切取 2 号板底部 Y 向钢筋下料长度 6800mm 共 15 根。在⏀10 钢筋上批量切断 3 号板顶部钢筋下料长度 2760mm 共 36 根。

2. 技术交底

（1）马凳筋实现保护层厚度

为了保证板的截面尺寸，在板底部钢筋与板抗负弯矩筋间加马凳筋，并与负弯矩筋绑扎牢固，根据马凳筋所使用部位的板厚、钢筋规格、直径及摆设方向，计算好马凳筋高度，马凳筋高度＝板厚－2 个保护层－3 根钢筋直径，见图 D-1。

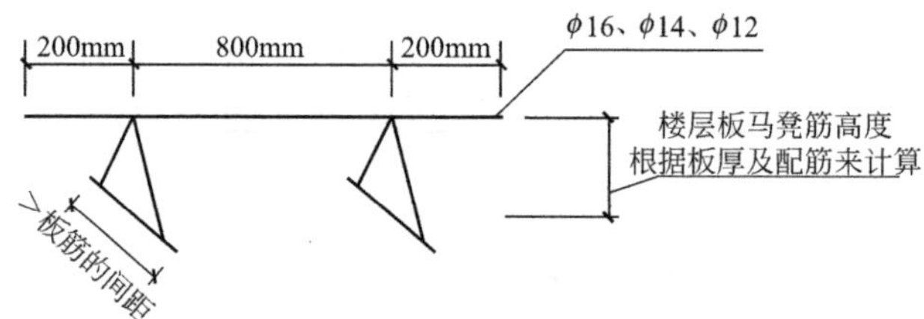

图 D-1　马凳筋实现保护层厚度

（2）塑料垫块实现保护层厚度

楼板选用与钢筋保护层厚度相同的塑料垫块实现保护层厚度，见图 D-2。

图 D-2 塑料垫块实现保护层厚度

3. 安全技术交底（扫描二维码查看）

4. 人员分工

1 人练习钢筋调直、2 人配合练习钢筋切断、2 人练习钢筋弯曲，然后角色对调。

17钢筋加工安全技术交底

5. 实施准备

材料、机具、验收规范及工作页和考核表等的准备如图 A-30 所示。

6. 学生实施

依据教师所给任务进行现浇板钢筋的调直、除锈、切断、弯曲。钢筋调直、除锈、切断实训见附表 3，受力筋加工实训学生工作页见附表 5。

7. 验收与评价（扫描二维码查看）

20钢筋加工验收与评价

【课后拓展】

【拓展 1】钢筋加工成品保护及管理

（1）弯曲成型的钢筋必须轻抬轻放，避免产生变形。经过验收检查合格后，成品应按编号拴上料牌，并应特别注意缩尺钢筋的料牌勿使其遗漏。

（2）清点某一编号钢筋成品无误后，在指定的堆放地点，要按编号分隔整齐堆放，并标识所属工程名称。

（3）钢筋成品应堆放在库房里，库房应防雨防水，地面保持干燥，并做好支垫。

（4）与安装班组联系好，按工程名称、部位及钢筋编号、需用顺序堆放，防止先用的被压在下面，避免使用时因翻垛而造成钢筋变形。

【拓展 2】现浇板钢筋加工施工现场安全管理

（1）操作人员作业时必须扎紧袖口，理好衣角，扣好衣扣，严禁戴手套。女工应戴工作帽，将长发挽入帽内不得外露。

（2）搬运钢筋时，应防止钢筋碰撞障碍物，防止在搬运中碰撞电线，发生触电事故。

职业能力 D-1-5　能进行现浇板钢筋连接及验收

【学习目标】

（1）掌握钢筋搭接连接和搭接焊连接工艺。

（2）能熟练进行现浇板钢筋搭接连接。

（3）能对钢筋搭接连接和搭接焊连接进行质量验收。

【基础知识】

现浇板钢筋连接及验收与独立基础钢筋连接及验收基础知识内容相同，如有需要请扫描二维码查看。

05钢筋连接及验收基础知识

【实践操作】

1. 教师演示

钢筋绑扎搭接连接及质量验收见表 D-5。

钢筋绑扎搭接连接及质量验收（现浇板）　　表 D-5

步骤	操作及说明	标准与指导	备注
(1)计算搭接长度	查 22G101-1 第 61 页纵向受拉钢筋搭接长度 l_l。	查阅结施-01 混凝土结构设计说明知，现浇板混凝土强度 C30，抗震等级三级。 查阅图纸结施-06 知，未注明板底钢筋为三级钢筋，直径为 10mm，各块板底钢筋连通按照搭接钢筋面积百分率 25%，$l_l=42d=42\times10=420$(mm)	
(2)绑扎搭接连接	将两根需要接长钢筋搭接 420mm，用一面顺扣法进行绑扎搭接连接	要求搭接尺寸精确符合长度要求，绑扎要牢固	
(3)绑扎搭接连接质量验收	检查钢筋的绑扎搭接接头是否牢固，钢尺量搭接长度是否为 420mm 和相邻两接头位置是否错开 $1.3l_l=546$mm	钢筋绑扎接头位置的要求以及钢筋位置的允许偏差应符合现行国家标准《混凝土结构工程施工质量验收规范》GB 50204 的规定	

钢筋搭接焊质量验收见表 D-6。

钢筋搭接焊质量验收　　表 D-6

步骤	操作及说明	标准与指导	备注
(1)计算搭接长度	查阅图纸结施-06 知，2-1/2 轴交 G-M 轴板 14 号板上部负筋为三级钢筋，直径为 12mm，按照纵向受拉钢筋单面焊搭接长度 $10d=120$mm	查 22G101-1 第 61 页纵向受拉钢筋搭接长度 $10d$（单面焊）或 $5d$（双面焊）	
(2)搭接焊施工	将两根需要接长钢筋搭接 120mm，然后由电焊工进行搭接焊连接	要求搭接尺寸精确符合长度要求，焊接要牢固	
(3)搭接焊质量验收	检查搭接焊接头是否有凹陷或焊瘤。检查咬边深度、气孔、夹渣等缺陷允许值及接头尺寸的允许偏差	焊缝表面应平整，不得有凹陷或焊瘤，焊接接头区域不得有裂纹	

2. 技术交底

（1）从事钢筋焊接施工的焊工应持有钢筋焊工考试合格证，并应按照合格证规定的范围上岗操作。

(2) 在钢筋工程焊接施工前，参与该项工程施焊的焊工应进行现场条件下的焊接工艺试验，经试验合格后，方可进行焊接。焊接过程中，如果钢筋牌号、直径发生变更，应再次进行焊接工艺试验。工艺试验使用的材料、设备、辅料及作业条件均应与实际施工一致。

(3) 细晶粒热轧钢筋及直径大于 28mm 的普通热轧钢筋，其焊接参数应经试验确定。余热处理钢筋不宜焊接。

(4) 电渣压力焊只应使用于柱、墙等构件中竖向受力钢筋的连接。

(5) 钢筋焊接接头的适用范围、工艺要求、焊条及焊剂选择、焊接操作及质量要求等应符合现行行业标准《钢筋焊接及验收规程》JGJ 18 的有关规定。

3. 安全技术交底

(1) 焊接机械必须经过调整试运转正常后，方可正式使用。焊机必须由专人使用和管理，非专职人员，不得擅自操作。

(2) 焊接机械的电源部分要妥加保护，防止因操作不慎而使钢筋和电源接触，不允许两台焊机使用一个电源闸刀。

(3) 焊接机械应放置在防雨和通风良好的地方。焊接机械必须装接地线，其入土深度应在冻土线以下。

(4) 焊工必须穿戴好劳动保护用品。在对焊机的闪光区域内需设铁皮挡隔，焊接时其他人员应停留于闪光范围外以防飞溅的火花灼伤。在室内进行手工电弧焊，应设有排气通风装置，焊工操作地点相互间应设置挡板，以防弧光伤害眼睛和皮肤等。

(5) 进行大量焊接生产时，焊接变压器等不得超过负荷。要注意遵守焊机暂载率的规定，以免过分发热而损坏。

(6) 钢筋焊接工作房，应尽可能采用防火材料搭建，在对焊机上方设置固定式顶罩。在焊接机械四周严禁堆放易燃品，以免引起火灾。焊接车间应设置消防设施。

(7) 电焊机基本上都靠电弧、高温工作，因此，首先应防止电弧引燃易爆物，焊接现场不准放易燃易爆物品。其次，电焊机空载时，防止触电事故。此外，还须考虑到电焊机经常是在钢筋网露天作业的环境条件。

(8) 交流弧焊机变压器的一次侧电源线长度应不大于 5m，进线必须设置防护罩。焊接机械的二次线宜采用 YHS 型橡皮护套铜芯多股软电缆。电缆长度应不大于 30m。

4. 人员分工

对于钢筋绑扎搭接连接及质量验收，由 4 人扮演工人，1 人扮演施工员进行质量验收，然后进行角色调换。

对于搭接焊及直螺纹套筒连接，工艺不需要学生掌握，只需要按照规范要求进行验收。

5. 实施准备

材料、机具、验收规范及工作页和考核表等的准备如图 A-39 所示。

6. 学生实施

依据教师所给任务单进行现浇板钢筋绑扎搭接连接及质量验收。参照钢筋绑扎实训学生工作页附表 9 进行。

7. 验收与评价

组内评价、小组互评、教师点评，参照钢筋绑扎实训验收考核表附表 10 进行。

【课后拓展】

【拓展】现浇板钢筋焊接施工现场安全管理

（1）作业前应检查焊机、线路、焊机外壳保护接零等，确认安全后方可作业。

（2）严禁在易燃易爆气体或液体扩散区域内、运行中的压力管道和装有易燃易爆物品的容器内以及受力构件上焊接和切割。

职业能力 D-1-6　能进行现浇板钢筋安装及验收

【学习目标】

（1）掌握钢筋安装工艺。

（2）能熟练进行现浇板钢筋安装。

（3）能对钢筋安装进行质量验收。

【基础知识】

现浇板钢筋安装及验收与独立基础钢筋安装及验收基础知识内容相同，如有需要请扫描二维码查看。

12钢筋安装及验收基础知识

【实践操作】

1. 教师演示

现浇板钢筋安装及验收见表 D-7。

现浇板钢筋安装及验收　　表 D-7

步骤	操作及说明	标准与指导	备注
(1)弹板钢筋位置线	按设计的钢筋间距，直接在板模板上用粉笔定位，用墨斗弹放钢筋位置线	粉笔定点要小，并取中心点才能保证精确(也可用红芯木工笔)。 墨斗弹线要用力拉紧，对准粉笔定位点，并由第三人竖直弹线	
(2)布置钢筋	按照弹线进行钢筋布置	现浇板为双向受力钢筋网时，底面短边方向的钢筋放在最下面，长边方向的钢筋放在短边方向的钢筋上面	
(3)绑扎底板钢筋	采用一面顺扣法将十字相交的交叉点全部扎牢，在相邻两个绑点应呈八字形	双向板相交点须全部绑扎，如板为双层钢筋，两层筋之间须加马凳筋，以确保上部钢筋的位置	

2. 技术交底

（1）为了保证楼板钢筋间距均匀，间距尺寸符合设计图纸要求，在绑扎底板钢筋前，模板上进行弹线控制。楼板钢筋绑扎时，板筋依照先铺短跨后铺长跨的原则，根据顶板模板的弹线间距，先铺受力筋后放分布筋，要求板底部钢筋进入支座≥10d（如 Φ12 为 12cm），板顶部通长钢筋在跨中 1/3 范围内搭接。

（2）为了保证板的截面厚度，在板底部钢筋与板顶部钢筋（包括板面负弯矩筋）之间加马凳筋或塑料垫块（图 D-3），并与板顶部钢筋（包括板面负弯矩筋）绑扎牢固，马凳筋根据所使用部位的板厚、钢筋规格、直径及摆设的方向，计算好马凳筋高度。钢筋马凳设置在两层板筋之间，脚部不得直接放在模板上，防止漏筋后锈蚀影响结构质量。安装时可先行固定在下层板筋之上，以免安装不到位。

（3）双向受力钢筋绑扎时，应将钢筋交叉点全部绑扎牢固，控制钢筋不位移。不得漏绑。带肋钢筋的连接禁止采用焊接接头。

（4）为保证板负弯矩钢筋的位置，每 1.2m 设置一道马凳筋，马凳筋用 Φ12 及 Φ14 的钢筋加工。

图 D-3　马凳筋和塑料垫块的安装

3. 安全技术交底

（1）在没有可靠安全防护设施的高处（2m 及以上）和陡坡施工时，必须系好合格的安全带，安全带要系挂牢固，高挂低用，同时高处作业不得穿硬底和带钉易滑的鞋，应穿防滑胶鞋。

（2）严格按照施工平面布置图堆放钢筋材料、成品及机械设备，不得侵占场内道路和安全防护设施。

4. 人员分工

放线时，1 人执卷尺，2 人辅助定点，另外 2 人弹墨线，然后角色对调。安装钢筋时，2 人摆放钢筋，3 人执钢筋钩进行绑扎安装，然后角色调换。

5. 实施准备

材料、机具、施工和验收规范及工作页和考核表等的准备如图 A-42 所示。

6. 学生实施

依据教师所给任务单进行现浇板钢筋安装及验收。现浇板钢筋安装实训学生工作页见附表 21。

7. 验收与评价

（1）主控项目验收

首先检查钢筋的品种、级别、规格、数量、纵向受力钢筋的锚固方式和锚固长度等是否符合设计要求。

检查数量：全数检查。

检验方法：观察，尺量检查。

（2）一般项目验收

检查钢筋安装允许偏差和检验方法，见表 A-16。

检查数量：在同一检验批内，对板，应按有代表性的自然间抽查 10%，且不少于 3 间。板可按纵、横轴线划分检查面，抽查 10%，且均不少于 3 面。

（3）组内评价、小组互评、教师点评

现浇板钢筋安装实训验收考核表见附表 22。出现不符合规范要求应及时分析原因并进行整改，必要时课后对关键环节和技能点进行强化练习。

【课后拓展】

【拓展】 现浇板钢筋安装施工现场安全管理

（1）作业中出现险情时，必须立即停止作业，撤离危险区域，报告领导解决，严禁冒险作业。

（2）6 级以上强风和大雨、大雪、大雾天气必须停止露天高处作业。在雨、雪后和冬季，露天作业时必须先清除水、雪、霜、冰，并采取防滑措施。

工作任务 D-2　现浇板模板安装与拆除

工作任务描述

进行现浇板模板施工。

工作任务分解

（1）职业能力 D-2-1 能进行现浇板模板加工。

（2）职业能力 D-2-2 能进行现浇板模板安装。

（3）职业能力 D-2-3 能进行现浇板模板拆除。

工作任务实施

职业能力 D-2-1　能进行现浇板模板加工

【学习目标】

（1）掌握模板施工用量计算方法。

（2）能进行现浇板模板加工。

【基础知识】

现浇板模板加工与独立基础模板加工基础知识内容相同，如有需要请扫描二维码查看。

【实践操作】

1. 教师演示

现浇板模板加工与制作见表 D-8。

现浇板模板加工与制作　　表 D-8

步骤	操作及说明	标准与指导	备注
(1)计算模板的尺寸	查阅结施-06 知,2-1/2 轴交 G-M 轴板的平面尺寸=(5700+1200−200−200)×(3400−200−125)=6500×3075,选用 40×60 的方木,12mm 厚胶合板模板,则现浇板模板用量=6500×3075=19.99(m^2)	依据此法依次计算出所有现浇板模板用量	
(2)制作模板	用 2 张胶合板模板沿宽边方向拼接,第 3 张沿宽边量 3075−2440=635,然后用木工锯锯开并与前两张拼接作为一个单元。 然后再做类似 3 张做一个单元与前面单元拼接。 最后一个单元沿模板长边量 820mm 锯断,并与前面单元拼接。 选用 40×60 的方木,长度 6500,每隔 200mm 进行加钉固定	尺量应精确,量线要平直	

2. 安全技术交底（扫描二维码查看）

13模板加工安全技术交底

3. 人员分工

采用角色扮演，2 人放线，2 人裁切模板，1 人钉模板，然后进行角色调换。

4. 学生实施

依据教师所给任务单进行现浇板模板施工用量计算及模板加工与制作，模板加工实训学生工作页见附表 27。

5. 验收与评价

进行组内评价、小组互评、教师点评。模板加工实训验收考核表见附表 28。出现不符合规范要求应及时分析原因并进行整改，必要时课后对关键环节和技能点进行强化练习。

【课后拓展】

【拓展】现浇板模板加工施工现场安全管理

(1) 木工机械必须使用定向开关，严禁使用倒顺开关。

(2) 木工作业场所的刨花、木屑、碎木必须自产自清、日产日清、活完场清。清理机械台面上的刨花、木屑，严禁直接用手清理。

（3）每台机械应挂机械负责人和安全操作牌。

职业能力 D-2-2　能进行现浇板模板安装

【学习目标】

（1）掌握现浇板模板安装施工工艺。

（2）能进行现浇板模板安装。

（3）能进行现浇板模板安装验收。

【基础知识】

现浇板模板安装与独立基础模板安装基础知识内容相同，如有需要请扫描二维码查看。

15模板安装基础知识

【实践操作】

1. 教师演示

现浇板模板安装见表 D-9。

现浇板模板安装　　**表 D-9**

步骤	操作及说明	标准与指导	备注
组装现浇板模板并固定	将拼板与梁侧模板对齐→钉子固定连接→尺量校准→检测标高	模板位置、标高必须安装准确、固定牢固	

2. 技术交底

（1）板模板支撑系统（图 D-4）

1）对模板及其支撑体系，搭设满堂红脚手架前弹线定位。

2）严格按照施工方案搭设，立杆间距、水平杆步距、扫地杆和剪刀撑、可调节顶托均能满足规范和施工方案要求。

3）在支撑杆底部加设满足承载力要求的垫块。

4）对现浇多层、高层混凝土结构，上、下楼层模板支架的立杆宜对准。模板及支架杆件等应分散堆放。

5）模板安装应保证混凝土结构构件各部分形状、尺寸和相对位置准确，并应防止漏浆。

6）模板安装应与钢筋安装配合进行，梁柱节点的模板宜在钢筋安装后安装。

7）模板与混凝土接触面应清理干净并涂刷脱模剂，脱模剂不得污染钢筋和混凝土接槎处。

8）后浇带的模板及支架应独立设置。

9）固定在模板上的预埋件、预留孔和预留洞，均不得遗漏，且应安装牢固、位置准确。

10）支架的竖向斜撑和水平斜撑应与支架同步搭设，支架应与成型的混凝土结构拉结。钢管支架的竖向斜撑和水平斜撑的搭设，应符合国家现行有关钢管脚手架标准的规定。

图 D-4　板模板支撑系统

（2）高低跨模板（图 D-5）

1）如卫生间、阳台、厨房等部位降板处，根据设计图纸要求降板高度，采用相应规格的方通拼接成模板，板钢筋绑扎完成后将方通放在混凝土块上安装固定。混凝土块采用细石混凝土制作，尺寸为 5cm（长）×5cm（宽）×板厚（高度）。

2）高低跨吊模处，严禁使用砖块、木方、穿底做临时支撑，应用砂浆垫块，以减小沉箱渗漏隐患。

图 D-5　板高低跨模板

3. 安全技术交底（扫描二维码查看）

（1）支设梁、板模板时，应先搭设架体和护身栏，严禁在没有固定的梁、板模板上行走。支模时注意个人防护，不允许站在不稳固的支撑上或没有固定的方木上施工。

（2）板模板安装就位时，要在支架搭设稳固、板下楞与支架连接牢固后进行。U形卡要按设计规定安装，以增强整体性，确保模板结构安全。

4. 人员分工

采用角色扮演，2人加工模板，3人安装模板，进行组内角色扮演。

5. 实施准备

材料、机具、施工和验收规范及工作页和考核表等的准备如图A-53所示。

6. 学生实施

依据教师所给任务单进行现浇板模板安装。现浇板模板安装实训学生工作页见附表35。

7. 验收与评价

（1）主控项目验收

模板及支架材料的技术指标（材质、规格、尺寸及力学性能）应符合国家现行有关标准和专项施工方案的规定。

（2）一般项目验收

模板工程验收的内容主要有：模板的标高、位置、尺寸、垂直度、平整度、接缝、支撑等；预埋件以及预留孔洞的位置和数量；模板内是否有垃圾和其他杂物。

1）模板安装质量应符合要求，详见A-2-2【实践操作】中验收与评价的一般项目验收该部分内容。

2）检查脱模剂应符合要求，详见A-2-2【实践操作】中验收与评价的一般项目验收该部分内容。

3）模板的起拱应符合现行国家标准《混凝土结构工程施工规范》GB 50666的规定，并应符合设计及施工方案的要求。通常板跨度超过4m时宜起拱，起拱高度宜为梁、板跨度的1/1000～3/1000，“起拱不得减少构件截面高度”，执行本条时应注意检查梁板在跨中部位侧模的高度。

检查数量：对板，应按有代表性的自然间抽查10%，且不少于3间。对大空间结构，板可按纵、横轴线划分检查面，抽查10%，且不少于3面。

检验方法：水准仪或尺量检查。

4）现浇混凝土结构多层连续支模时，上、下层模板支架的立柱宜对准。

检查数量：全数检查。

检验方法：观察检查。

5）现浇结构模板安装的允许偏差及检验方法见表B-9。

检查数量：在同一检验批内，对板，应按有代表性的自然间抽查10%，且不少于3间。对大空间结构，板可按纵横轴线划分检查面，抽查10%，且均不少于3面。

6）固定在模板上的预埋件、预留孔和预留洞不得遗漏，且应安装牢固，详见A-2-2

【实践操作】中验收与评价的一般项目验收该部分内容。

（3）组内评价、小组互评、教师点评

现浇板模板安装实训验收考核表见附表36。出现不符合规范要求应及时分析原因并进行整改，必要时课后对关键环节和技能点进行强化练习。

【课后拓展】

【拓展1】采用扣件式钢管作为高大模板支架时应符合的规定

（1）宜在支架立杆顶端插入可调托座，可调托座螺杆外径不应小于36mm，螺杆插入钢管的长度不应小于150mm，螺杆伸出钢管的长度不应大于300mm，可调托座伸出顶层水平杆的悬臂长度不应大于500mm。

（2）立杆纵距、横距不应大于1.2m，支架步距不应大于1.8m。

（3）立杆顶层步距内采用搭接时，搭接长度不应小于1m，且不应少于3个扣件连接。

（4）立杆纵向和横向应设置扫地杆，纵向扫地杆距立杆底部不宜大于200mm。

（5）宜设置中部纵向或横向的竖向剪刀撑，剪刀撑的间距不宜大于5m。沿支架高度方向搭设的水平剪刀撑的间距不宜大于6m。

（6）立杆的搭设垂直偏差不宜大于1/200，且不宜大于100mm。

（7）应根据周边结构情况，采取有效的连接措施以加强支架整体稳固性。

【拓展2】现浇板模板安装施工现场安全管理

（1）现浇整体式多层房屋和构筑物安装上层楼板及其支架时，应符合下列要求：

1）下层楼板混凝土强度达到1.2MPa以后，才能上料具。料具要分散堆放，不得过分集中。

2）下层楼板结构的强度要达到能承受上层模板、支撑系统和新浇筑混凝土的重量时，方可进行。否则下层楼板结构的支撑系统不能拆除，同时上下层支柱应在同一垂直线上。

（2）模板的支柱纵横向水平、剪刀撑等应按设计的规定布置，当设计无规定时，一般支柱的网距不宜大于2m，纵横向水平的上下步距不宜大于1.5m，纵横向的垂直剪刀撑间距不宜大于6m。当支柱高度小于4m时，应设上下两道水平撑和垂直剪刀撑。以后支柱每增高2m再增加一道水平撑，水平撑之间还需增加剪刀撑一道。当楼层高度超过10m时，模板的支柱应选用长料，同一支柱的连续接头不宜超过2个。

（3）当层间高度大于5m时，若采用多层支架支模，则应在两层支架立柱间铺设垫板，且应平整，上下层支柱要垂直，并应在同一垂直线上。

职业能力D-2-3　能进行现浇板模板拆除

【学习目标】

（1）掌握现浇板模板拆除方法与工艺。

（2）能进行现浇板模板拆除。

【基础知识】

现浇板模板拆除与独立基础模板拆除基础知识内容相同，如有需要请扫描二维码查看。

07模板拆除基础知识

【实践操作】

1. 教师演示

现浇板模板拆除见表 D-10。

现浇板模板拆除　　　　表 D-10

步骤	操作及说明	标准与指导	备注
底模板的拆除	查阅结施-06 知，2-1/2 轴交 G-M 轴板的平面尺寸为 6900×3400，板跨度 2000＜6900＜8000，实际混凝土强度达到混凝土设计强度的 75%才可拆模，查表 A-24，按日平均气温 25℃，则需 7d 后才可以检测同条件养护的拆模试块强度，若达到混凝土设计强度的 75%，由试验单位出具报告单报监理工程师同意后方可拆模	拆底模板必须做同条件养护的拆模试块且达到规定强度，并征得监理工程师同意后才可拆除	

2. 技术交底（扫描二维码查看）

22模板拆除技术交底

3. 安全技术交底（扫描二维码查看）

4. 人员分工

2 人扶模板、3 人拆模板，然后进行角色调换。

5. 实施准备

材料、机具、施工和验收规范及工作页和考核表等的准备如图 A-56 所示。

18模板拆除安全技术交底

6. 学生实施

依据教师所给任务单进行现浇板模板的拆除及现浇结构观感质量验收实训。模板拆除及现浇结构观感质量验收实训学生工作页见附表 41。

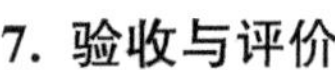

7. 验收与评价

进行组内评价、小组互评、教师点评。模板拆除及现浇结构观感质量验收实训考核表见附表 42。验收标准见表 A-25、表 A-26。出现不符合规范要求应及时分析原因并进行整改，必要时课后对关键环节和技能点进行强化练习。

【课后拓展】

【拓展】现浇板模板拆除施工现场安全管理

（1）拆模必须一次性拆清，不得留有无撑模板。混凝土板有预留孔洞时，拆模后，应随时在其周围做好职业健康安全护栏，或用板将孔洞盖住。防止作业人员因扶空、踏空而坠落。

（2）拆楼层外边模板时，应有防高空坠落及防止模板向外倒跌的措施。

（3）拆除模板一般采用长撬杠，严禁操作人员站在正在拆除的模板下。在拆除楼板模板时，要注意防止整块模板掉下，尤其是用定型模板做平台模板时更要注意，防止模板突然全部掉下伤人。

（4）在拆除用小钢模板支撑的顶板模板时，严禁将支柱全部拆除后，一次性拉拽拆除。已拆活动的模板，必须一次连续拆除完，方可停歇，严禁留下安全隐患。

（5）在混凝土板上有预留洞时，应在模板拆除后，将板洞盖严，洞口较大时应做好防护。

工作任务 D-3 现浇板混凝土施工

工作任务描述

进行现浇板混凝土施工。

工作任务分解

(1) 职业能力 D-3-1 能进行自拌混凝土施工配料计算。

(2) 职业能力 D-3-2 能根据工程实际做好混凝土施工准备。

(3) 职业能力 D-3-3 能进行现浇板混凝土浇筑及养护。

工作任务实施

职业能力 D-3-1 能进行自拌混凝土施工配料计算

【学习目标】

(1) 能根据施工图纸估算现浇板混凝土施工用量。

(2) 能进行自拌混凝土施工配料计算。

【基础知识】

现浇板自拌混凝土施工配料计算与独立基础自拌混凝土施工配料计算基础知识内容相同，如有需要请扫描二维码查看。

11混凝土施工配料计算基础知识

1. 混凝土高温施工影响

当日平均气温达到 30℃及以上时，应按高温施工要求采取措施。

对混凝土的影响主要有：如骨料及水的温度过高，拌制时，水泥容易出现假凝现象；运输时，混凝土和易性损失很大，振捣或泵送困难；如成型后直接暴晒或干热风影响，会使混凝土表面水分蒸发快，面层急剧干燥，形成外硬内软，出现塑性裂缝；如成型后白昼温差大，则容易出现温差裂缝。

为了保证混凝土工程在夏季高温环境下的施工质量，施工时必须采取一定的技术措施，克服高温对混凝土的影响。

2. 高温施工的混凝土配合比相关规定

高温施工的混凝土配合比设计应符合下列规定：

(1) 应分析原材料温度、环境温度、混凝土运输方式与时间对混凝土初凝时间、坍落度损失等性能指标的影响，根据环境温度、湿度、风力和采取温控措施的实际情况，对混凝土配合比进行调整。

(2) 宜在近似现场运输条件、时间和预计混凝土浇筑作业最高气温的天气条件下，通过混凝土试拌、试运输的工况试验，确定适合高温天气条件下施工的混凝土配合比。

（3）宜降低水泥用量，并可采用矿物掺合料替代部分水泥。宜选用水化热较低的水泥。

（4）混凝土坍落度不宜小于 70mm。

【实践操作】

1. 教师演示

自拌混凝土施工配料计算见表 A-28。

2. 学生实施

依据教师所给任务单进行现浇板自拌混凝土施工配料计算。

3. 验收与评价

组内评价、小组互评、教师点评。

职业能力 D-3-2 能根据工程实际做好混凝土施工准备

【学习目标】

（1）掌握泵送混凝土的特点及施工要点。

（2）能熟练进行混凝土的现场搅拌。

【基础知识】

现浇板混凝土施工准备与独立基础混凝土施工准备基础知识内容相同，如有需要请扫描二维码查看。

08混凝土施工准备基础知识

1. 高温施工的混凝土施工准备相关规定

（1）原材料降温措施包括：

1）掺用缓凝剂，减少水化热的影响。

2）用水化热低的水泥。

3）将储水池加盖，将供水管埋入土中，避免太阳直接暴晒。

4）砂、石用防晒棚遮盖，必要时可对粗骨料进行喷雾降温。用深井冷水或在水中加碎冰，但不能让冰屑直接加入搅拌机内。

（2）混凝土搅拌应符合下列规定：

1）应对搅拌站料斗、储水器、皮带运输机、搅拌楼采取遮阳防晒措施。

2）对原材料进行直接降温时，宜采用对水、粗骨料进行降温的方法。对水直接降温时，可采用冷却装置冷却拌合用水，并应对水管及水箱加设遮阳和隔热设施，也可在水中加碎冰作为拌合用水的一部分。混凝土拌合时掺加的固体冰应确保在搅拌结束前融化，且在拌合用水中应扣除其重量。

3）原材料最高入机温度不宜超过表 D-11 的规定。

原材料最高入机温度 **表 D-11**

原材料	最高入机温度(℃)
水泥	60
骨料	30
水	25
粉煤灰等矿物掺合料	60

4）混凝土拌合物出机温度不宜大于 30℃。

（3）混凝土宜采用白色涂装的混凝土搅拌运输车运输，搅拌运输车宜加设外部洒水装置。混凝土输送管应进行遮阳覆盖，并应洒水降温。

（4）施工现场送料装置及搅拌机用防晒棚遮盖，搅拌系统尽量靠近浇筑地点。

【实践操作】

1. 教师演示

采用预拌水泥砂浆法进行混凝土配料见表 A-29。

2. 技术交底（扫描二维码查看）。

21混凝土施工准备技术交底

3. 安全技术交底（扫描二维码查看）

16混凝土施工准备安全技术交底

4. 人员分工

3 人装料，2 人出料。

5. 学生实施

分组采用预拌水泥净浆法进行混凝土配料。

6. 验收与评价

组内评价、小组互评、教师点评。

职业能力 D-3-3　能进行现浇板混凝土浇筑及养护

【学习目标】

（1）掌握现浇板混凝土浇筑及养护工艺。

（2）能熟练进行现浇板混凝土的浇筑及养护。

（3）能对现浇板混凝土的浇筑及养护进行质量验收。

【基础知识】

现浇板混凝土浇筑及养护与独立基础混凝土浇筑及养护基础知识内容相同，如有需要请扫描二维码查看。

09混凝土浇筑及养护基础知识

1. 高温施工的混凝土浇筑及养护相关规定

（1）应及时填塞因干缩出现的模板裂缝。浇筑前应将模板充分淋湿。

（2）混凝土浇筑前，施工作业面宜采取遮阳措施，并应对模板、钢筋和施工机具采取洒水等降温措施，但浇筑时模板内不得积水。

（3）混凝土拌合物入模温度应符合规范规定。

（4）混凝土浇筑宜在早间或晚间进行，且应连续浇筑。当混凝土水分蒸发较快时，应在施工作业面采取挡风、遮阳、喷雾等措施。

（5）混凝土浇筑应适当减小浇筑层厚度，从而减少内部温差。浇筑后立即用薄膜覆盖，不使水分外溢。露天预制混凝土构件可用防晒棚遮盖，避免构件直接暴晒。

（6）混凝土浇筑完成后，应及时进行保湿养护。侧模拆除前宜采用带模湿润养护。自然养护的混凝土，应确保其表面湿润。对于表面平整的混凝土表面，采用覆盖塑料薄膜养护。

【实践操作】

1. 教师演示

现浇板混凝土浇筑及养护见表 D-12。

现浇板混凝土浇筑及养护 **表 D-12**

步骤	操作及说明	标准与指导	备注
(1)混凝土地面水平运输	采用双轮手推车进行运输	混凝土运输过程中要保持良好的均匀性和规定的坍落度	
(2)进行现浇板混凝土浇筑	布料、摊平、捣实和抹面修整	混凝土要振捣密实	
(3)对现浇板进行养护	对现浇板进行铺塑料薄膜洒水养护	浇筑混凝土完成后 12h 内即可间断洒水养护,使混凝土保持湿润	

2. 技术交底

(1) 将混凝土表面浮浆清理干净，浇筑混凝土过程中设专人看护钢筋，有移位现象及时进行调整，控制板钢筋网眼尺寸。

(2) 在浇筑混凝土前搭设跳板，防止在浇筑混凝土时损坏顶板成品钢筋。

3. 安全技术交底

(1) 使用平板振动器时，拉线必须绝缘干燥，移动或转向时，不得蹬踩电机，电源闸箱与操作点距离不得超过 3m，专人看管，检修时必须拉闸断电。

(2) 平板振动器必须用Ⅱ类手持电动工具，并装防溅型漏电保护器，其负荷线采用耐气候型的橡皮护套铜芯软电缆。

(3) 用绳拉平板振动器时，绳应干燥绝缘，移动或转向时不得用脚踢电动机。振动器与平板应保持紧固，电源线必须固定在平板上，电器开关应装在手把上。

4. 人员分工

2 人进行混凝土运输，2 人布料和摊平，2 人振捣，并进行角色调换。随后 6 人共同进行抹面修整，6 人共同进行养护。

5. 实施准备

材料、机具、验收规范及工作页和考核表等的准备如图 A-74 所示。

6. 学生实施

依据教师任务单进行现浇板混凝土浇筑和养护，混凝土浇筑及养护实训学生工作页见附表 43。

7. 验收与评价

进行组内评价、小组互评、教师点评。混凝土浇筑及养护实训验收考核表见附表 44。出现不符合规范要求应及时分析原因并进行整改，必要时课后对关键环节和技能点进行强化练习。

【课后拓展】

【拓展 1】自密实混凝土浇筑规定

(1) 应根据结构部位、结构形状、结构配筋等确定合适的浇筑方案。

(2) 自密实混凝土粗骨料最大粒径不宜大于 20mm。

(3) 浇筑应能使混凝土充填到钢筋、预埋件、预埋钢构件周边及模板内各部位。自密实混凝土浇筑布料点应结合拌合物特性选择适宜的间距，必要时可通过试验确定混凝土布料点下料间距。

(4) 当采用粗骨料粒径不大于 25mm 的高流态混凝土或粗骨料粒径不大于 20mm 的自密实混凝土时，混凝土最大倾落高度不宜大于 9m。倾落高度大于 9m 时，宜采用串筒、溜槽、溜管等辅助装置进行浇筑。

【拓展 2】现浇板混凝土浇筑及养护施工现场安全管理

(1) 浇筑顶板时，外防护架搭设应超出作业面。在临边作业时要有必要的防护措施，防止高空坠落、物体打击。

(2) 泵送混凝土浇筑时，输送管道头应紧固可靠，不漏浆，安全阀完好，管道支架要牢固，检修时必须卸压。

(3) 泵管安装人员临边作业时，要挂好安全带，要将泵管拿稳抱牢，必要时将长泵管拴上安全绳，以防泵管脱落伤人，安装人员要精力集中，相互配合，安装时要放好各种连接件，严禁乱放乱扔，以防坠落伤人。

(4) 工作前应确认所有管接头及连接件完好、牢固。要有专人经常检查泵管的连接情况，定期检查输送管的磨损量，壁厚小于 1mm 时，应及时更换。有异常情况及时修整，以防爆管伤人。

(5) 用软管浇水养护时，应将水管接头连接牢固，移动皮管不得猛拽，不得倒行拉移软管。

E 现浇楼梯施工

工作任务描述

进行本工程项目的钢筋混凝土现浇楼梯施工。

工作任务分解

1. 钢筋混凝土现浇楼梯整体工艺流程

放线→现浇楼梯模板及支撑安装→现浇楼梯钢筋安装→现浇楼梯混凝土施工→现浇楼梯模板及支撑拆除

2. 钢筋混凝土现浇楼梯施工可分解

（1）工作任务 E-1 现浇楼梯钢筋施工。

（2）工作任务 E-2 现浇楼梯模板安装与拆除。

（3）工作任务 E-3 现浇楼梯混凝土施工。

工作任务实施

工作任务 E-1 现浇楼梯钢筋施工

工作任务描述

进行现浇楼梯钢筋施工。

工作任务分解

（1）职业能力 E-1-1 能识读现浇楼梯施工图。

（2）职业能力 E-1-2 能进行现浇楼梯钢筋进场验收。

（3）职业能力 E-1-3 能进行现浇楼梯钢筋下料。

（4）职业能力 E-1-4 能进行现浇楼梯钢筋加工。

（5）职业能力 E-1-5 能进行现浇楼梯钢筋安装及验收。

工作 任务实施

职业能力 E-1-1 能识读现浇楼梯施工图

【学习目标】

（1）掌握《混凝土结构施工图整体表示方法制图规则和构造详图（现浇混凝土板式楼梯）》22G101-2 现浇楼梯平法施工图制图规则。

（2）能识读现浇楼梯施工图。

【基础知识】

《混凝土结构施工图整体表示方法制图规则和构造详图（现浇混凝土板式楼梯）》22G101-2 现浇楼梯平法施工图制图规则原文重点摘录：

2 现浇混凝土板式楼梯平法施工图制图规则

2.1 现浇混凝土板式楼梯平法施工图的表示方法

2.1.1 现浇混凝土板式楼梯平法施工图有平面注写、剖面注写和列表注写三种表达方式。

本图集制图规则主要表述梯板的表达方式，与楼梯相关的平台板、梯梁、梯柱的注写方式参见国家建筑标准设计图集《混凝土结构施工图平面整体表示方法制图规则和构造详图（现浇混凝土框架、剪力墙、梁、板）》22G101-1。

2.1.2 楼梯平面布置图，应采用适当比例集中绘制，需要时绘制其剖面图。

2.1.3 为方便施工，在集中绘制的板式楼梯平法施工图中，宜按本规则第 1.0.6 条的规定注明各结构层的楼面标高、结构层高及相应的结构层号。

2 楼梯类型

2.2.1 本图集楼梯包含 12 种类型，详见表 2.2.1。各梯板截面形状与支座位置示意图见本图集第 12～18 页。

2.2.2 楼梯注写：楼梯编号由梯板代号和序号组成。如 AT××、BT××、ATa ××等。

表 2.2.1 楼梯类型

梯板代号	适用范围		是否参与结构整体抗震	示意图所在页码	注写及构造图所在页码
	抗震构造措施	适用结构			
AT	无	剪力墙、砌体结构	不参与	1-8	2-7、2-8
BT				1-8	2-9、2-10
CT	无	剪力墙、砌体结构	不参与	1-9	2-11、2-12
DT				1-9	2-13、2-14
ET	无	剪力墙、砌体结构	不参与	1-10	2-15、2-16
FT				1-10	2-17、2-18 2-19、2-23

续表

<table>
<tr><th rowspan="2">梯板代号</th><th colspan="2">适用范围</th><th rowspan="2">是否参与结构整体抗震</th><th rowspan="2">示意图所在页码</th><th rowspan="2">注写及构造图所在页码</th></tr>
<tr><th>抗震构造措施</th><th>适用结构</th></tr>
<tr><td>GT</td><td>无</td><td>剪力墙、砌体结构</td><td>不参与</td><td>1-11</td><td>2-20、2-23</td></tr>
<tr><td>ATa</td><td rowspan="3">有</td><td rowspan="3">框架结构、框剪结构中框架部分</td><td>不参与</td><td>1-12</td><td>2-24～2-26</td></tr>
<tr><td>ATb</td><td>不参与</td><td>1-12</td><td>2-24、2-27、2-28</td></tr>
<tr><td>ATc</td><td>参与</td><td>1-12</td><td>2-29、2-30</td></tr>
<tr><td>BTb</td><td>有</td><td>框架结构、框剪结构中框架部分</td><td>不参与</td><td>1-13</td><td>2-31、2-33</td></tr>
<tr><td>CTa</td><td rowspan="2">有</td><td rowspan="2">框架结构、框剪结构中框架部分</td><td>不参与</td><td>1-14</td><td>2-25、2-34、2-35</td></tr>
<tr><td>CTb</td><td>不参与</td><td>1-14</td><td>2-27、2-34、2-36</td></tr>
<tr><td>DTb</td><td>有</td><td>框架结构、框剪结构中框架部分</td><td>不参与</td><td>1-13</td><td>2-32、2-37、2-38</td></tr>
</table>

注：ATa、CTa 低端带滑动支座支承在梯梁上。ATb、BTb、CTb、DTb 低端设滑动支座支承在挑板上。

2.2.3　AT～ET 型板式楼梯具备以下特征：

1. AT～ET 型板式楼梯代号代表一段带上下支座的梯板

梯板的主体为踏步段，除踏步段之外，梯板可包括低端平板、高端平板以及中位平板。

2. AT-ET 各型梯板的截面形状为：

AT 型梯板全部由踏步段构成。

BT 型梯板由低端平板和踏步段构成。

CT 型梯板由踏步段和高端平板构成。

DT 型梯板由低端平板、踏步板和高端平板构成。

ET 型梯板由低端踏步段、中位平板和高端踏步段构成。

3. AT-ET 型梯板的两端分别以（低端和高端）梯梁为支座。

4. AT-ET 型梯板的型号、板厚、上下部纵向钢筋及分布钢筋等内容由设计者在平法施工图中注明。梯板上部纵向钢筋向跨内伸出的水平投影长度见相应的标准构造详图，设计不注，但设计者应予以校核。当标准构造详图规定的水平投影长度不满足具体工程要求时，应由设计者另行注明。

2.2.4　FT、GT 型板式楼梯具备以下特征：

1. FT、GT 每个代号代表两跑踏步段和连接它们的楼层平板及层间平板。

2. FT、GT 型梯板的构成分两类：

第一类：FT 型，由层间平板、踏步段和楼层平板构成。

第二类：GT 型，由层间平板和踏步段构成。

3. FT、GT 型梯板的支承方式如下：

(1) FT 型。梯板一端的层间平板采用三边支承，另一端的楼层平板也采用三边支承。

(2) GT 型：梯板一端的层间平板采用三边支承，另一端的梯板段采用单边支承（在梯梁上）。

FT、GT 型梯板的支承方式见表 2.2.4。

表 2.2.4 FT、GT 型梯板支承方式

梯板类型	层间平板端	踏步段端(楼层处)	楼层平板端
FT	三边支承	—	三边支承
GT	三边支承	单边支承(梯梁上)	—

4. FT、GT 型梯板的型号、板厚、上下部纵向钢筋及分布钢筋等内容由设计者在平法施工图中注明。FT、GT 型平台上部横向钢筋及其外伸长度，在平面图中原位标注。梯板上部纵向钢筋向跨内伸出的水平投影长度见相应的标准构造详图，设计不注，但设计者应予以校核。当标准构造详图规定的水平投影长度不满足具体工程要求时，应由设计者另行注明。

2.2.5 ATa、ATb 型板式楼梯具备以下特征：

ATa、ATb 型为带滑动支座的板式楼梯，梯板全部由踏步段构成，其支承方式为梯板高端均支承在梯梁上，ATa 型梯板低端带滑动支座支承在梯梁上，ATb 型梯板低端带滑动支座支承在挑板上。ATa，ATb 型梯板采用双层双向配筋。

2.2.6 ATc 型板式楼梯具备以下特征：

1. 梯板全部由踏步段构成，其支承方式为梯板两端均支承在梯梁上。

2. 楼梯休息平台与主体结构可连接，也可脱开，见本图集第 2-29 页。

3. 梯板厚度应按计算确定，且不宜小于 140。梯板采用双层配筋。

4. 梯板两侧设置边缘构件（暗梁），边缘构件的宽度取 1.5 倍板厚。边缘构件纵筋数量，当抗震等级为一、二级时不少于 6 根，当抗震等级为三、四级时不少于 4 根。纵筋直径不小于直径 12 且不小于梯板纵向受力钢筋的直径。箍筋直径不小于 6，间距不大于 200。平台板按双层双向配筋。

5. ATc 型楼梯作为斜撑构件，钢筋均采用符合抗震性能要求的热轧钢筋，钢筋的抗拉强度实测值与屈服强度实测值的比值不应小于 1.25。钢筋的屈服强度实测值与屈服强度标准值的比值不应大于 1.3，且钢筋在最大拉力下的总伸长率实测值不应小于 9%。

2.2.7 BTb 型板式楼梯具备以下特征：

1. BTb 型为带滑动支座的板式楼梯。梯板为踏步段和低端平板构成，其支承方式为梯板高端支承在梯梁上，梯板低端带滑动支座支承在挑板上。

2. BTb 型梯板采用双层双向配筋。

2.2.8 CTa、CTb 型板式楼梯具备以下特征：

CTa、CTb 型为带滑动支座的板式楼梯，梯板由踏步段和高端平板构成，其支承方式为梯板高端均支承在梯梁上。CTa 型梯板低端带滑动支座支承在梯梁上，CTb 型梯板低端带滑动支座支承在挑板上。

CTa、CTb 型梯板采用双层双向配筋。

2.2.9 DTb 型板式楼梯具备以下特征：

1. DTb 型为带滑动支座的板式楼梯。梯板为低端平板、踏步段和高端平板构成，其支承方式为梯板高端平板支承在梯梁上，梯板低端滑动支座支承在挑板上。

2. DTb 型梯板采用双层双向配筋。

2.2.10 梯梁支承在梯柱上时，其构造应符合《混凝土结构施工图平面整体表示方法

制图规则和构造详图（现浇混凝土框架、剪力墙、梁、板）》22G101-1 中框架梁 KL 的构造做法，箍筋宜全长加密。

2.2.11 建筑专业地面、楼层平台板和层间平台板的建筑面层厚度经常与楼梯踏步面层厚度不同，为使建筑面层做好的楼梯踏步等高，各型号楼梯踏步板的第一级踏步高度和最后一级踏步需要相应增加或减少，应在图中注明。若设计未注明，其取值方法详见本图集第 2-39 页。

2.3 平面注写方式

2.3.1 平面注写方式，系在楼梯平面布置图上注写截面尺寸和配筋具体数值的方式来表达楼梯施工图。包括集中标注和外围标注。

2.3.2 楼梯集中标注的内容有五项，具体规定如下。

1. 梯板类型代号与序号，如 AT××。

2. 梯板厚度，注写为 h＝×××。当为带平板的梯板且梯段板厚度和平板厚度不同时，可在梯段板厚度后面括号内以字母 P 打头注写平板厚度。

【例】h＝130（P150），130 表示梯段板厚度，150 表示梯板平板的厚度。

3. 踏步段总高度和踏步级数，之间以“/”分隔。

4. 梯板支座上部纵筋、下部纵筋，之间以“;”分隔。

5. 梯板分布筋，以 F 打头注写分布钢筋具体值，该项也可在图中统一说明。

【例】平面图中梯板类型及配筋的完整标注示例如下（AT 型）：

AT1，A＝120 梯板类型及编号，梯板厚

1800/12 踏步段总高度/踏步级数

Φ10@200；Φ12@150 上部纵筋；下部纵筋

FΦ8@250 梯板分布筋（可统一说明）

41教学视频（下）

6. 对于 ATc 型楼梯尚应注明梯板两侧边缘构件纵向钢筋及箍筋。

2.3.3 楼梯外围标注的内容，包括楼梯间的平面尺寸、楼层结构标高、层间结构标高、楼梯的上下方向、梯板的平面几何尺寸、平台板配筋、梯梁及梯柱配筋等。

【实践操作】

1. 教师演示

（1）读图顺序先建施后结施。

（2）结构施工图的读图顺序：

在读结施-16 之前应该先读封皮、目录、混凝土结构设计说明，特别是混凝土结构设计说明。

（3）读结施-16 楼梯平面布置图具体如表 E-1 所示。

现浇楼梯施工图识读 **表 E-1**

步骤	操作及说明	标准与指导	备注
（1）读图名、比例、注释	－0.080～2.180 标高平面布置图、1∶50	要求查找迅速、准确； 注释只找标高、尺寸、材料等关键信息，多于三点用速读法浏览即可，后面用到哪条看哪条	注释无可用信息

续表

步骤	操作及说明	标准与指导	备注
(2)读总长、总宽、轴线	总长 9600，总宽 6900。纵向轴线 G-M，横向轴线 9-10	要求查找迅速、准确	
(3)读构件的尺寸和配筋	现浇楼梯中构件有 TZ、TL-1、DL-1、PTB-1、AT01。 AT01 型楼段，梯板厚 130，踏步总高度为 2260，共 14 级踏步，上部纵筋为三级钢筋，直径为 12mm，间距为 200mm，下部纵筋为三级钢筋，直径为 12mm，间距为 150mm，梯板分布筋为一级钢筋，直径为 8mm，间距为 250mm	根据现浇楼梯构造知，构件主要为 AT01； TZ 识读同 KZ； TL-1、DL-1 识读同 KL； PTB-1 识读同板	
(4)从左到右、从下到上读构件名称、细部尺寸、特殊部位	可以发现在本页图中还有 TZ1 及 DL-1 的断面图		
(5)从施工角度说明楼梯平面图涉及哪些工种？如何计算各自的工程量？	例如：混凝土体积如何计算？ 每一阶踏步为三棱柱，体积$=1/2\times300\times161\times4200\times14+130\times3900\times4200=3.549(m^3)$		

2. 学生实施

依据教师所给任务进行现浇楼梯施工图识读。

3. 验收与评价

教师根据学生识读图纸完成情况进行打分与点评。

职业能力 E-1-2 能进行现浇楼梯钢筋进场验收

【学习目标】

(1) 能进行现浇楼梯钢筋进场资料与外观验收。

(2) 能进行现浇楼梯钢筋进场复试的抽样工作。

01钢筋进场验收基础知识

【基础知识】

现浇楼梯钢筋进场验收与独立基础钢筋进场验收基础知识内容相同，如有需要请扫描二维码查看。

02钢筋进场验收实践操作

【实践操作】

现浇楼梯钢筋进场验收与独立基础钢筋进场验收实践操作内容相同，如有需要请扫描二维码查看。

职业能力 E-1-3 能进行现浇楼梯钢筋下料

42教学视频

【学习目标】

(1) 掌握现浇楼梯钢筋下料的方法。

（2）能进行现浇楼梯钢筋下料。

【基础知识】

现浇楼梯钢筋下料与独立基础钢筋下料基础知识内容相同，如有需要请扫描二维码查看。

03钢筋下料基础知识

【实践操作】

1. 教师演示

（1）现浇楼梯钢筋下料长度计算

现浇楼梯钢筋下料长度计算见表 E-2。

现浇楼梯钢筋下料长度计算  表 E-2

步骤	操作及说明	标准与指导	备注
(1)计算受拉钢筋锚固长度 la	查阅结施-01 混凝土结构设计说明知，楼梯混凝土强度 C30，抗震等级三级。 查阅结施-16 知，2 号楼梯梯板上部纵筋为ф12。梯板厚度 h=130，楼梯保护层厚度为 20	查阅结施-01 知，受拉钢筋抗震锚固长度 l_{ab}=35d=35×12=420mm	
(2)计算梯板上部纵向钢筋长度	梯板上部纵向钢筋长度=15d+0.35l_{ab}+975×4507÷3900+130−15=15×12+0.35×420+1126.75+130−15=1569(mm)	梯板净跨度 L_n=3900，l_n/4=975，梯板上部纵向钢筋长度=弯钩长度 15d+锚固长度平直段 0.35l_{ab}+l_n/4 对应斜长+90°弯钩长度 4507=$\sqrt{2260^2+3390^2}$，975/x=3900/4507	长度只是将各段相加，不是下料长度
(3)计算梯板下部纵向钢筋长度	梯板下部纵向钢筋长度=(3900+2×150)×4507÷3900=4854(mm)	梯板下部纵向钢筋锚入支座长度至少伸过梯梁中线，梯板下部纵向钢筋水平投影长度=梯板净跨度 l_n+2×梯板下部纵向钢筋在梯梁内锚固长度，梯板下部纵向钢筋斜长度 x 满足，4200/x=3900/4507	长度只是将各段相加，不是下料长度
(4)计算梯板分布筋的长度	梯板分布筋的长度=2100+2100−2×15=4170(mm)	梯板分布筋的长度=梯板宽−2×保护层厚度	长度只是将各段相加，不是下料长度
(5)计算各钢筋的下料长度	梯板上部纵向钢筋下料长度=梯板上部纵向钢筋长度−90°弯折减少长度 2d−135°弯折减少长度 2.5d=1569−4.5×12=1515(mm)。 梯板上部纵向钢筋下料长度=4854(mm)(无弯折)。 梯板分布筋的下料长度=4100+2×6.25×8=4200(mm)	钢筋下料长度=钢筋直线长度−弯折减少长度，90°弯折减少长度=2d。135°弯折减少长度=2.5d。 一级钢筋末端要带 180°弯钩，其弯钩增加长度=6.25d	

（2）现浇楼梯钢筋根数计算

梯板上部纵向钢筋根数计算=2×［（梯板宽度−2×保护层厚度）/间距+1］=2×［（4200−2×15）/200+1=4170/200+1］=44（根）。

梯板下部纵向钢筋根数计算=（梯板宽度−2×保护层厚度）/间距+1=2×（4200−2×15）/150+1=4170/150+1=29（根）。

梯板分布筋的根数计算=（梯板长度−2×起步距离）/间距+1=（3900−2×50）/200+1=3800/200+1=20（根）。

（3）钢筋配料单编制

本工程项目现浇楼梯部分钢筋配料单见表 E-3。

本工程项目现浇楼梯部分钢筋配料单 表 E-3

构件名称	钢筋编号	简图	级别	直径（mm）	下料长度（mm）	单根根数（根）	合计根数（根）	质量（kg）
2号楼梯梯板（AT01，0.080～2.180标高段）	1 梯板上部纵向钢筋		三级	12	1515	44	44	59.23
	2 梯板下部纵向钢筋		三级	12	4854	29	29	125.07
	3 梯板分布筋		一级	8	4200	20	20	33.17

注：1. 2号楼梯详见图纸结施-16。
2. 梯板分布筋的下料长度=4100+2×6.25×8=4200（mm），共计 20 根。

2. 学生实施

依据教师所给任务进行现浇楼梯底板钢筋、插筋下料长度和插筋个数计算。

3. 验收与评价

教师根据学生计算完成情况进行打分与点评。

职业能力 E-1-4 能进行现浇楼梯钢筋加工

【学习目标】

（1）能规范操作钢筋加工机械进行现浇楼梯钢筋调直、除锈、切断、弯曲成型。

（2）了解钢筋冷拉、冷拔。

【基础知识】

楼梯钢筋加工与独立基础钢筋加工基础知识内容相同，如有需要请扫描二维码查看。

04钢筋加工基础知识

【实践操作】

1. 教师演示（技工演示）

钢筋调直程序见表 A-7，钢筋切断见表 A-8，钢筋弯曲见表 A-9。

批量切断钢筋：

在ф12钢筋上切取1号梯板上部纵向钢筋下料长度1515mm共计44根。

在ф12钢筋上切取2号梯板下部纵向钢筋下料长度4854mm共计29根。

在ф8钢筋上切取3号梯板分布筋的钢筋下料长度4200mm共计20根。

2. 技术交底

钢筋加工成品保护及管理：

（1）钢筋成品宜堆放在库房里，库房应防雨防水，地面保持干燥，并做好支垫。

（2）钢筋成品宜按工程名称、部位及钢筋编号、需用顺序堆放，防止先用的被压在下面，使用时因翻垛而造成钢筋变形。

17钢筋加工安全技术交底

3. 安全技术交底（扫描二维码查看）

4. 人员分工

1人练习钢筋调直、2人配合练习钢筋切断、2人练习钢筋弯曲，然后角色调换。

5. 实施准备

材料、机具、验收规范及工作页和考核表等的准备如图A-30所示。

6. 学生实施

依据教师所给任务进行现浇楼梯钢筋的调直、切断、弯曲。钢筋调直、除锈、切断实训见附表3，受力筋加工实训学生工作页见附表5。

20钢筋加工验收与评价

7. 验收与评价（扫描二维码查看）

【课后拓展】

【拓展】现浇楼梯钢筋加工施工现场安全管理

（1）机械运行中停电时，应立即切断电源。收工时应按顺序停机，拉闸并关好闸箱门，清理作业场所。电路故障必须由专业电工排除，严禁非电工接、拆、修电气设备。

（2）电动机械的电闸箱必须按规定安装漏电保护器，并应灵敏有效。

职业能力E-1-5　能进行现浇楼梯钢筋安装及验收

【学习目标】

（1）掌握钢筋安装工艺。

（2）能熟练进行现浇楼梯钢筋安装。

（3）能对钢筋安装进行质量验收。

【基础知识】

现浇楼梯钢筋安装及验收与框架柱钢筋安装及验收基础知识内容相同，如有需要请扫描二维码查看。

10钢筋安装及验收基础知识

【实践操作】

1. 教师演示

现浇楼梯钢筋安装及验收见表E-4。

现浇楼梯钢筋安装及验收　　表 E-4

步骤	操作及说明	标准与指导	备注
(1)弹梯板钢筋位置线	按设计的钢筋间距，直接在楼梯底模板上用粉笔定位，用墨斗弹放钢筋位置线。 弹出梯板下部纵筋位置线，从梯板宽度方向边线位置从左至右依次量取保护层厚度 15mm、钢筋间距 200mm，共 28 个，再量取保护层厚度 15mm 到梯板右边线（校核），同时从端部量取梯板下部纵筋长度 173mm，确定其沿梯板长方向的位置，$150/x=3900/4507$。 依次类推，弹出梯板上部纵筋位置线和梯板分布筋位置线	粉笔定点要小，并取中心点才能保证精确（也可用红芯木工笔）。 墨斗弹线要用力拉紧，对准粉笔定位点，并由第三人竖直弹线	
(2)布置梯板钢筋	按照弹线进行钢筋布置。依次摆放梯板下部纵筋、梯板上部纵筋、梯板分布筋		
(3)绑扎梯板钢筋	采用一面顺扣法将十字相交的交叉点全部扎牢，在相邻两个绑点应呈八字形		

2. 技术交底

(1) 为保证混凝土质量，在墙、板上要预留楼梯平台插筋，插筋应满足钢筋搭接接头相互错开的要求，在支完墙模后，还要在插筋位置预留 5cm 深、同板厚的平直凹槽，使浇筑完混凝土的平台板卧进槽内，避免在板边留施工缝，由钢筋单独承受剪切力。楼梯梁要按照预留洞口的要求预先留置出来。

(2) 在安装好的楼梯模板上划主筋及分布筋的位置线。

(3) 根据设计图纸中主筋、分布筋的方向，绑扎完楼梯梁后绑扎板筋，先绑扎主筋后绑扎分布筋，每个交点均应绑扎，板筋要锚固到楼梯梁内 l_{aE} 长度。

(4) 底板筋绑扎完，待踏步模板吊帮支好后，再绑扎上层钢筋。

3. 安全技术交底

(1) 塔式起重机吊运钢筋成型料时要由信号工统一指挥，吊料时下面严禁站人。

(2) 严禁钢筋靠近高压线路，钢筋与电源线路应保持安全距离。

4. 人员分工

放线时，1 人执卷尺，2 人辅助定点，另外 2 人弹墨线，然后角色调换。安装钢筋时，2 人摆放钢筋，3 人执钢筋钩进行绑扎安装，然后角色调换。

5. 实施准备

材料、机具、施工和验收规范及工作页和考核表等的准备如图 A-42 所示。

6. 学生实施

依据教师所给任务单进行现浇楼梯钢筋安装及验收。楼梯钢筋安装实训学生工作页见附表 23。

7. 验收与评价

(1) 主控项目验收

首先检查钢筋的品种、级别、规格、数量、纵向受力钢筋的锚固方式和锚固长度等是否符合设计要求。

检查数量：全数检查。

检验方法：观察，尺量检查。

（2）一般项目验收

检查钢筋安装允许偏差和检验方法，见表 A-16。

（3）组内评价、小组互评、教师点评

楼梯钢筋安装实训验收考核表见附表 24。出现不符合规范要求应及时分析原因并进行整改，必要时课后对关键环节和技能点进行强化练习。

【课后拓展】

【拓展】现浇楼梯钢筋安装施工现场安全管理

（1）施工现场的各种安全防护设施、安全标志等，未经安全员批准严禁随意拆除和挪动。

（2）绑扎和安装楼梯钢筋，不得将工具、箍筋或短钢筋随意放在脚手架或模板上。

（3）吊运楼梯钢筋时，下方严禁站人。楼面上接应人员必须待钢筋降落至离楼、地面 1m 以内方准靠近，就位支撑好，方可摘钩。

工作任务 E-2　现浇楼梯模板安装与拆除

工作任务描述

进行现浇楼梯模板施工。

工作任务分解

（1）职业能力 E-2-1 能进行现浇楼梯模板加工。

（2）职业能力 E-2-2 能进行现浇楼梯模板安装。

（3）职业能力 E-2-3 能进行现浇楼梯模板拆除。

工作任务实施

职业能力 E-2-1　能进行现浇楼梯模板加工

43教学视频

【学习目标】

（1）掌握模板施工用量计算方法。

（2）能进行现浇楼梯模板加工。

【基础知识】

现浇楼梯模板加工与独立基础模板加工基础知识内容相同，如有需要请扫描二维码查看。

06模板加工基础知识

【实践操作】

1. 教师演示

现浇楼梯模板加工与制作见表 E-5。

现浇楼梯模板加工与制作　　表 E-5

步骤	操作及说明	标准与指导	备注
(1)计算模板的尺寸	查阅结施-16 知，2 号楼梯 AT01 段的梯板宽 4200mm，踏步水平投影长度 ln=3900 对应斜长为 4507mm。 则 2 号楼梯 AT01 段的底模板尺寸为 4200×4507，选用 40×60 的方木，12mm 厚胶合板模板。 则 2 号楼梯 AT01 段的两块侧拼板形状为平行四边形，斜长=4507mm，高=161+148+12=321(mm)。 则一阶现浇楼梯模板用量=4200×4507+2×3900×321=21.43(m^2)	尺寸符合基础平法要求。 依据此法依次计算出所有现浇楼梯模板用量	楼梯踏步高 2260/14=161(mm)，楼梯踏步踏面宽=300mm。 梯板厚度=130mm，对应斜长 148mm
(2)制作每阶模板	1220×2440 的整张模板拼接形成底模板尺寸为 4200×4507。 在模板背面加 40×60 的方木，并用斜钉将各小块模板进行连接和固定，形成四块侧拼板	尺量应精确，量线要平直	

2. 安全技术交底（扫描二维码查看）

13模板加工安全技术交底

3. 人员分工

采用角色扮演，2 人放线，2 人裁切模板，1 人钉模板，然后进行角色调换。

4. 学生实施

依据教师所给任务单进行现浇楼梯模板施工用量计算及模板加工与制作，模板加工实训学生工作页见附表 27。

5. 验收与评价

进行组内评价、小组互评、教师点评。模板加工实训验收考核表见附表 28。出现不符合规范要求应及时分析原因并进行整改，必要时课后对关键环节和技能点进行强化练习。

【课后拓展】

【拓展】现浇楼梯模板加工施工现场安全管理

（1）电锯、电刨等要做到一机一闸一漏一箱，严禁使用一机多用机具。

（2）作业后必须断开闸刀，将箱门锁好。

职业能力 E-2-2　能进行现浇楼梯模板安装

【学习目标】

（1）掌握现浇楼梯模板安装施工工艺。

（2）能进行现浇楼梯模板安装。

（3）能进行现浇楼梯模板安装验收。

【基础知识】

现浇楼梯模板安装与独立基础模板安装基础知识内容相同，如有需要请扫描二维码查看。

【实践操作】

1. 教师演示

现浇楼梯模板安装见表 E-6。

现浇楼梯模板安装 **表 E-6**

步骤	操作及说明	标准与指导	备注
(1)放线	弹出梯板长度和宽度的边线，用线坠线测竖直定位线。 从－0.080m 竖直向下量一个梯板竖直厚度148mm 即为 A 点，从 2.180m 竖直向下量一个踏步高 161mm 和一个梯板竖直厚度 148mm 即为 B 点，AB 连线即为梯板底模板顶面位置(直接量 160mm 即为梯板底模板底面标高位置 A 点：－0.080－0.16＝－0.24(m)，B 点：2.180－0.161－0.16＝1.859(m)	弹线需准确	
(2)支楼梯模板并固定	先根据放线及标高搭设楼梯模板支撑→吊运并固定楼梯底模板→钉子固定连接两块楼梯侧拼板→找正校直	模板位置、标高必须安装准确、固定牢固	
(3)弹每阶踏步线并钉踏步侧模板	将梯段侧拼板沿斜长 14 等分，每等分＝4507/14＝322(mm)，确定每个等分点，沿每个等分点做竖直线和水平线确定每阶踏步位置，在每个竖直线位置钉踏步侧模板	模板位置、标高必须安装准确、固定牢固	踏步侧拼板尺寸为161×4200

2. 技术交底

（1）楼梯模板拼装接缝需平整严密，以防止漏浆。楼梯模板拼装前必须清理干净并涂刷隔离剂。

（2）封闭式模板在楼梯梯段中间部位预留孔洞，方便振捣混凝土，避免气泡存积。

（3）楼梯模板定位固定方木不得少于两排，见图 E-1。

图 E-1 楼梯模板

3. 安全技术交底（扫描二维码查看）

14模板安装安全技术交底

4. 人员分工

采用角色扮演，2 人加工模板，3 人安装模板，进行组内角色扮演。

5. 实施准备

材料、机具、施工和验收规范及工作页和考核表等的准备如图 A-53 所示。

6. 学生实施

依据教师所给任务单进行现浇楼梯模板安装，楼梯模板安装实训学生工作页见附表 37。

7. 验收与评价

（1）主控项目验收

模板及支架材料的技术指标（材质、规格、尺寸及力学性能）应符合国家现行有关标准和专项施工方案的规定。

（2）一般项目验收

模板工程验收的内容主要有：模板的标高、位置、尺寸、垂直度、平整度、接缝、支撑等；预埋件以及预留孔洞的位置和数量；模板内是否有垃圾和其他杂物。

1）模板安装质量应符合要求，详见 A-2-2【实践操作】中验收与评价的一般项目验收该部分内容。

2）检查脱模剂应符合要求，详见 A-2-2【实践操作】中验收与评价的一般项目验收该部分内容。

3）现浇结构模板安装的允许偏差及检验方法见表 B-9。

4）固定在模板上的预埋件、预留孔和预留洞不得遗漏，且应安装牢固，详见 A-2-2【实践操作】中验收与评价的一般项目验收该部分内容。

（3）进行组内评价、小组互评、教师点评

楼梯模板安装实训验收考核表见附表 38。出现不符合规范要求应及时分析原因并进行整改，必要时课后对关键环节和技能点进行强化练习。

【课后拓展】

【拓展】现浇楼梯模板安装施工现场安全管理

（1）模板立柱顶撑必须设牢固的拉杆，不得与门窗等不牢靠和临时物件相连接。模板安装过程中，不得间歇，柱头、搭头、立柱顶撑、拉杆等必须安装牢固成整体后，才允许作业人员离开。

（2）支设悬挑形式的楼梯底板模板时，应搭设支架，作业人员应有稳定的立足点。模板上有预留洞时，应在安装后将洞进行封闭。

职业能力 E-2-3　能进行现浇楼梯模板拆除

【学习目标】

（1）掌握现浇楼梯模板拆除方法与工艺。

（2）能进行现浇楼梯模板拆除。

07模板拆除基础知识

【基础知识】

现浇楼梯模板拆除与独立基础模板拆除基础知识内容相同，如有需要请扫描二维码查看。

【实践操作】

1. 教师演示

现浇楼梯模板拆除见表 E-7。

现浇楼梯模板拆除 　　　　**表 E-7**

步骤	操作及说明	标准与指导	备注
(1)查侧模板拆除时间	本工程现浇楼梯混凝土强度 C30≥C20，查表 A-22 侧模板的拆除时间为 1d(假设日平均气温为 20℃)，即混凝土浇筑完成 24h 后开始拆模	应用时，按照当地日平均气温进行查表	
(2)侧模板拆除	拆除现浇楼梯拉结→拆除现浇楼梯侧模板	先支的后拆，后支的先拆	
(3)底模板拆除	跨度 2000＜3900≤8000，混凝土实际强度达到混凝土设计强度的 75%才可拆模，按日平均气温 25℃，则需 21d 后才可以检测同条件养护的拆模试块强度，若达到混凝土设计强度的 75%由试验单位出具报告单报监理工程师同意后方可拆模	拆底模板必须做同条件养护的拆模试块达到规定强度，并征得监理工程师同意后才可拆除	

2. 技术交底（扫描二维码查看）

3. 安全技术交底（扫描二维码查看）

22模板拆除技术交底

4. 人员分工

2 人扶模板、3 人拆模板，然后进行角色调换。

5. 实施准备

材料、机具、施工和验收规范及工作页和考核表等的准备如图 A-56 所示。

18模板拆除安全技术交底

6. 学生实施

依据教师所给任务单进行现浇楼梯模板的拆除及现浇结构观感质量验收实训。模板拆除及现浇结构观感质量验收实训学生工作页见附表 41。

7. 验收与评价

进行组内评价、小组互评、教师点评。模板拆除及现浇结构观感质量验收实训验收考核表见附表 42。验收标准见表 A-25、A-26。出现不符合规范要求应及时分析原因并进行整改，必要时课后对关键环节和技能点进行强化练习。

【课后拓展】

【拓展】 现浇楼梯模板拆除施工现场安全管理

（1）施工现场严禁吸烟。登高作业必须系好安全带，高挂低用。

（2）拆除电梯井及大型孔洞模板时，下层必须采取支搭安全网等可靠防坠落措施。

（3）拆除的模板支撑等材料，必须边拆、边清、边运、边码垛。楼层高处拆下的材料，严禁向下抛掷。

（4）高处、复杂结构模板的装拆，事先应有可靠的职业健康安全措施。拆模时，临时脚手架必须牢固，不得用拆下的模板作脚手架。

（5）模板所用的脱模剂在施工现场不得乱扔，以免影响环境质量。

工作任务 E-3　现浇楼梯混凝土施工

工作任务描述

进行现浇楼梯混凝土施工。

工作任务分解

（1）职业能力 E-3-1 能进行自拌混凝土施工配料计算。

（2）职业能力 E-3-2 能根据工程实际做好混凝土施工准备。

（3）职业能力 E-3-3 能进行现浇楼梯混凝土浇筑及养护。

工作任务实施

职业能力 E-3-1　能进行自拌混凝土施工配料计算

【学习目标】

（1）能根据施工图纸估算现浇楼梯混凝土施工用量。

（2）能进行自拌混凝土施工配料计算。

【基础知识】

现浇楼梯自拌混凝土施工配料计算与独立基础自拌混凝土施工配料计算基础知识内容相同，如有需要请扫描二维码查看。

11混凝土施工配料计算基础知识

【实践操作】

1. 教师演示

自拌混凝土施工配料计算见表 A-28。

2. 学生实施

依据教师所给任务单进行现浇楼梯自拌混凝土施工配料计算。

3. 验收与评价

组内评价、小组互评、教师点评。

职业能力 E-3-2　能根据工程实际做好混凝土施工准备

【学习目标】

（1）掌握泵送混凝土的特点及施工要点。

（2）能熟练进行混凝土的现场搅拌。

【基础知识】

现浇楼梯混凝土施工准备与独立基础混凝土施工准备基础知识内容相同，如有需要请扫描二维码查看。

08混凝土施工准备基础知识

【实践操作】

1. 教师演示

采用预拌水泥砂浆法进行混凝土配料见表 A-29。

2. 技术交底（扫描二维码查看）

21混凝土施工准备技术交底

3. 安全技术交底（扫描二维码查看）

4. 人员分工

3 人装料，2 人出料。

16混凝土施工准备安全技术交底

5. 学生实施

分组采用预拌水泥净浆法进行混凝土配料。

6. 验收与评价

组内评价、小组互评、教师点评。

职业能力 E-3-3　能进行现浇楼梯混凝土浇筑及养护

【学习目标】

（1）掌握现浇楼梯混凝土浇筑及养护工艺。

（2）能熟练进行现浇楼梯混凝土的浇筑及养护。

（3）能对现浇楼梯混凝土的浇筑及养护进行质量验收。

【基础知识】

现浇楼梯混凝土浇筑及养护与独立基础混凝土浇筑及养护基础知识内容相同，如有需要请扫描二维码查看。

09混凝土浇筑及养护基础知识

【实践操作】

1. 教师演示

现浇楼梯混凝土浇筑及养护见表 E-8。

现浇楼梯混凝土浇筑及养护　　表 E-8

步骤	操作及说明	标准与指导	备注
(1)混凝土地面水平运输	采用双轮手推车进行运输	混凝土运输过程中要保持良好的均匀性和规定的坍落度	
(2)进行 2 号现浇楼梯混凝土浇筑	布料、摊平、捣实和抹面修整	混凝土要振捣密实	
(3)对 2 号现浇楼梯进行养护	对 2 号现浇楼梯进行麻袋覆盖洒水养护	浇筑混凝土完成后 12h 内即可间断洒水养护，使混凝土保持湿润	

2. 技术交底（扫描二维码查看）

19混凝土浇筑及养护技术交底

3. 安全技术交底

（1）混凝土振动器作业转移时，电动机的导线应保持有足够的长度和松度。严禁用电源线拖拉振动器。

（2）混凝土振动器作业后，必须做好清洗、保养工作，振动器要放在干燥处。

4. 人员分工

2人进行混凝土运输，2人布料和摊平，2人振捣，并进行角色调换。随后6人共同进行抹面修整。6人共同进行养护。

5. 实施准备

材料、机具、验收规范及工作页和考核表等的准备如图A-74所示。

6. 学生实施

依据教师任务单进行现浇楼梯混凝土浇筑及养护，混凝土浇筑及养护实训学生工作页见附表43。

7. 验收与评价

进行组内评价、小组互评、教师点评。混凝土浇筑及养护实训验收考核表见附表44。出现不符合规范要求应及时分析原因并进行整改，必要时课后对关键环节和技能点进行强化练习。

【课后拓展】

【拓展1】钢管混凝土结构浇筑

（1）宜采用自密实混凝土浇筑。

（2）混凝土应采取减少收缩的技术措施。

（3）钢管截面较小时，应在钢管壁适当位置留有足够的排气孔，排气孔孔径不应小于20mm。浇筑混凝土应加强排气孔观察，并应确认浆体流出和浇筑密实后再封堵排气孔。

（4）当采用粗骨料粒径不大于25mm的高流态混凝土或粗骨料粒径不大于20mm的自密实混凝土时，混凝土最大倾落高度不宜大于9m。倾落高度大于9m时，宜采用串筒、溜槽、溜管等辅助装置进行浇筑。

【拓展2】现浇楼梯混凝土浇筑及养护施工现场安全管理

（1）浇筑楼梯混凝土应搭设操作平台，铺满绑牢跳板，严禁直接站在模板或钢筋上操作，楼梯临空边要做好安全防护。

（2）使用输送泵输送混凝土时，应由2名以上人员牵引布料杆。管道接头、安全阀、管架等必须安装牢固，输送前应试送，检修时必须卸压。

（3）泵车布料杆工作时，四支腿底板必须固定，臂架下方不准站人并做好布料杆防倾倒措施。布料时工作人员应看得见工作范围。软管长度不得超过3m（带软管工作时，必须用5块280kg的配重）。

（4）经常检查布料杆弯头、软管接头等处是否牢固，以免脱落。管端附近不许站人，以防混凝土残渣伤人。不得随意调整液压系统压力，不许吸空和无料泵送。

（5）施工人员要严格遵守操作规程，振捣设备安全可靠。

（6）用塔式起重机、料斗吊运混凝土时，要与信号工密切配合，缓慢升降，防止料斗碰撞伤人。

（7）覆盖物养护材料使用完毕后，必须及时清理并存放到指定地点，码放整齐。

F 剪力墙施工

工作任务描述

进行本工程项目的钢筋混凝土剪力墙施工。

工作任务分解

1. 钢筋混凝土剪力墙整体工艺流程

放线→剪力墙钢筋安装→剪力墙模板及支撑安装→剪力墙混凝土施工→剪力墙模板及支撑拆除。

2. 钢筋混凝土剪力墙施工可分解

(1) 工作任务 F-1 剪力墙钢筋施工。

(2) 工作任务 F-2 剪力墙模板安装与拆除。

(3) 工作任务 F-3 剪力墙混凝土施工。

工作任务实施

工作任务 F-1 剪力墙钢筋施工

工作任务描述

进行剪力墙钢筋施工。

工作任务分解

(1) 职业能力 F-1-1 能识读剪力墙施工图。

(2) 职业能力 F-1-2 能进行剪力墙钢筋进场验收。

(3) 职业能力 F-1-3 能进行剪力墙钢筋下料。

(4) 职业能力 F-1-4 能进行剪力墙钢筋加工。

(5) 职业能力 F-1-5 能进行剪力墙钢筋连接及验收。

(6) 职业能力 F-1-6 能进行剪力墙钢筋安装及验收。

工作任务实施

职业能力 F-1-1 能识读剪力墙施工图

【学习目标】

（1）掌握《混凝土结构施工图平面整体表示方法制图规则和构造详图（现浇混凝土框架、剪力墙、梁、板）》22G101-1 剪力墙平法施工图制图规则。

（2）能识读剪力墙施工图。

【基础知识】

《混凝土结构施工图平面整体表示方法制图规则和构造详图（现浇混凝土框架、剪力墙、梁、板）》22G101-1 剪力墙平法施工图制图规则原文重点摘录：

3.1 剪力墙平法施工图的表示方法

3.1.1 剪力墙平法施工图系在剪力墙平面布置图上采用列表注写方式或截面注写方式表达。

3.2 列表注定方式

3.2.1 为表达清楚、简便，剪力墙可视为剪力墙柱、剪力墙身和剪力墙梁三类构件构成。

列表注定方式，系分别在剪力墙柱表、剪力墙身表和剪力墙梁表中，对应于剪力墙平面布置图上的编号，用绘制截面配筋图并注写几何尺寸与配筋具体数值的方式，来表达剪力墙平法施工图。

3.2.2 编号规定：将剪力墙按剪力墙柱、剪力墙身、剪力墙梁（简称为墙柱、墙身、墙梁）三类构件分别编号。

1. 墙柱编号，由墙柱类型代号和序号组成。

YBZ——约束边缘构件　　GBZ——构造边缘构件

AZ——非边缘暗柱　　FBZ——扶壁柱

约束边缘构件包括约束边缘暗柱、约束边缘端柱、约束边缘翼墙、约束边缘转角墙四种（图 3.2.2-1）。

构造边缘构件包括构造边缘暗柱、构造边缘端柱、构造边缘翼墙、构造边缘转角墙四种（图 3.2.2-2）。

2. 墙身编号，由墙身代号、序号以及墙身所配置的水平与竖向分布钢筋的排数组成，其中排数注写在括号内。表达形式为：

Q××（××排）

注：1. 在编号中：如若干墙柱的截面尺寸与配筋均相同，仅截面与轴线的关系不同时，可将其编为同一墙柱号。又如若干墙身的厚度尺寸和配筋均相同，仅墙厚与轴线的关系不同或墙身长度不同时，也可将其编为同一墙身号，但应在图中注明与轴线的几何关系。

2. 当墙身所设置的水平与竖向分布钢筋的排数为 2 时可不注。

3. 墙梁编号，由墙梁类型代号和序号组成，表达形式应符合表 3.2.2-2 的规定。

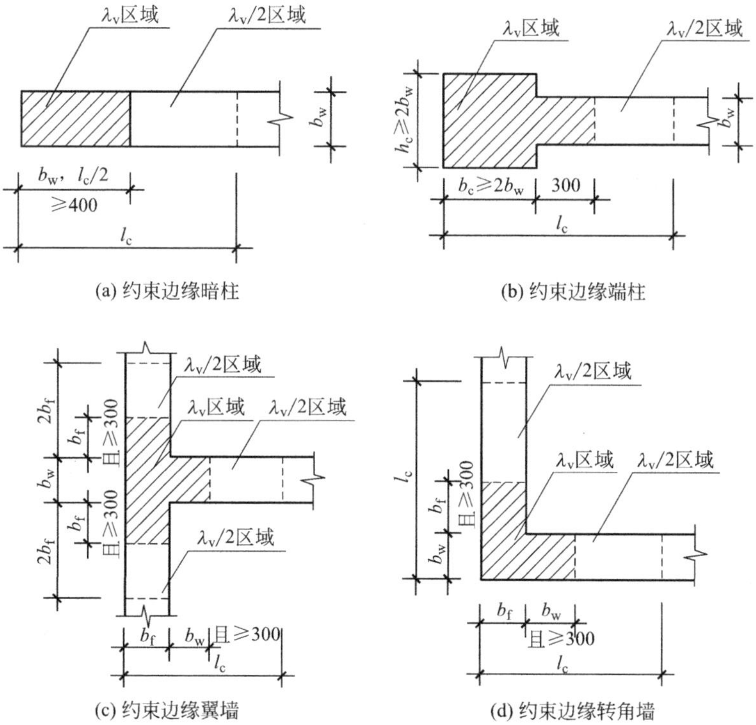

(a) 约束边缘暗柱　　(b) 约束边缘端柱

(c) 约束边缘翼墙　　(d) 约束边缘转角墙

图 3.2.2-1　约束边缘构件

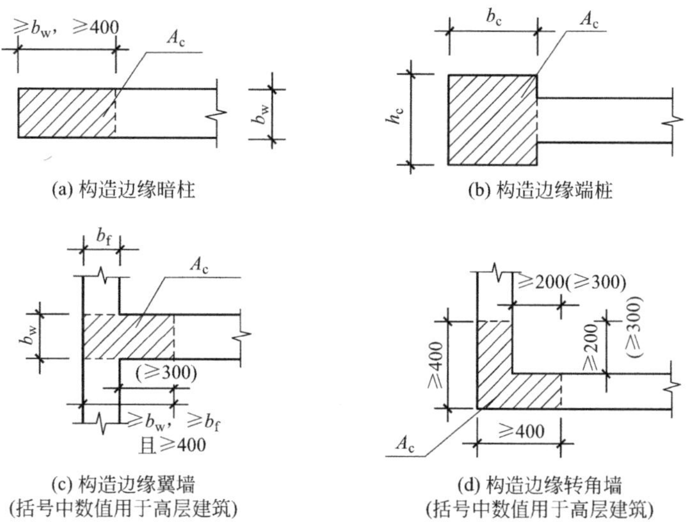

(a) 构造边缘暗柱　　(b) 构造边缘端桩

(c) 构造边缘翼墙（括号中数值用于高层建筑）　　(d) 构造边缘转角墙（括号中数值用于高层建筑）

图 3.2.2-2　构造边缘构件

表 3.2.2-2　墙梁编号

墙梁类型	代号	序号
连梁	LL	××
连梁（对角暗撑配筋）	LL(JC)	××

续表

墙梁类型	代号	序号
连梁(交叉斜筋配筋)	LL(JX)	××
连梁(集中对角斜筋配筋)	LL(DX)	××
暗梁	AL	××
边框梁	BKL	××

3.2.3 在剪力墙柱表中表达的内容，规定如下：

1. 注写墙柱编号，绘制该墙柱的截面配筋图，标注墙柱几何尺寸。

2. 注写各段墙柱起止标高，自墙柱根部往上以变截面位置或截面未变但配筋改变处为界分段注写。

3. 注写各段墙柱的纵向钢筋和箍筋，纵向钢筋注总配筋值。墙柱箍筋的注写方式与柱箍筋相同。

3.2.4 在剪力墙身表中表达的内容，规定如下：

1. 注写墙身编号（含水平与竖向分布钢筋的排数）。

2. 注写各段墙身起止标高，自墙身根部往上以变截面位置或截面未变但配筋改变处为界分段注写。墙身根部标高一般指基础顶面标高。

3. 注写水平分布钢筋、竖向分布钢筋和拉结筋的具体数值。注写数值为一排水平分布钢筋和竖向分布钢筋的规格与间距，具体设置几排已经在墙身编号后面表达。

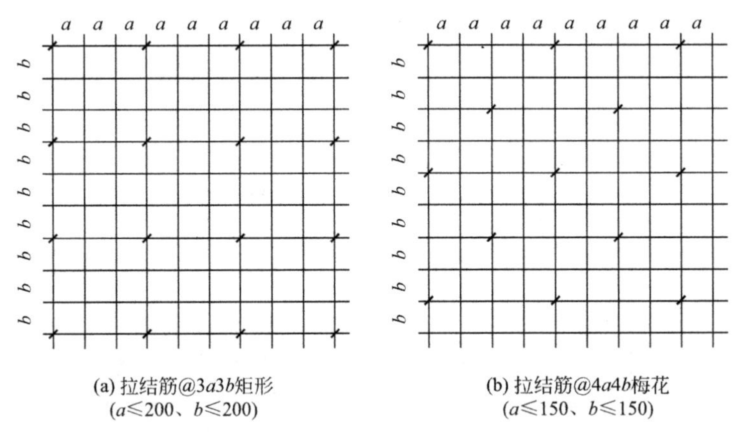

(a) 拉结筋@3a3b矩形
(a≤200、b≤200)

(b) 拉结筋@4a4b梅花
(a≤150、b≤150)

图 3.2.4 拉结筋设置示意

拉结筋应注明布置方式“矩形”或“梅花”布置，用于剪力墙分布钢筋的拉结，见图 3.2.4（图中 a 为竖向分布钢筋间距，b 为水平分布钢筋间距）。

3.2.5 在剪力墙梁表中表达的内容，规定如下：

1. 注写墙梁编号。

2. 注写墙梁所在楼层号。

3. 注写墙梁顶面标高高差，系指相对于墙梁所在结构层楼面标高的高差值。高于者为正值，低于者为负值，当无高差时不注。

4. 注写墙梁截面尺寸 $b \times h$，上部纵筋、下部纵筋和箍筋的具体数值。

【实践操作】

1. 教师演示

(1) 读图顺序先建施后结施。

(2) 结构施工图的读图顺序：

在读结施-04 之前应该先读封皮、目录、混凝土结构设计说明，特别是混凝土结构设计说明。

(3) 读结施-04 基础顶面～15.300 柱平法施工图（重点读 JLQ）具体如表 F-1 所示。

剪力墙施工图识读 **表 F-1**

步骤	操作及说明	标准与指导	备注
(1)读图名、比例、注释	基础顶面～15.300 柱平法施工图、1：100、注释	要求查找迅速、准确。 注释只找标高、尺寸、材料等关键信息，多于三点用速读法浏览即可，后面用到哪条看哪条	
(2)读总长、总宽、轴线	总长 45800，总宽 18100。 纵向轴线 A-M，横向轴线 1-13	要求查找迅速、准确	
(3)读构件的尺寸和配筋	主要构件框架柱(见项目 B)	要求读图迅速、准确	
(4)从左到右、从下到上读构件名称、细部尺寸、特殊部位	剪力墙构件只有 3 轴交 A-M 轴 JLQ。 查剪力墙身表，JLQ 为剪力墙(墙身水平筋两排)，墙厚 300mm，水平分布筋和垂直分布筋均为二级钢筋，直径为 12mm。 间距 200，拉筋为一级钢筋，直径为 6mm，间距 600mm		

2. 学生实施

依据教师所给任务进行剪力墙施工图识读。

3. 验收与评价

教师根据学生识读图纸完成情况进行打分与点评。

职业能力 F-1-2 能进行剪力墙钢筋进场验收

【学习目标】

(1) 能进行剪力墙钢筋进场资料与外观验收。

(2) 能进行剪力墙钢筋进场复试的抽样工作。

【基础知识】

剪力墙钢筋进场验收与独立基础钢筋进场验收基础知识内容相同，如有需要请扫描二维码查看。

01钢筋进场验收基础知识

【实践操作】

剪力墙钢筋进场验收与独立基础钢筋进场验收实践操作内容相同，如有需要请扫描二维码查看。

职业能力 F-1-3　能进行剪力墙钢筋下料

【学习目标】

（1）掌握剪力墙钢筋下料的方法。

（2）能进行剪力墙钢筋下料。

【基础知识】

剪力墙钢筋下料与独立基础钢筋下料基础知识内容相同，如有需要请扫描二维码查看。

【实践操作】

1. 教师演示

（1）剪力墙在基础中插筋长度计算

1）剪力墙在基础中插筋长度计算与基础保护层厚度、基础底面至基础顶面的高度有关，分为以下四种情况：

① 当插筋保护层厚度＞5d，且基础高度 h_j 满足直锚时，见图 F-1。

剪力墙插筋长度＝h_j－保护层厚度 c－基础双向底板钢筋直径＋max（6d，150）＋墙柱区机械连接或焊接取 500/搭接连接取 l_{lE}（墙身区机械连接或焊接取 500/搭接连接取 1.2l_{aE}）。

基础内箍筋间距≤500，且不少于两道矩形封闭箍筋（非复合箍）。

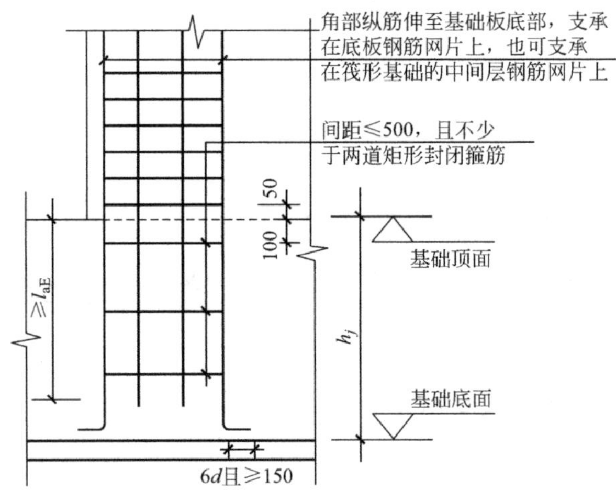

图 F-1　保护层厚度＞5d 且基础高度满足直锚

② 当插筋保护层厚度≤5d，且基础高度 h_j 满足直锚时，见图 F-2。

剪力墙插筋长度＝h_j－保护层厚度 c－基础双向底板钢筋直径＋max（6d，150）＋墙柱区机械连接或焊接取 500/搭接连接取 l_{lE}（墙身区机械连接或焊接取 500/搭接连接取

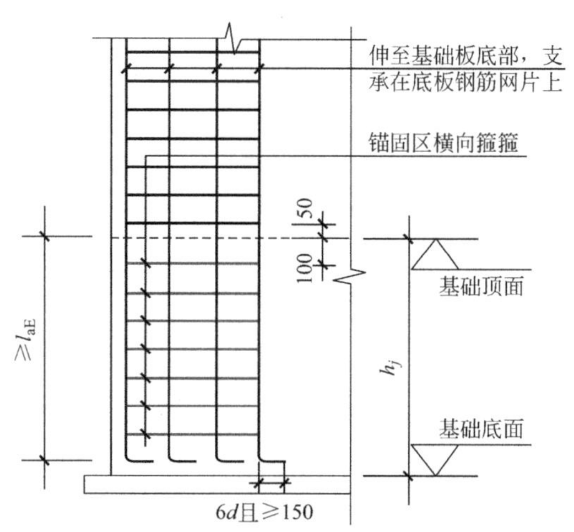

图 F-2 保护层厚度≤5d 且基础高度满足直锚

1.2l_{aE})。

基础内锚固区横向钢筋应满足直径≥d/4（d 为纵筋最大直径），间距≤10d（d 为纵筋最小直径）且≤100 的要求。

③ 当插筋保护层厚度>5d，且基础高度 h_j 不满足直锚时，见图 F-3。

剪力墙插筋长度=h_j－保护层厚度 c－基础双向底板钢筋直径＋15d＋墙柱区机械连接或焊接取 500/搭接连接取 l_{lE}（墙身区机械连接或焊接取 500/搭接连接取 1.2l_{aE}）。

基础内箍筋间距≤500，且不少于两道矩形封闭箍筋（非复合箍）。

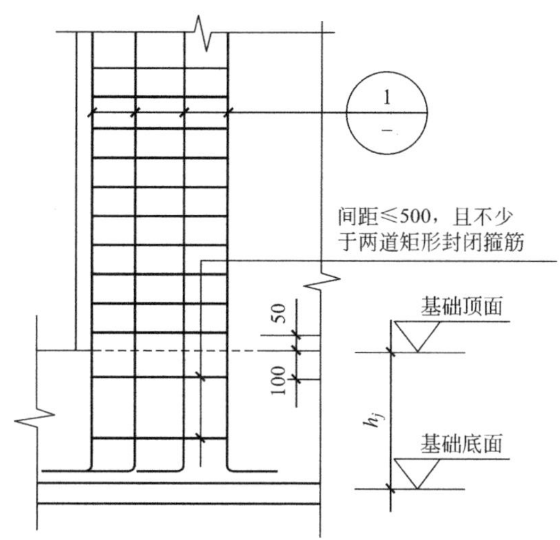

图 F-3 保护层厚度>5d 且基础高度不满足直锚

④ 当插筋保护层厚度≤5d，且基础高度 h_j 不满足直锚时，见图 F-4、图 F-5。

剪力墙插筋长度=h_j－保护层厚度 c－基础双向底板钢筋直径＋15d＋墙柱区机械连接或焊接取 500/搭接连接取 l_{lE}（墙身区机械连接或焊接取 500/搭接连接取 1.2l_{aE}）。

基础内锚固区横向钢筋应满足直径≥d/4（d 为纵筋最大直径），间距≤10d（d 为纵筋最小直径）且≤100 的要求。

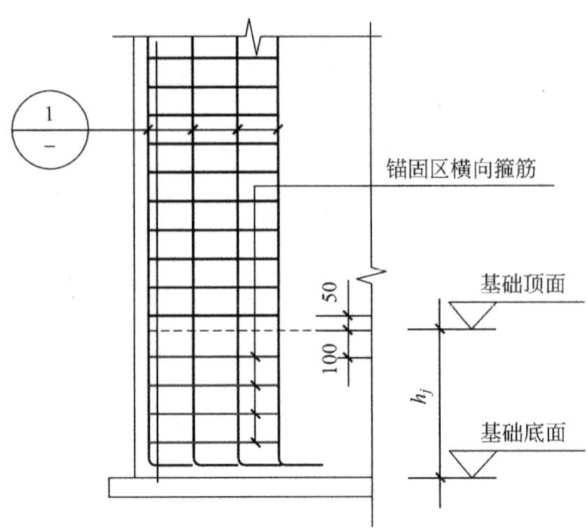

图 F-4　保护层厚度≤5d 且基础高度不满足直锚

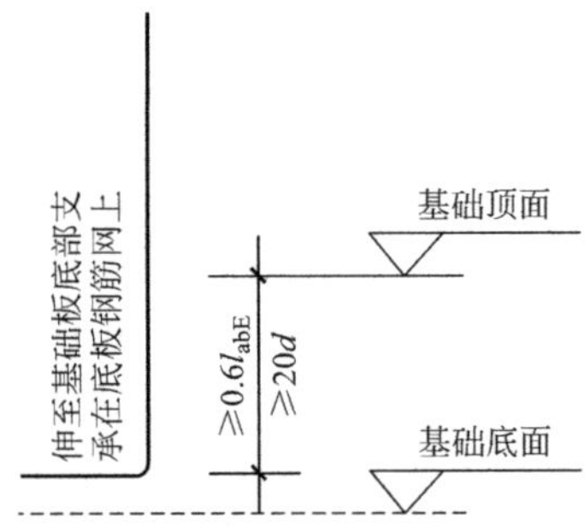

图 F-5　剪力墙纵筋在基础中构造（详见图集 22G101-3 第 65 页）

2）以 3 轴与 M 轴交点位置剪力墙为例进行计算

剪力墙在基础中插筋长度计算见表 F-2。

剪力墙在基础中插筋长度计算　　　　**表 F-2**

步骤	操作及说明	标准与指导	备注
(1)计算受拉钢筋抗震锚固长度 l_{aE}	查阅结施-01 混凝土结构设计说明知，基础混凝土强度 C30，抗震等级三级。 查阅结施-04 知，DJ_Z11 上方剪力墙分为墙柱区端柱 KZ-9 和墙身区 JLQ，墙柱区端柱 KZ-9 插筋为 12⏀16，墙身区 JLQ 插筋为二级钢筋，直径为 12@200。 查阅 22G101-3 第 59 页知，受拉钢筋抗震锚固长度 $l_{aE}=37d=37\times16=592$(mm)，基础双向底板钢筋直径查结施-04 知，$DJ_Z11$ 为⏀16@150 KZ-9　400　100　KZ-9 500×500 12⏀16 ⏀8@100/200 JLQ 100　400　100　400 400　100	查阅 22G101-3 第 59 页知，受拉钢筋抗震锚固长度 l_{aE} 需根据混凝土强度、抗震等级、钢筋级别、钢筋直径等信息查取	

续表

步骤	操作及说明	标准与指导	备注
(2)判断属于上述四种情况的哪一种	插筋保护层厚度=40<5d=80,且基础插筋竖直段长度=300+500−40−16−16=728(mm)>592(mm),基础高度 h_j 满足直锚,属于②情况,采用机械连接	当插筋保护层厚度≤5d,且基础高度 h_j 满足直锚时	
(3)计算剪力墙墙柱区插筋长度	剪力墙墙柱区端柱 KZ-9 插筋长度=h_j−保护层厚度 c−基础双向底板钢筋直径+max(6d,150)+墙柱区机械连接或焊接取 500/搭接连接取 l_{lE} =300+500−40−16−16+150+500 =1378(mm)(短插筋)。 长插筋=1378+560=1938(mm)	由于墙柱区钢筋为三级钢筋,直径为 16mm,应选用机械连接,依据 22G101-1 第 65 页机械连接接头间净距≥35d=35×16=560(mm)。 结合钢筋连接方式可以确定短插筋和长插筋的长度	柱插筋长度只是将各段相加,不是下料长度
(4)计算剪力墙墙身区插筋长度	剪力墙墙身区 JLQ 插筋长度=h_j−保护层厚度 c−基础双向底板钢筋直径+max(6d,150)+墙身区机械连接或焊接取 500/搭接连接取 1.2l_{aE} =300+500−40−16−16+150+500 =1378(mm)	由于墙身区钢筋为二级钢筋,直径为 12mm,应选用搭接连接,依据 22G101-1 第 65 页三级抗震剪力墙竖向分布钢筋可在同一部位搭接,即不错头连接,不区分短插筋和长插筋	
(5)计算插筋下料长度	剪力墙墙柱区端柱 KZ-9 短插筋下料长度=1378−2×16=1346(mm)。 剪力墙墙柱区端柱 KZ-9 长插筋下料长度=1938−2×16=1906(mm)。 剪力墙墙身区 JLQ 下料长度=1378−2×16=1346(mm)	插筋下料长度=插筋长度−弯折减少长度,90°弯折减少长度=2d	

(2) 剪力墙端柱在基础中箍筋个数计算

剪力墙端柱在基础中箍筋个数=(基础高度−基础保护层厚度−基础双向底板钢筋直径−100)/间距+1。

根据端柱在基础内锚固区横向钢筋应满足直径≥d/4(d 为纵筋最大直径),间距≤5d(d 为纵筋最小直径)且≤100 的要求,取箍筋为Φ8,间距为 80mm。

剪力墙端柱在基础中箍筋个数=(300+500−40−16−16−100)/80+1=9(根)。

剪力墙身在基础中锚固区横向钢筋根数=(基础高度−基础保护层厚度−基础双向底板钢筋直径−100)/间距+1。

根据基础内锚固区横向钢筋应满足直径≥d/4(d 为纵筋最大直径),间距≤10d(d 为纵筋最小直径)且≤100 的要求,插筋为二级钢筋,直径为 12mm,水平筋为二级钢筋,直径为 12mm,间距为 100mm。

剪力墙身 JLQ 在基础中锚固区横向钢筋根数=(300+500−40−16−16−100)/100+1=8(根)。

(3) 钢筋配料单编制

本工程项目剪力墙部分钢筋配料单见表 F-3。

本工程项目剪力墙部分钢筋配料单　　表 F-3

构件名称	钢筋编号	简图	级别	直径（mm）	下料长度（mm）	单根根数（根）	合计根数（根）	质量（kg）
剪力墙墙柱区	1 短插筋	——	三级	16	1346	6	6	12.76
	2 长插筋	——	三级	16	1906	6	6	18.06
	3 非复合箍	□	一级	8	1944	9	9	6.91
剪力墙墙身区 JLQ	1 插筋	——	二级	12	1346	5(2 排)	10	11.96
	2 横向钢筋	——	二级	12	1914	8(2 排)	16	27.21

注：1. 3 号非复合箍筋下料长度＝直段长度－弯折减少长度＋弯钩增加长度＝（边长－2×保护层厚度）×4－3×$2d$＋2×$12d$＝（500－2×25）×4＋18×8＝1944（mm）。

2. JLQ 1 号插筋个数计算＝［1200－400－100＋2×（15＋8＋16）］/200＋1＝5（根）

3. 横向钢筋长度计算＝1200＋100＋400－2×（8＋25＋16）－2×$2d$＋2×$15d$＝1914（mm），参考图 F-6［节选自《混凝土结构施工图平面整体表示方法制图规则和构造详图（现浇混凝土框架、剪力墙、梁、板）》22G101-1　第 76 页端柱转角墙（一）］。

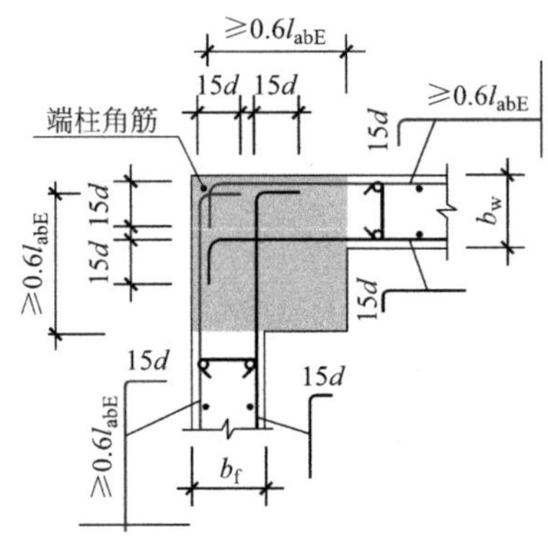

图 F-6　端柱转角墙（一）

2. 学生实施

依据教师所给任务进行剪力墙底板钢筋、插筋长度和插筋个数计算。

3. 验收与评价

教师根据学生计算完成情况进行打分与点评。

职业能力 F-1-4　能进行剪力墙钢筋加工

【学习目标】

（1）能规范操作钢筋加工机械进行剪力墙钢筋调直、除锈、切断、弯曲成型。

（2）了解钢筋冷拉、冷拔。

【基础知识】

04钢筋加工
基础知识

剪力墙钢筋加工与独立基础钢筋加工基础知识内容相同，如有需要请扫描二维码查看。

【实践操作】

1. 教师演示（技工演示）

钢筋调直程序见表 A-7，钢筋切断见表 A-8，钢筋弯曲见表 A-9。

批量切断钢筋：

（1）剪力墙墙柱区

在Φ16 钢筋上切取 1 号短插筋钢筋下料长度 1346mm 共 6 根，在Φ16 钢筋上切取剪力墙墙柱区 2 号长插筋钢筋下料长度 1906mm 共 6 根，在φ8 钢筋上切取剪力墙墙柱区 3 号非复合箍钢筋下料长度 1944mm 共 9 根。

（2）剪力墙墙身区

在Φ12 钢筋上切取剪力墙墙身 1 号插筋钢筋下料长度 1346mm 共 10 根，在Φ12 钢筋上切取剪力墙墙身 2 号横向钢筋下料长度 1914mm 共 16 根。

2. 技术交底

（1）拉筋末端应按设计要求做弯钩，并应符合下列规定：

1）拉筋用作剪力墙、楼板等构件中拉结筋时，两端弯钩可采用一端 135°另一端 90°，弯折后平直段长度不应小于拉筋直径的 5 倍。

2）拉筋弯折后平直段长度，对一般结构构件，拉筋弯钩的弯折后平直段长度不应小于箍筋直径的 5 倍。对有抗震设防要求或设计有专门要求的结构构件，拉筋弯钩的弯折后平直段长度不应小于拉筋直径的 10 倍和 75mm 两者之中的较大值。

（2）拉筋成型

本工程墙体拉筋的钢筋规格有φ6，拉筋成型时一端作成 90°弯钩，一端作成 135°弯钩，其弯钩的平直部分长度为 5 倍的钢筋直径。

17钢筋加工
安全技术交底

3. 安全技术交底（扫描二维码查看）

4. 人员分工

1 人练习钢筋调直、2 人配合练习钢筋切断、2 人练习钢筋弯曲，然后角色对调。

5. 实施准备

材料、机具、验收规范及工作页和考核表等的准备如图 A-30 所示。

6. 学生实施

依据教师所给任务进行剪力墙钢筋的调直、切断、弯曲。钢筋调直、除锈、切断实训见附表 3，受力筋加工实训学生工作页见附表 5。

20钢筋加工
验收与评价

7. 验收与评价（扫描二维码查看）

【课后拓展】

【拓展】剪力墙钢筋加工施工现场安全管理

（1）机械明齿轮、皮带轮等高速运转部分，必须安装防护罩或防护板。

（2）工作完毕后，应用工具将铁屑、钢筋头清除干净，严禁用手擦抹或嘴吹。切好的钢材、半成品必须按规格码放整齐。

职业能力 F-1-5　能进行剪力墙钢筋连接及验收

【学习目标】

（1）掌握钢筋搭接连接、搭接焊、直螺纹套筒连接工艺。

（2）能熟练进行剪力墙钢筋搭接连接。

（3）能对钢筋搭接连接、搭接焊、直螺纹套筒连接进行质量验收。

【基础知识】

剪力墙钢筋连接及验收与独立基础钢筋连接及验收基础知识内容相同，如有需要请扫描二维码查看。

剪力墙纵向钢筋连接构造：

《混凝土结构施工图平面整体表示方法制图规则和构造详图（现浇混凝土框架、剪力墙、梁、板）》22G101-1 剪力墙平法施工图制图规则原文重点摘录见图 F-7。

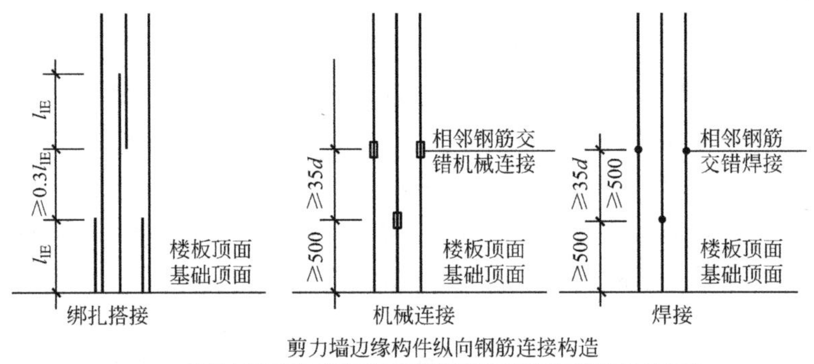

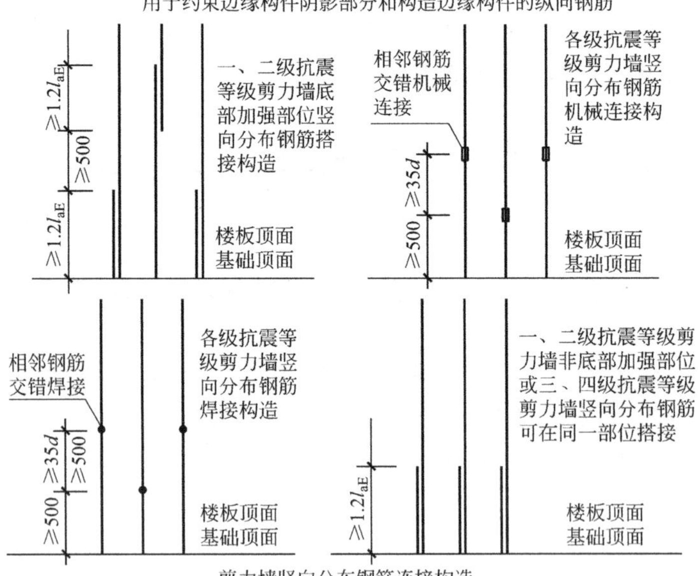

图 F-7　剪力墙竖向钢筋连接构造

【实践操作】

1. 教师演示

钢筋绑扎搭接连接及质量验收见表 F-4。

钢筋绑扎搭接连接及质量验收（剪力墙） 表 F-4

步骤	操作及说明	标准与指导	备注
(1)计算搭接长度	查 22G101-1 第 61 页纵向受拉钢筋搭接长度 l_1	查阅结施-01 混凝土结构设计说明知，剪力墙混凝土强度 C30，抗震等级三级。 查阅结施-04 知，JLQ 钢筋为二级钢筋，直径为 12mm，按照搭接钢筋面积百分率 25%，$l_1=35d=35\times12=420$(mm)	
(2)绑扎搭接连接	将两根需要接长钢筋搭接 420mm，用一面顺扣法进行绑扎搭接连接	要求搭接尺寸精确符合长度要求，绑扎要牢固	
(3)绑扎搭接连接质量验收	检查钢筋的绑扎搭接接头是否牢固，钢尺量搭接长度是否为 420mm	钢筋绑扎接头位置的要求以及钢筋位置的允许偏差应符合现行国家标准《混凝土结构工程施工质量验收规范》GB 50204 的规定	抗震等级三级，剪力墙竖向分布钢筋可在同一部位搭接，接头不用错开

2. 技术交底

（1）钢筋接头宜设置在受力较小处。有抗震设防要求的结构中，梁端、柱端箍筋加密区范围内不宜设置钢筋接头，且不应进行钢筋搭接。同一纵向受力钢筋不宜设置两个或两个以上接头。接头末端至钢筋弯起点的距离，不应小于钢筋直径的 10 倍。

（2）钢筋机械连接施工应符合下列规定：

1）加工钢筋接头的操作人员应经专业培训合格后上岗，钢筋接头的加工应经工艺检验合格后方可进行。

2）机械连接接头的混凝土保护层厚度宜符合现行国家标准《混凝土结构设计规范》GB 50010 中受力钢筋的混凝土保护层最小厚度的规定，且不得小于 15mm。接头之间的横向净间距不宜小于 25mm。

3）螺纹接头安装后应使用专用扭力扳手校核拧紧扭力矩。挤压接头压痕直径的波动范围应控制在允许波动范围内，并使用专用量规进行检验。

4）机械连接接头的适用范围、工艺要求、套筒材料及质量要求等应符合现行行业标准《钢筋机械连接技术规程》JGJ 107 的有关规定。

3. 人员分工

对于钢筋绑扎搭接连接及质量验收，由 4 人扮演工人，1 人扮演施工员进行质量验收，然后进行角色调换。

对于搭接焊及直螺纹套筒连接，工艺不需要学生掌握，只需要按照规范要求进行验收。

4. 实施准备

材料、机具、验收规范及工作页和考核表等的准备如图 A-39 所示。

5. 学生实施

依据教师所给任务单进行剪力墙钢筋绑扎搭接连接及质量验收。参照钢筋绑扎实训学生工作页附表 9 进行。

6. 验收与评价

组内评价、小组互评、教师点评参照钢筋绑扎实训验收考核表附表 10 进行。

【课后拓展】

【拓展】剪力墙钢筋焊接施工现场安全管理

（1）施焊地点潮湿，焊工应在干燥的绝缘板或胶垫上作业，配合人员应穿绝缘鞋或站在绝缘板上。应定期检查绝缘鞋的绝缘情况。

（2）在密封容器内施焊时，应采取通风措施。间歇作业时焊工应到外面休息。容器内照明电压不得超过 12V，焊工身体应用绝缘材料与焊件隔离。焊接时必须设专人监护，监护人应熟知焊接操作规程和抢救方法。

（3）对从事钢筋挤压连接和钢筋直螺纹连接施工的有关人员应培训、考核、持证上岗，并经常进行职业健康安全教育，防止发生人身和设备职业健康安全事故。

（4）在高处作业，必须遵守现行行业标准《建筑施工高处作业安全技术规范》JGJ 80 的规定。

职业能力 F-1-6　能进行剪力墙钢筋安装及验收

【学习目标】

（1）掌握钢筋安装工艺。

（2）能熟练进行剪力墙钢筋安装。

（3）能对钢筋安装进行质量验收。

【基础知识】

剪力墙钢筋安装及验收与独立基础钢筋安装及验收基础知识内容相同，如有需要请扫描二维码查看。

12钢筋安装及验收基础知识

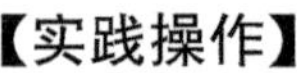

【实践操作】

1. 教师演示

剪力墙钢筋安装及验收见表 F-5。

2. 技术交底

（1）梯子筋制作

梯子筋主筋要比墙筋主筋直径大一规格，可以代替主筋绑扎，根据翻样尺寸焊接，梯子筋立筋之间的宽度和墙体立筋的宽度相同，上中下至少设 3 道墙体顶模筋，顶模筋长度小于墙厚 2mm，两端均分，端头用无齿锯切齐，顶模筋端头涂刷防锈漆（图 F-8）。

剪力墙钢筋安装及验收 表 F-5

步骤	操作及说明	标准与指导	备注
(1)弹底板钢筋位置线	先定出轴线，将小卷尺 500mm 对准竖向轴线上端向左量 200mm，200mm 用粉笔定出点位，向右量 100mm，200mm 用粉笔定出点位(即在小卷尺 600mm、800mm 数字处)。将小卷尺 500mm 对准竖向轴线下端向左量 200mm，200mm 用粉笔定出点位，向右量 100mm，200mm 用粉笔定出点位。然后用墨斗弹出 JLQ 左右两边边线和模板控制线与 JLQ 上下部 KZ-9 的边线和模板控制线相连 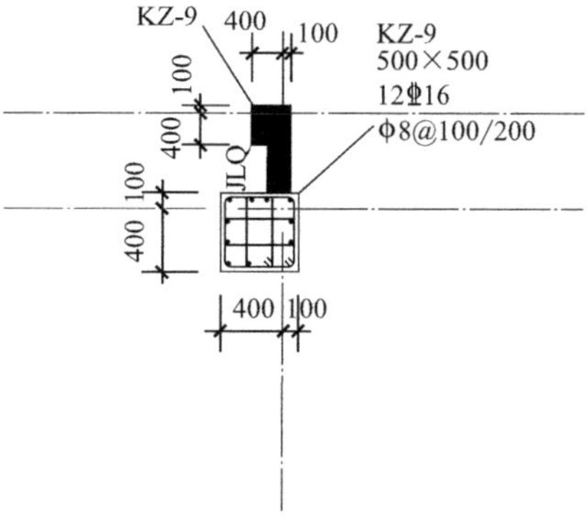 KZ-9 400 100 KZ-9 500×500 12Φ16 Φ8@100/200 100 400 JLQ 100 400 400 100	粉笔定点要小，并取中心点才能保证精确(也可用红芯木工笔)。 墨斗弹线要用力拉紧，对准粉笔定位点，并由第三人竖直弹线	
(2)绑钢筋	先绑第一根定位水平筋→接长纵筋→画其他水平筋位置线并绑其他水平筋→绑拉筋(拉筋为 3a3b 矩形布置)。 剪力墙身表：名称 JLQ(2 排)；墙厚 300；水平分布筋 Φ12@200；垂直分布筋 Φ12@200；拉筋 Φ6@600 (a) 拉结筋@3a3b矩形 (a≤200、b≤200) 采用一面顺扣法将十字相交的交叉点全部扎牢，在相邻两个绑点应呈八字形	应先绑扎钢筋的两端，以便固定底面钢筋的位置	

剪力墙身表

名称	墙厚	水平分布筋	垂直分布筋	拉筋
JLQ(2 排)	300	Φ12@200	Φ12@200	Φ6@600

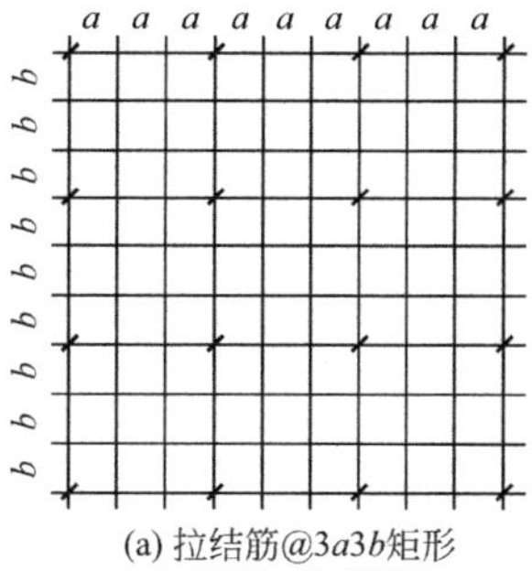

竖向梯子筋的作用：控制墙厚、控制钢筋的排距、控制水平筋的间距、控制墙体的保护层厚度。

水平梯子筋的作用：主要控制竖向钢筋的间距，根据墙体厚度不同，可以周转使用。

(2) 剪力墙、暗柱插筋

1) 剪力墙、暗柱插筋要带 20cm 长直角弯钩，放置在底筋上方。根据弹好的墙柱位置线，将伸入基础的插筋绑扎牢固，插入基础的长度要符合设计和规范要求，其上端绑扎定

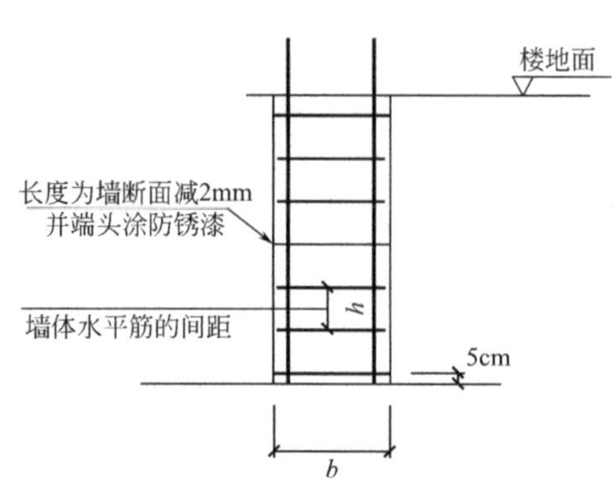

图 F-8　剪力墙梯子筋

位筋以保证甩筋垂直，不歪斜、倾倒、移位。第一根墙筋距离柱或暗柱边 5cm，在浇筑混凝土时及时调整钢筋使之垂直度及位置符合要求。

2）剪力墙水平筋伸入墙柱区端头应绑扎牢固。

3）剪力墙竖向钢筋顶部弯折水平段的长度为≥12d 并保证锚固长度（从板底算起），见图 F-9。

4）端部有暗柱时，剪力墙水平钢筋端部弯折水平段长度为 10d。

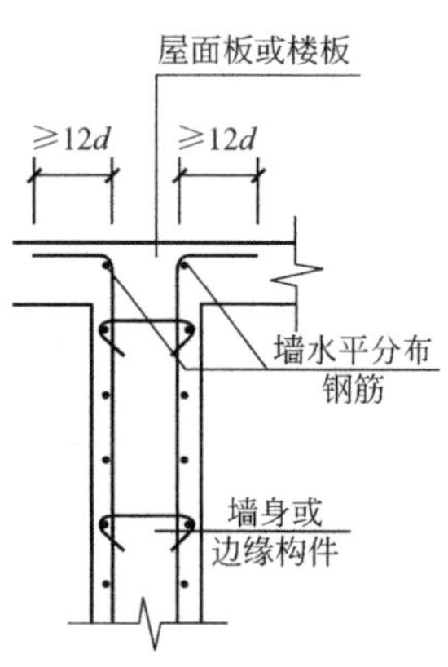

图 F-9　剪力墙竖向钢筋顶部弯折水平段长度

（3）墙体钢筋绑扎

1）在楼地面上弹出墙身及门窗洞口位置线，校正墙柱钢筋，若钢筋出现位移按 1∶6 比例调整，但必须经过专业工长的同意。

2）绑扎前墙体钢筋必须清理干净。先绑扎墙体暗柱钢筋再绑扎墙体钢筋，暗柱绑扎时先在距地 50mm 开始在柱四角画点绑扎箍筋，箍筋四角要绑扎到位，绑扎完毕后按照位置线用线坠吊垂直，绑扎完成后校正再绑连梁钢筋。

3）墙体分布筋绑扎时，先绑梯子筋，间距 1.5～2m，距暗柱 50mm 绑第一根立筋，距地 50mm 绑第一根水平筋。墙体钢筋所有交叉点应逐点绑扎，绑扣朝里。其搭接长度及接头位置应符合规范要求，竖筋搭接长度范围内不少于 3 道水平筋，墙内挂钩勾住水平筋，梅花形布置。

4）墙筋绑扎时要横平竖直，不得出现丢扣、松扣现象，墙筋应逐点绑扎呈"八字"扣。钢筋搭接部位先绑扎 3 扣后再和其他钢筋连接。

5）为保证门窗洞口标高位置正确，在洞口竖筋上画出标高线，按要求绑扎连梁钢筋，楼层连梁及底板内暗梁的箍筋两端进暗柱或墙内 50mm 各绑一道箍筋，到屋面连梁的箍筋要通长布置。连梁主筋锚入墙内长度要符合设计及规范要求。

6）保证墙体钢筋网格绑扎规范，水平筋拉线进行绑扎。墙体钢筋的保护层厚度用塑料垫块、拉钩及墙体竖向梯子筋来控制。在墙上出现的水电洞口严禁随意进行切割。门窗洞口模板严禁在钢筋上焊接钢筋进行加固，加固时必须单独绑扎钢筋。

3. 安全技术交底

（1）绑暗柱及连梁时，操作使用的梯子必须摆放牢固，不得蹬踩钢筋或用方木架在已绑好的钢筋上操作。

（2）在高处（2m 及以上）绑扎墙体钢筋时，不得站在钢筋骨架上或攀登骨架上下，必须搭设脚手架或操作平台和马道。

4. 人员分工

放线时，1 人卷尺量点，2 人辅助定点，另外 2 人弹墨线，然后角色对调。安装钢筋时，2 人摆放钢筋，3 人进行钢筋绑扎安装，然后角色对调。

5. 实施准备

材料、机具、施工和验收规范及工作页和考核表等的准备如图 A-42 所示。

6. 学生实施

依据教师所给任务单进行剪力墙钢筋安装及验收。剪力墙钢筋安装实训学生工作页见附表 25。

7. 验收与评价

（1）主控项目验收

首先检查钢筋的品种、级别、规格、数量、纵向受力钢筋的锚固方式和锚固长度等是否符合设计要求。

检查数量：全数检查。

检验方法：观察，尺量检查。

（2）一般项目验收

检查钢筋安装允许偏差和检验方法，见表 A-16。

检查数量：在同一检验批内，对墙，应按有代表性的自然间抽查 10%，且不少于 3 间。对大空间结构，墙可按相邻轴线间高度 5m 左右划分检查面。

（3）组内评价、小组互评、教师点评

剪力墙钢筋安装实训验收考核表见附表 26。出现不符合规范要求应及时分析原因并进行整改，必要时课后对关键环节和技能点进行强化练习。

【课后拓展】

【拓展】剪力墙钢筋安装施工现场安全管理

(1) 脚手架应搭设牢固，作业面脚手板要满铺、绑牢，不得有探头板、非跳板，临边应搭设防护栏杆和支挂安全网。

(2) 绑扎外墙、圈梁、挑梁、挑檐和边柱等钢筋时，应站在脚手架或操作平台上作业。

(3) 脚手架或操作平台上不得集中码放钢筋，应随使用随运送，不得将工具、箍筋或短钢筋随意放在脚手架上。严禁从高处向下方抛扔或从低处向高处投掷物料。

工作任务 F-2　剪力墙模板安装与拆除

工作任务描述

进行剪力墙模板施工。

工作任务分解

(1) 职业能力 F-2-1 能进行剪力墙模板加工。

(2) 职业能力 F-2-2 能进行剪力墙模板安装。

(3) 职业能力 F-2-3 能进行剪力墙模板拆除。

工作任务实施

职业能力 F-2-1　能进行剪力墙模板加工

【学习目标】

(1) 掌握模板施工用量计算方法。

(2) 能进行剪力墙模板加工。

【基础知识】

剪力墙模板加工与独立基础模板加工基础知识内容相同，如有需要请扫描二维码查看。

【实践操作】

1. 教师演示

剪力墙模板加工与制作见表 F-6。

剪力墙模板加工与制作　　表 F-6

步骤	操作及说明	标准与指导	备注
(1)计算模板的尺寸	查阅结施-04 知，JLQ 的平面尺寸为(1200-400-100)×4988，选用 40×60 的方木，12mm 厚胶合板模板，则 JLQ 墙身段的两块侧拼板尺寸为 700×4988。 KZ-9 400 100 KZ-9 500×500 12Φ16 Φ8@100/200 100 400 JLQ 100 400 400 100 则剪力墙模板用量=700×4988×2=6.98(m^2)	尺寸符合剪力墙平法要求。 依据此法依次计算出所有剪力墙模板用量	一层剪力墙模板高度 Hn=4.120-(-1.000)-0.12-0.012=4988(mm)
(2)制作每块模板	用模板拼接 700×4988 的模板，并用 40×60 方木对模板进行加固，间距为 200mm，长度同模板	尺量应精确，量线要平直	

2. 安全技术交底（扫描二维码查看）

13模板加工
安全技术交底

3. 人员分工

采用角色扮演，2 人放线，2 人裁切模板，1 人钉模板，然后进行角色调换。

4. 学生实施

依据教师所给任务单进行剪力墙模板施工用量计算及模板加工与制作，模板加工实训学生工作页见附表 27。

5. 验收与评价

进行组内评价、小组互评、教师点评。模板加工实训验收考核表见附表 28。出现不符合规范要求应及时分析原因并进行整改，必要时课后对关键环节和技能点进行强化练习。

【课后拓展】

【拓展】剪力墙模板加工施工现场安全管理

(1) 使用手持电动工具必须戴绝缘手套，穿绝缘鞋。

(2) 成品、半成品、木材应堆放整齐，不得任意乱放，不得存放在施工范围内，木材码放高度以不超过 1.2m 为宜。

职业能力 F-2-2　能进行剪力墙模板安装

【学习目标】

(1) 掌握剪力墙模板安装施工工艺。

(2) 能进行剪力墙模板安装。

(3) 能进行剪力墙模板安装验收。

【基础知识】

剪力墙模板安装与独立基础模板安装基础知识内容相同，如有需要请扫描二维码查看。

【实践操作】

1. 教师演示

剪力墙模板安装见表 F-7。

剪力墙模板安装 **表 F-7**

步骤	操作及说明	标准与指导	备注
(1)放线	弹出中心线、剪力墙边线和模板控制线	弹线需准确，模板控制线距离边线 200mm	
(2)组装模板并固定	先在两块拼板上弹出拼板的中心线→将拼板中心线与中心线的墨线对齐沿边线竖立模板→钉子固定连接两块侧拼板→找正校直→加斜撑固定和拉结。 然后用对拉螺栓进一步把模板进行固定，从剪力墙模板底起 100mm 加第一道对拉螺栓，往上每隔 600mm 加一道对拉螺栓	模板位置、标高必须安装准确、固定牢固	

2. 技术交底

(1) 墙模板加固要求（图 F-10）

图 F-10 剪力墙模板加固

1）严格按照施工方案安装穿墙螺杆。

2）螺杆直径为 Φ14，并采用配套的螺母和蝴蝶卡。

3）模板拼缝要严密，方木间距 20cm，并符合施工方案要求。

4）螺杆排数要求：层高 2.8～3.2m，设置 6 排。层高 3.2～3.8m，设置 7 排。层高 3.8～4.6m，设置 9 排。层高 4.6～5.6m，设置 10 排。离地面 10cm 设置第一道螺杆，下面三排采用双螺杆双蝴蝶卡。

5）为了防止墙根部漏浆而形成烂根，采用砂浆对根部进行封堵。

6）墙模板底部应设清扫口，有利于清理模板内杂物，保证混凝土振捣质量。

（2）墙接槎要求

1）墙接槎部位的模板应伸至接缝以下螺杆上，为了防止漏浆，接缝位置采用双面胶条封堵，墙根部采用水泥砂浆封堵模板（图 F-11）。

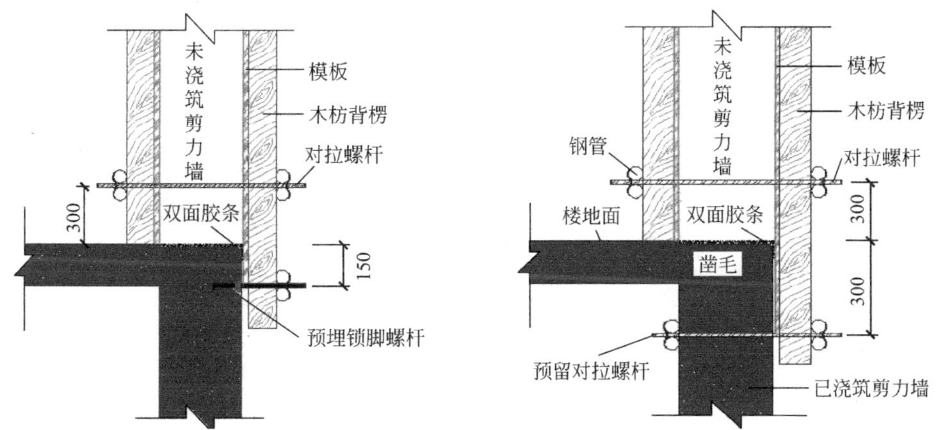

图 F-11 墙接槎做法

2）当采用预留对拉螺杆时，其距离接缝 300mm。当采用预埋锁脚螺杆时，其距接缝 150mm（图 F-12）。

图 F-12 预埋锁脚螺杆

3）两种螺杆水平间距均为 200cm，或依据相应的专项施工方案。

（3）剪力墙洞口模板

1）可采用定型钢制门窗洞口模板，可保证门、窗洞口的位置准确及尺寸准确，模板可拼装、易拆除、刚度好、支撑牢固、不变形、不移位，见图 F-13。

2）如采用木模板，模板阴角处用∟150×150×6 的角钢与木模板固定，阳角处用∟75×75×6 的角钢与木模板固定，同时洞口模板内部加支撑。

3）注意洞口模板下要设排气孔，洞口模板侧模加贴海绵条防止漏浆，浇筑混凝土时从窗两侧同时浇筑混凝土，避免窗模偏位。

（4）剪力墙电梯盒模板安装

剪力墙电梯盒模板安装见图 F-14。

1）螺杆间距设置与模板加固相同。

2）水平钢管加固贯通洞口两侧。

3）对顶钢管采用可调节顶托。

图 F-13　剪力墙洞口模板加固

图 F-14　剪力墙电梯盒模板安装

3. 安全技术交底（扫描二维码查看）

14模板安装安全技术交底

（1）墙模板在未装对拉螺栓前，板面要向内倾斜一定角度并撑牢，以防倒塌。

（2）安装墙模板时，若采用定型组合钢模板应从内、外角开始，向互相垂直的两个方向拼装，连接模板的 U 形卡要正反交替安装，同一道墙（梁）的两端模板应同时组合，以确保安装时稳定。

4. 人员分工

采用角色扮演，2 人加工模板，3 人安装模板，进行组内角色扮演。

5. 实施准备

材料、机具、施工和验收规范及工作页和考核表等的准备如图 A-53 所示。

6. 学生实施

依据教师所给任务单进行剪力墙模板安装。剪力墙模板安装实训学生工作页见附表 39。

7. 验收与评价

(1) 主控项目验收

模板及支架材料的技术指标（材质、规格、尺寸及力学性能）应符合国家现行有关标准和专项施工方案的规定。

(2) 一般项目验收

模板工程验收的内容主要有：模板的标高、位置、尺寸、垂直度、平整度、接缝、支撑等；预埋件以及预留孔洞的位置和数量；模板内是否有垃圾和其他杂物。

1）模板安装质量应符合要求，详见 A-2-2【实践操作】中验收与评价的一般项目验收该部分内容。

2）检查脱模剂应符合要求，详见 A-2-2【实践操作】中验收与评价的一般项目验收该部分内容。

3）现浇结构模板安装的允许偏差及检验方法见表 B-9。

检查数量：在同一检验批内，对墙，应按有代表性的自然间抽查 10%，且不少于 3 间。对大空间结构，墙可按相邻轴线间高度 5m 左右划分检查面，抽查 10%，且均不少于 3 面。

4）固定在模板上的预埋件、预留孔和预留洞不得遗漏，且应安装牢固，详见 A-2-2【实践操作】中验收与评价的一般项目验收该部分内容。

(3) 组内评价、小组互评、教师点评

剪力墙模板安装实训验收考核表见附表 40。出现不符合规范要求应及时分析原因并进行整改，必要时课后对关键环节和技能点进行强化练习。

【课后拓展】

【拓展 1】碗扣式、盘扣式或盘销式钢管架作模板支架应符合的规定

(1) 碗扣式、盘扣式或盘销式钢管架的水平杆与立柱的扣接应牢靠，不应滑脱。

(2) 立杆上的上、下层水平杆间距不应大于 1.8m。

(3) 插入立杆顶端可调托座伸出顶层水平杆的悬臂长度不应大于 650mm，螺杆插入钢管的长度不应小于 150mm，其直径应满足与钢管内径间隙不大于 6mm 的要求。架体最顶层的水平杆步距应比标准步距缩小一个节点间距。

(4) 立柱间应设置专用斜杆或扣件钢管斜杆加强模板支架。

采用门式钢管架搭设模板支架时，应符合现行行业标准《建筑施工门式钢管脚手架安全技术规范》JGJ 128 的有关规定。当支架高度较大或荷载较大时，主立杆钢管直径不宜小于 48mm，并应设水平加强杆。

【拓展 2】碗扣式、盘扣式或盘销式钢管架作模板支架时质量检查应符合的规定

(1) 插入立杆顶端可调托座伸出顶层水平杆的悬臂长度，不应超过 650mm。

(2) 水平杆杆端与立杆连接的碗扣、插接和盘销的连接状况，不应松脱。

(3) 按规定设置竖向和水平斜撑。

【拓展 3】剪力墙模板安装施工现场安全管理

(1) 墙模板安装过程中要随时拆换支撑或增加支撑，以保持墙板处于稳定状态。模板

未支撑稳固前不得松动吊钩。

（2）当模板采用分层支模时，第一层模板拼装后，应立即将内、外钢楞、穿墙螺栓、斜撑等全部安设坚固稳定。当下一层模板不能独立安设支承件时，必须采用可靠的临时固定措施，否则禁止进行上一层模板的安装。

职业能力 F-2-3　能进行剪力墙模板拆除

【学习目标】

（1）掌握剪力墙模板拆除方法与工艺。

（2）能进行剪力墙模板拆除。

【基础知识】

剪力墙模板拆除与独立基础模板拆除基础知识内容相同，如有需要请扫描二维码查看。

07模板拆除基础知识

【实践操作】

1. 教师演示

剪力墙模板拆除见表 F-8。

剪力墙模板拆除　　表 F-8

步骤	操作及说明	标准与指导	备注
(1)查侧模板拆除时间	本工程剪力墙混凝土强度 C30≥C20，查表 A-22，侧模板的拆除时间为 1d(假设日平均气温为 20℃)，即混凝土浇筑完成 24h 后开始拆模	应用时，按照当地日平均气温进行查表	
(2)侧模板拆除	拆除剪力墙侧模板对撑→拆除斜撑→拆除钉子及四块侧拼板	先支的后拆，后支的先拆	

2. 技术交底（扫描二维码查看）

22模板拆除技术交底

3. 安全技术交底（扫描二维码查看）

4. 人员分工

2 人扶模板、3 人拆模板，然后进行角色调换。

5. 实施准备

材料、机具、施工和验收规范及工作页和考核表等的准备如图 A-56 所示。

18模板拆除安全技术交底

6. 学生实施

依据教师所给任务单进行剪力墙模板的拆除及现浇结构观感质量验收实训。模板拆除及现浇结构观感质量验收实训学生工作页见附表 41。

7. 验收与评价

进行组内评价、小组互评、教师点评。模板拆除及现浇结构观感质量验收实训验收考核表见附表 42，验收标准见表 A-25、表 A-26。

【课后拓展】

【拓展】剪力墙模板拆除施工现场安全管理

(1) 严禁用吊车直接吊出没有撬松动的模板，吊运大块墙体模板时必须拴结牢固，且吊点平衡，吊装、运大钢模时必须用卡环连接，就位后必须拉接牢固方可卸除吊环。

(2) 高处、复杂结构模板的拆除，应有专人指挥和切实可靠的安全措施，并在下面标出作业区，严禁非操作人员进入作业区。操作人员应配系好安全带，禁止站在模板的横拉杆上操作，拆下的模板应集中吊运，并多点捆牢，不准向下乱扔。

(3) 采用分节脱模时，底模的支点应按设计要求设置。

(4) 模板拆除后，在清扫和涂刷隔离剂时，模板要临时固定好，板面相对停放之间，应留出 50～60mm 宽的人行通道，模板上方要用拉杆固定。

(5) 在混凝土墙体有预留洞时，应在模板拆除后，随即在墙洞上做好安全护栏。

工作任务 F-3　剪力墙混凝土施工

工作任务描述

进行剪力墙混凝土施工。

工作任务分解

(1) 职业能力 F-3-1 能进行自拌混凝土施工配料计算。

(2) 职业能力 F-3-2 能根据工程实际做好混凝土施工准备。

(3) 职业能力 F-3-3 能进行剪力墙混凝土浇筑及养护。

工作任务实施

职业能力 F-3-1　能进行自拌混凝土施工配料计算

【学习目标】

(1) 能根据施工图纸估算剪力墙混凝土施工用量。

(2) 能进行自拌混凝土施工配料计算。

【基础知识】

剪力墙自拌混凝土施工配料计算与独立基础自拌混凝土施工配料计算基础知识内容相同，如有需要请扫描二维码查看。

11混凝土施工配料计算基础知识

【实践操作】

1. 教师演示

自拌混凝土施工配料计算见表 A-28。

2. 学生实施

依据教师所给任务单进行剪力墙自拌混凝土施工配料计算。

3. 验收与评价

组内评价、小组互评、教师点评。

【课后拓展】

【拓展】施工现场搅拌混凝土

施工现场一般采用搅拌机进行混凝土搅拌，因此还需要求出搅拌机每次搅拌需要多少原材料。如采用JZ500型搅拌机，其出料容量为0.5m^3。则每次搅拌所需原材料为：

水泥：280×0.5=140（kg）。

砂子：744.8×0.5=372.4（kg）。

石子：1570.8×0.5=785.4（kg）。

水：119.7×0.5=59.85（kg）。

职业能力 F-3-2　能根据工程实际做好混凝土施工准备

【学习目标】

（1）掌握泵送混凝土的特点及施工要点。

（2）能熟练进行混凝土的现场搅拌。

【基础知识】

剪力墙混凝土施工准备与独立基础混凝土施工准备基础知识内容相同，如有需要请扫描二维码查看。

08混凝土施工准备基础知识

【实践操作】

1. 教师演示

采用预拌水泥砂浆法进行混凝土配料见表A-29。

2. 技术交底（扫描二维码查看）

3. 安全技术交底（扫描二维码查看）

21混凝土施工准备技术交底

4. 人员分工

3人装料，2人出料。

5. 学生实施

分组采用预拌水泥净浆法进行混凝土配料。

16混凝土施工准备安全技术交底

6. 验收与评价

组内评价、小组互评、教师点评

职业能力 F-3-3　能进行剪力墙混凝土浇筑及养护

【学习目标】

（1）掌握剪力墙混凝土浇筑及养护工艺。

（2）能熟练进行剪力墙混凝土的浇筑及养护。

（3）能对剪力墙混凝土的浇筑及养护进行质量验收。

【基础知识】

剪力墙混凝土浇筑及养护与独立基础混凝土浇筑及养护基础知识内容相同，如有需要请扫描二维码查看。

【实践操作】

1. 教师演示

剪力墙混凝土浇筑及养护见表F-9。

剪力墙混凝土浇筑及养护 **表F-9**

步骤	操作及说明	标准与指导	备注
(1)混凝土地面水平运输	采用双轮手推车进行运输	混凝土运输过程中要保持良好的均匀性和规定的坍落度	
(2)进行剪力墙混凝土浇筑	布料、摊平、捣实和抹面修整	混凝土要振捣密实	
(3)对剪力墙进行养护	对剪力墙进行麻袋覆盖洒水养护	浇筑混凝土完成后12h内即可间断洒水养护，使混凝土保持湿润	

2. 技术交底（扫描二维码查看）

3. 安全技术交底

插入式振动器软管的弯曲半径不得小于500mm，并不得多于两个弯，操作时插入式振动器应自然垂直地沉入混凝土，不得用力硬插、斜推或使钢筋夹住棒头，也不得全部插入混凝土中。

4. 人员分工

2人进行混凝土运输，2人布料和摊平，2人振捣，并进行角色调换。随后6人共同进行抹面修整。6人共同进行养护。

5. 实施准备

材料、机具、验收规范及工作页和考核表等的准备如图A-74所示。

6. 学生实施

依据教师任务单进行剪力墙混凝土浇筑和养护，混凝土浇筑及养护实训学生工作页见附表43。

7. 验收与评价

组内评价、小组互评、教师点评。混凝土浇筑及养护实训验收考核表见附表44。出现不符合规范要求应及时分析原因并进行整改，必要时课后对关键环节和技能点进行强化练习。

【课后拓展】

【拓展1】型钢混凝土结构浇筑

（1）混凝土粗骨料最大粒径不应大于型钢外侧混凝土保护层厚度的1/3，且不宜大于25mm。

（2）浇筑应有足够的下料空间，并应使混凝土充盈整个构件各部位。

（3）型钢周边混凝土浇筑宜同步上升，混凝土浇筑高差不应大于500mm。

【拓展2】剪力墙混凝土浇筑及养护施工现场安全管理

（1）夜间施工照明行灯电压不得大于36V，行灯、流动闸箱不得放在墙模板平台或顶板钢筋上，遇有大风、雨、雪、大雾等恶劣天气应停止作业。

（2）浇筑剪力墙时，应搭设操作平台，铺满绑牢跳板，严禁直接站在模板或支架上操作。浇筑圈梁、雨篷、阳台应设置安全防护设施。

（3）泵送结束后，要及时进行管道清洗，清洗输送管道的方法有两种，即水洗和气洗，分别用压力水或压缩空气推送海绵或塑料球进行。清洗之前应反转吸料，减低管路内的剩余压力，减少清洗力。清洗时先将泵车尾部的大弯管卸下，在锥形球内塞入一些废纸或麻袋，然后放入海绵球，将水洗槽加满水后盖紧盖子。若水洗，打开进水阀，关闭进、扩气阀，若气洗，打开进气阀，关闭进水阀。清洗时，注意压力表，应不超过规定的最高压力限值，防止爆管。水洗和气洗不准同时采用。清洗时，所有人员应远离管口，并在管口处加设防护装置，以防混凝土从管中突然冲出，造成人员伤害事故。

（4）用软管浇水养护时，应将水管接头连接牢固，移动皮管不得猛拽，不得倒行拉移软管。

附 录

钢筋进场验收实训学生工作页 附表 1

<table>
<tr><td>姓名</td><td></td><td>专业</td><td></td><td>班级</td><td></td><td>成绩</td><td></td></tr>
<tr><td>实训项目</td><td>钢筋进场验收</td><td>实训时间</td><td></td><td>实训地点</td><td colspan="3"></td></tr>
<tr><td colspan="4">基础知识</td><td colspan="2">评分权重 40%</td><td colspan="2">得分：</td></tr>
<tr><td colspan="3">1. 钢筋按生产工艺分为哪几类?</td><td colspan="5"></td></tr>
<tr><td colspan="3">2. 钢筋按化学成分分为哪几类?</td><td colspan="5"></td></tr>
<tr><td colspan="3">3. 钢筋按构件类型分为哪几类?</td><td colspan="5"></td></tr>
<tr><td colspan="3">4. 钢筋按直径分为哪几类?</td><td colspan="5"></td></tr>
<tr><td colspan="4">实践操作</td><td colspan="2">评分权重 50%</td><td colspan="2">得分：</td></tr>
<tr><td colspan="3">1. 钢筋进场验收包括哪三部分?</td><td colspan="5"></td></tr>
<tr><td colspan="3">2. 资料验收包括哪些内容?</td><td colspan="5"></td></tr>
<tr><td colspan="3">3. 外观验收包括哪些内容?</td><td colspan="5"></td></tr>
<tr><td colspan="3">4. 力学性能检验抽样方法</td><td colspan="5"></td></tr>
<tr><td colspan="3">5. 钢筋切断操作要点与安全注意事项</td><td colspan="5"></td></tr>
<tr><td colspan="4">操作心得</td><td colspan="2">评分权重 10%</td><td colspan="2">得分：</td></tr>
<tr><td colspan="8"></td></tr>
</table>

评分员签名： 日期：

钢筋进场验收实训考核表　　附表 2

专业：	班级：	姓名：	学号：	
检查项目	自评(20%)	组内互评(20%)	组间互评(20%)	教师点评(40%)
钢筋配料单编制(15 分)				
钢筋备料(10 分)				
方案编制(10 分)				
资料验收(5 分)				
外观验收(5 分)				
复试(10 分)				
团队精神(5 分)				
工匠精神(10 分)				
施工进度(5 分)				
安全施工(10 分)				
文明施工(5 分)				
绿色施工(10 分)				
综合评分				

评分员签名：　　日期：

钢筋调直、除锈、切断实训学生工作页　　附表 3

<table>
<tr><td>姓名</td><td></td><td>班级</td><td></td><td>指导
教师</td><td></td><td>成绩</td><td></td></tr>
<tr><td>实训
项目</td><td>钢筋调直、除锈、切断</td><td>实训
时间</td><td></td><td>实训
地点</td><td colspan="3"></td></tr>
<tr><td colspan="4">基础知识</td><td colspan="2">评分权重 40%</td><td colspan="2">得分：</td></tr>
<tr><td colspan="2">1. 钢筋锈蚀程度分类</td><td colspan="6"></td></tr>
<tr><td colspan="2">2. 钢筋除锈方法分类</td><td colspan="6"></td></tr>
<tr><td colspan="2">3. 钢筋调直方法分类</td><td colspan="6"></td></tr>
<tr><td colspan="2">4. 钢筋切断方法分类</td><td colspan="6"></td></tr>
<tr><td colspan="4">实践操作</td><td colspan="2">评分权重 50%</td><td colspan="2">得分：</td></tr>
<tr><td colspan="2">1. 钢筋除锈工具与设备</td><td colspan="6"></td></tr>
<tr><td colspan="2">2. 钢筋调直工具与设备</td><td colspan="6"></td></tr>
<tr><td colspan="2">3. 钢筋切断的工具与设备</td><td colspan="6"></td></tr>
<tr><td colspan="2">4. 钢筋调直操作要点与安全注意事项</td><td colspan="6"></td></tr>
<tr><td colspan="2">5. 钢筋切断操作要点与安全注意事项</td><td colspan="6"></td></tr>
<tr><td colspan="4">操作心得</td><td colspan="2">评分权重 10%</td><td colspan="2">得分：</td></tr>
<tr><td colspan="8"></td></tr>
</table>

评分员签名：　　　　日期：

钢筋调直、除锈、切断实训验收考核表　　附表 4

<table>
<tr><td>姓名</td><td></td><td>班级</td><td></td><td>指导
教师</td><td></td><td>成绩</td><td></td></tr>
<tr><td>实训
项目</td><td>钢筋调直、除锈、切断</td><td>实训
时间</td><td></td><td>实训
地点</td><td colspan="3"></td></tr>
<tr><td>序号</td><td>检查内容</td><td colspan="2">检验要求</td><td>检验方法</td><td>验收记录</td><td>权重</td><td>得分</td></tr>
<tr><td>1</td><td>团队精神</td><td colspan="2">分工明确、协同合作</td><td>巡查</td><td></td><td>5</td><td></td></tr>
<tr><td>2</td><td>工匠精神</td><td colspan="2">吃苦耐劳、精益求精</td><td>巡查</td><td></td><td>5</td><td></td></tr>
<tr><td>3</td><td>施工进度</td><td colspan="2">规范操作并按时完成</td><td>巡检</td><td></td><td>10</td><td></td></tr>
<tr><td>4</td><td>主控项目</td><td colspan="2">钢筋品种、级别、直径、数量</td><td>检查</td><td></td><td>10</td><td></td></tr>
<tr><td>5</td><td rowspan="2">钢筋除锈</td><td colspan="2">规范操作</td><td>检查</td><td></td><td>10</td><td></td></tr>
<tr><td>6</td><td colspan="2">除锈效果</td><td>检查</td><td></td><td>10</td><td></td></tr>
<tr><td>7</td><td rowspan="2">钢筋调直</td><td colspan="2">规范操作</td><td>检查</td><td></td><td>10</td><td></td></tr>
<tr><td>8</td><td colspan="2">调直效果</td><td>检查</td><td></td><td>10</td><td></td></tr>
<tr><td>9</td><td rowspan="2">钢筋切断</td><td colspan="2">规范操作</td><td>检查</td><td></td><td>10</td><td></td></tr>
<tr><td>10</td><td colspan="2">切断位置准确</td><td>检查</td><td></td><td>10</td><td></td></tr>
<tr><td>11</td><td>安全施工</td><td colspan="2">有安全意识，听从指挥，
没有不安全行为</td><td>巡查</td><td></td><td>5</td><td></td></tr>
<tr><td>12</td><td>文明和绿色
施工</td><td colspan="2">工完场清，6S 标准</td><td>巡查</td><td></td><td>5</td><td></td></tr>
</table>

评分员签名：　　　　　　　　　　日期：

箍筋弯曲实训学生工作页 附表 5

姓名		专业		班级		成绩	
实训项目	箍筋弯曲	实训时间		实训地点			
基础知识				评分权重 30%		得分：	
1. 钢筋弯曲操作要点与安全注意事项							
2. 箍筋弯钩角度、弯弧内直径、平直段长度							
3. 箍筋加工允许偏差							
实践操作				评分权重 50%		得分：	
1. 箍筋加工工具							
2. 箍筋断料长度							
3. 箍筋弯曲步骤							
4. 箍筋弯折点位置的确定							
5. 箍筋的摆放							
操作心得				评分权重 20%		得分：	

评分员签名： 日期：

箍筋弯曲实训验收考核表　　　　附表6

<table>
<tr><td>姓名</td><td colspan="2"></td><td>专业</td><td></td><td>班级</td><td></td><td>成绩</td><td></td></tr>
<tr><td>实训项目</td><td colspan="2">箍筋弯曲</td><td>实训时间</td><td></td><td>实训地点</td><td colspan="3"></td></tr>
<tr><td>序号</td><td colspan="2">检查内容</td><td colspan="2">要求及允许偏差</td><td>检验方法</td><td>验收记录</td><td>权重</td><td>得分</td></tr>
<tr><td>1</td><td colspan="2">团队精神</td><td colspan="2">分工明确、协同合作</td><td>巡查</td><td></td><td>5</td><td></td></tr>
<tr><td>2</td><td colspan="2">工匠精神</td><td colspan="2">吃苦耐劳、精益求精</td><td>巡查</td><td></td><td>5</td><td></td></tr>
<tr><td>3</td><td colspan="2">施工进度</td><td colspan="2">规范操作并按时完成</td><td>巡查</td><td></td><td>10</td><td></td></tr>
<tr><td>4</td><td colspan="2">主控项目</td><td colspan="2">钢筋品种、级别、直径、数量</td><td>检查</td><td></td><td>10</td><td></td></tr>
<tr><td>5</td><td rowspan="3">箍筋弯钩</td><td>弯钩角度</td><td colspan="2">135°</td><td>检查</td><td></td><td>5</td><td></td></tr>
<tr><td>6</td><td>弯弧内直径</td><td colspan="2">不应小于受力钢筋直径</td><td>尺量</td><td></td><td>5</td><td></td></tr>
<tr><td>7</td><td>弯后平直段长度</td><td colspan="2">不应小于 $10d$ 和 75mm 两者之中的较大值</td><td>尺量</td><td></td><td>10</td><td></td></tr>
<tr><td>8</td><td colspan="2">箍筋内净尺寸</td><td colspan="2">允许偏差±5mm</td><td>尺量</td><td></td><td>10</td><td></td></tr>
<tr><td>9</td><td colspan="2">箍筋三个直角是否方正</td><td colspan="2">90°</td><td>检查</td><td></td><td>10</td><td></td></tr>
<tr><td>10</td><td colspan="2">平整度</td><td colspan="2">不翘曲</td><td>检查</td><td></td><td>10</td><td></td></tr>
<tr><td>11</td><td colspan="2">安全施工</td><td colspan="2">有安全意识，听从指挥，没有不安全行为</td><td>巡查</td><td></td><td>10</td><td></td></tr>
<tr><td>12</td><td colspan="2">文明和绿色施工</td><td colspan="2">工完场清，6S 标准</td><td>巡查</td><td></td><td>10</td><td></td></tr>
</table>

评分员签名：　　　　　　　　　　日期：

受力筋加工实训学生工作页

附表 7

<table>
<tr><td>姓名</td><td></td><td>专业</td><td></td><td>班级</td><td></td><td>成绩</td><td></td></tr>
<tr><td>实训
项目</td><td>受力筋加工</td><td>实训
时间</td><td></td><td>实训
地点</td><td colspan="3"></td></tr>
<tr><td colspan="4">基础知识</td><td colspan="2">评分权重 30%</td><td colspan="2">得分：</td></tr>
<tr><td colspan="2">1. 钢筋切断和弯曲操作要点与安全注意事项</td><td colspan="6"></td></tr>
<tr><td colspan="2">2. 受力筋弯钩角度、弯弧内直径、平直段长度</td><td colspan="6"></td></tr>
<tr><td colspan="2">3. 受力筋加工允许偏差</td><td colspan="6"></td></tr>
<tr><td colspan="4">实践操作</td><td colspan="2">评分权重 50%</td><td colspan="2">得分：</td></tr>
<tr><td colspan="2">1. 受力筋加工工具</td><td colspan="6"></td></tr>
<tr><td colspan="2">2. 受力筋断料长度</td><td colspan="6"></td></tr>
<tr><td colspan="2">3. 受力筋弯曲步骤</td><td colspan="6"></td></tr>
<tr><td colspan="2">4. 受力筋弯折点位置的确定</td><td colspan="6"></td></tr>
<tr><td colspan="2">5. 受力筋的摆放</td><td colspan="6"></td></tr>
<tr><td colspan="4">操作心得</td><td colspan="2">评分权重 20%</td><td colspan="2">得分：</td></tr>
<tr><td colspan="8"></td></tr>
</table>

评分员签名：　　　　　　　　　　　　　　　　　　　　　　日期：

受力筋加工实训验收考核表 **附表 8**

<table>
<tr><td>姓名</td><td colspan="2"></td><td>专业</td><td></td><td>班级</td><td></td><td>成绩</td><td></td></tr>
<tr><td>实训项目</td><td colspan="2">受力筋加工</td><td>实训时间</td><td></td><td>实训地点</td><td colspan="3"></td></tr>
<tr><td>序号</td><td colspan="2">检查内容</td><td colspan="2">要求及允许偏差</td><td>检验方法</td><td>验收记录</td><td>权重</td><td>得分</td></tr>
<tr><td>1</td><td colspan="2">团队精神</td><td colspan="2">分工明确、协同合作</td><td>巡查</td><td></td><td>5</td><td></td></tr>
<tr><td>2</td><td colspan="2">工匠精神</td><td colspan="2">吃苦耐劳、精益求精</td><td>巡查</td><td></td><td>5</td><td></td></tr>
<tr><td>3</td><td colspan="2">施工进度</td><td colspan="2">规范操作并按时完成</td><td>巡查</td><td></td><td>10</td><td></td></tr>
<tr><td>4</td><td colspan="2">主控项目</td><td colspan="2">钢筋品种、级别、直径、数量</td><td>检查</td><td></td><td>10</td><td></td></tr>
<tr><td>5</td><td rowspan="4">受力筋弯钩</td><td>弯钩角度</td><td colspan="2">90°/135°/180°</td><td>检查</td><td></td><td>5</td><td></td></tr>
<tr><td rowspan="2">6</td><td rowspan="2">弯弧内直径</td><td colspan="2">对于一级钢筋，不应小于 2.5d（d 为箍筋直径），且不应小于受力钢筋直径</td><td rowspan="2">尺量</td><td></td><td rowspan="2">10</td><td></td></tr>
<tr><td colspan="2">对于二、三级钢筋不应小于 4d（d 为箍筋直径），且不应小于受力钢筋直径</td><td></td><td></td></tr>
<tr><td>7</td><td>弯后平直段长度</td><td colspan="2">90°：支座处梁柱 12d，非支座处视具体情况确定；
135°：5d；
180°：3d</td><td>尺量</td><td></td><td>5</td><td></td></tr>
<tr><td>8</td><td colspan="2">受力钢筋顺长度方向全长的净尺寸</td><td colspan="2">允许偏差±10mm</td><td>尺量</td><td></td><td>10</td><td></td></tr>
<tr><td>9</td><td colspan="2">受力筋弯折点位置</td><td colspan="2">+20</td><td>尺量</td><td></td><td>10</td><td></td></tr>
<tr><td>10</td><td colspan="2">受拉钢筋抗震锚固长度 l_{aE}</td><td colspan="2">符合要求</td><td>尺量</td><td></td><td>10</td><td></td></tr>
<tr><td>11</td><td colspan="2">平整度</td><td colspan="2">不翘曲</td><td>检查</td><td></td><td>10</td><td></td></tr>
<tr><td>12</td><td colspan="2">安全施工</td><td colspan="2">有安全意识，听从指挥，没有不安全行为</td><td>巡查</td><td></td><td>5</td><td></td></tr>
<tr><td>13</td><td colspan="2">文明和绿色施工</td><td colspan="2">工完场清，6S 标准</td><td>巡查</td><td></td><td>5</td><td></td></tr>
</table>

评分员签名： 日期：

钢筋绑扎实训学生工作页 附表 9

<table>
<tr><td>姓名</td><td></td><td>专业</td><td></td><td>班级</td><td></td><td>成绩</td><td></td></tr>
<tr><td>实训
项目</td><td>钢筋绑扎</td><td>实训
时间</td><td></td><td>实训
地点</td><td colspan="3"></td></tr>
<tr><td colspan="4">基础知识</td><td colspan="2">评分权重 30%</td><td colspan="2">得分：</td></tr>
<tr><td colspan="3">1. 钢筋绑扎的方法</td><td colspan="5"></td></tr>
<tr><td colspan="3">2. 钢筋接头位置和搭接长度</td><td colspan="5"></td></tr>
<tr><td colspan="3">3. 各类构件绑扎顺序</td><td colspan="5"></td></tr>
<tr><td colspan="4">实践操作</td><td colspan="2">评分权重 50%</td><td colspan="2">得分：</td></tr>
<tr><td colspan="3">1. 钢筋绑扎所用工具</td><td colspan="5"></td></tr>
<tr><td colspan="3">2. 采用的绑扎方法，是否正确和规范</td><td colspan="5"></td></tr>
<tr><td colspan="3">3. 现场绑扎顺序</td><td colspan="5"></td></tr>
<tr><td colspan="3">4. 接头位置和搭接长度</td><td colspan="5"></td></tr>
<tr><td colspan="3">5. 现场绑扎接头质量要求，是否绑扎牢固</td><td colspan="5"></td></tr>
<tr><td colspan="4">操作心得</td><td colspan="2">评分权重 20%</td><td colspan="2">得分：</td></tr>
<tr><td colspan="8"></td></tr>
</table>

评分员签名： 日期：

钢筋绑扎实训验收考核表 **附表 10**

<table>
<tr><td>姓名</td><td></td><td>专业</td><td></td><td>班级</td><td colspan="2">成绩</td><td></td></tr>
<tr><td>实训
项目</td><td>钢筋绑扎</td><td>实训
时间</td><td></td><td>实训
地点</td><td colspan="3"></td></tr>
<tr><td>序号</td><td>检查内容</td><td colspan="2">检验要求</td><td>检验方法</td><td>验收记录</td><td>权重</td><td>得分</td></tr>
<tr><td>1</td><td>团队精神</td><td colspan="2">分工明确、协同合作</td><td>巡查</td><td></td><td>5</td><td></td></tr>
<tr><td>2</td><td>工匠精神</td><td colspan="2">吃苦耐劳、精益求精</td><td>巡查</td><td></td><td>5</td><td></td></tr>
<tr><td>3</td><td>施工进度</td><td colspan="2">规范操作并按时完成</td><td>巡检</td><td></td><td>10</td><td></td></tr>
<tr><td>4</td><td>搭接接头绑扎</td><td colspan="2">规范操作并按时完成</td><td>检查</td><td></td><td>10</td><td></td></tr>
<tr><td>5</td><td>一面顺扣法</td><td colspan="2">规范操作并按时完成</td><td>检查</td><td></td><td>10</td><td></td></tr>
<tr><td>6</td><td>兜扣法</td><td colspan="2">规范操作并按时完成</td><td>检查</td><td></td><td>10</td><td></td></tr>
<tr><td>7</td><td>十字花扣法</td><td colspan="2">规范操作并按时完成</td><td>检查</td><td></td><td>10</td><td></td></tr>
<tr><td>8</td><td>缠扣法</td><td colspan="2">规范操作并按时完成</td><td>检查</td><td></td><td>10</td><td></td></tr>
<tr><td>9</td><td>兜扣加缠扣法</td><td colspan="2">规范操作并按时完成</td><td>检查</td><td></td><td>10</td><td></td></tr>
<tr><td>10</td><td>反十字花扣法</td><td colspan="2">规范操作并按时完成</td><td>检查</td><td></td><td>10</td><td></td></tr>
<tr><td>11</td><td>安全施工</td><td colspan="2">有安全意识，听从指挥，
没有不安全行为</td><td>巡查</td><td></td><td>5</td><td></td></tr>
<tr><td>12</td><td>文明和绿色施工</td><td colspan="2">工完场清，6S 标准</td><td>巡查</td><td></td><td>5</td><td></td></tr>
</table>

评分员签名： 日期：

框架柱纵筋连接实训学生工作页　　附表 11

<table>
<tr><td>姓名</td><td></td><td>专业</td><td></td><td>班级</td><td></td><td>成绩</td><td></td></tr>
<tr><td>实训项目</td><td>框架柱纵筋连接</td><td>实训时间</td><td></td><td>实训地点</td><td colspan="3"></td></tr>
<tr><td colspan="5">基础知识</td><td colspan="2">评分权重 30%</td><td>得分：</td></tr>
<tr><td colspan="3">1. 框架柱纵筋连接的方法</td><td colspan="5"></td></tr>
<tr><td colspan="3">2. 框架柱纵筋接头位置和搭接长度</td><td colspan="5"></td></tr>
<tr><td colspan="3">3. 各类构件绑扎顺序</td><td colspan="5"></td></tr>
<tr><td colspan="5">实践操作</td><td colspan="2">评分权重 50%</td><td>得分：</td></tr>
<tr><td colspan="3">1. 钢筋绑扎所用工具</td><td colspan="5"></td></tr>
<tr><td colspan="3">2. 采用的绑扎方法</td><td colspan="5"></td></tr>
<tr><td colspan="3">3. 接头位置和搭接长度</td><td colspan="5"></td></tr>
<tr><td colspan="3">4. 现场绑扎接头质量要求有哪些？是否绑扎牢固？</td><td colspan="5"></td></tr>
<tr><td colspan="3">5. 框架柱纵筋直螺纹套筒质量要求有哪些？是否符合要求？</td><td colspan="5"></td></tr>
<tr><td colspan="5">操作心得</td><td colspan="2">评分权重 20%</td><td>得分：</td></tr>
<tr><td colspan="8"></td></tr>
</table>

评分员签名：　　日期：

框架柱纵筋连接实训验收考核表 **附表 12**

姓名		专业		班级		成绩	
实训项目	框架柱纵筋连接	实训时间		实训地点			
序号	检查内容	检验要求		检验方法	验收记录	权重	得分
1	团队精神	分工明确、协同合作		巡查		10	
2	工匠精神	吃苦耐劳、精益求精		巡查		10	
3	施工进度	规范操作并按时完成		巡检		10	
4	搭接接头绑扎长度，是否牢固	规范操作并按时完成		尺量		10	
5	搭接接头错头连接	错开 $1.3l_l$		尺量		10	
6	直螺纹套筒连接	规范操作并按时完成		检查		10	
7	直螺纹套筒连接外露丝扣不超过2扣	规范操作并按时完成		检查		10	
8	直螺纹套筒连接钢筋端头离套筒长度中点不超过10mm	规范操作并按时完成		检查		10	
9	安全施工	有安全意识，听从指挥，没有不安全行为		巡查		10	
10	文明和绿色施工	工完场清，6S 标准		巡查		10	

评分员签名： 日期：

框架梁纵筋连接实训学生工作页　　附表 13

<table>
<tr><td>姓名</td><td></td><td>专业</td><td></td><td>班级</td><td></td><td>成绩</td><td></td></tr>
<tr><td>实训
项目</td><td>框架梁纵筋
连接</td><td>实训
时间</td><td></td><td>实训
地点</td><td colspan="3"></td></tr>
<tr><td colspan="4">基础知识</td><td colspan="2">评分权重 30%</td><td colspan="2">得分：</td></tr>
<tr><td colspan="2">1. 框架梁纵筋连接的方法</td><td colspan="6"></td></tr>
<tr><td colspan="2">2. 框架梁纵筋接头位置和搭接长度</td><td colspan="6"></td></tr>
<tr><td colspan="2">3. 各类构件绑扎顺序</td><td colspan="6"></td></tr>
<tr><td colspan="4">实践操作</td><td colspan="2">评分权重 50%</td><td colspan="2">得分：</td></tr>
<tr><td colspan="2">1. 钢筋绑扎所用工具</td><td colspan="6"></td></tr>
<tr><td colspan="2">2. 采用的绑扎方法</td><td colspan="6"></td></tr>
<tr><td colspan="2">3. 接头位置和搭接长度</td><td colspan="6"></td></tr>
<tr><td colspan="2">4. 现场绑扎接头质量要求有哪些？是否绑扎牢固？</td><td colspan="6"></td></tr>
<tr><td colspan="2">5. 框架梁纵筋直螺纹套筒质量要求有哪些？是否符合要求？</td><td colspan="6"></td></tr>
<tr><td colspan="4">操作心得</td><td colspan="2">评分权重 20%</td><td colspan="2">得分：</td></tr>
<tr><td colspan="8"></td></tr>
</table>

评分员签名：　　　　日期：

框架梁纵筋连接实训验收考核表 附表 14

姓名		专业		班级		成绩	
实训项目	框架梁纵筋连接	实训时间		实训地点			
序号	检查内容	检验要求		检验方法	验收记录	权重	得分
1	团队精神	分工明确、协同合作		巡查		10	
2	工匠精神	吃苦耐劳、精益求精		巡查		10	
3	施工进度	规范操作并按时完成		巡检		10	
4	搭接接头绑扎长度，是否牢固	规范操作并按时完成		尺量		10	
5	搭接接头错头连接	错开 $1.3l_l$		尺量		10	
6	直螺纹套筒连接	规范操作并按时完成		检查		10	
7	直螺纹套筒连接外露丝扣不超过2扣	规范操作并按时完成		检查		10	
8	直螺纹套筒连接钢筋端头离套筒长度中点不超过10mm	规范操作并按时完成		检查		10	
9	安全施工	有安全意识，听从指挥，没有不安全行为		巡查		10	
10	文明和绿色施工	工完场清，6S 标准		巡查		10	

评分员签名： 日期：

基础及框架节点钢筋安装实训学生工作页　　附表 15

<table>
<tr><td>姓名</td><td></td><td>专业</td><td></td><td>班级</td><td></td><td>成绩</td><td></td></tr>
<tr><td>实训
项目</td><td>基础及框架节点钢筋安装</td><td>实训
时间</td><td></td><td>实训
地点</td><td colspan="3"></td></tr>
<tr><td colspan="4">基础知识</td><td colspan="2">评分权重 30%</td><td colspan="2">得分：</td></tr>
<tr><td colspan="2">1. 基础钢筋工程验收内容（主控项目、一般项目）</td><td colspan="6"></td></tr>
<tr><td colspan="2">2. 框架柱在基础中第一个箍筋位置</td><td colspan="6"></td></tr>
<tr><td colspan="2">3. 框架柱在基础中箍筋数量</td><td colspan="6"></td></tr>
<tr><td colspan="4">实践操作</td><td colspan="2">评分权重 50%</td><td colspan="2">得分：</td></tr>
<tr><td colspan="2">1. 基础钢筋骨架安装所用工具材料的准备</td><td colspan="6"></td></tr>
<tr><td colspan="2">2. 基础钢筋骨架安装顺序</td><td colspan="6"></td></tr>
<tr><td colspan="2">3. 基础纵筋断料长度</td><td colspan="6"></td></tr>
<tr><td colspan="2">4. 基础受力筋位置</td><td colspan="6"></td></tr>
<tr><td colspan="2">5. 框架柱在基础中箍筋位置</td><td colspan="6"></td></tr>
<tr><td colspan="4">操作心得</td><td colspan="2">评分权重 20%</td><td colspan="2">得分：</td></tr>
<tr><td colspan="8"></td></tr>
</table>

评分员签名：　　　　　　　　日期：

基础及框架节点钢筋安装实训验收考核表 附表 16

姓名		专业		班级		成绩	
实训项目	基础及框架节点钢筋安装	实训时间		实训地点			
序号	检验内容		要求及允许偏差	检验方法	验收记录	权重	得分
1	团队精神		分工明确、协同合作	巡查		5	
2	工匠精神		吃苦耐劳、精益求精	巡查		5	
3	施工进度		规范操作并按时完成	巡查		10	
4	主控项目		钢筋品种、级别、直径、数量	检查		10	
5	钢筋骨架长允许偏差		±10mm	尺量		5	
6	钢筋骨架宽、高允许偏差		±5mm	尺量		5	
7	受力钢筋	锚固长度	−20	尺量		5	
8		间距	±10mm	尺量两端、中间，取最大偏差值		10	
9		排距	±5mm			10	
10	绑扎箍筋	箍筋位置	正确	检查		5	
11		间距允许偏差	±20mm	尺量三挡，取最大偏差值		5	
12		弯钩叠合处错开绑扎，受力筋与箍筋紧密贴合	错一处扣1分	检查		5	
13		转角与纵筋绑牢	错一处扣1分	检查		5	
14		非转角与纵筋梅花点绑牢	错一处扣1分	检查		5	
15	安全施工		有安全意识，听从指挥，没有不安全行为	巡查		5	
16	文明和绿色施工		工完场清，6S标准	巡查		5	

评分员签名： 日期：

框架柱钢筋安装实训学生工作页 附表 17

<table>
<tr><td>姓名</td><td></td><td>专业</td><td></td><td>班级</td><td></td><td>成绩</td><td></td></tr>
<tr><td>实训
项目</td><td>框架柱钢筋安装</td><td>实训
时间</td><td></td><td>实训
地点</td><td colspan="3"></td></tr>
<tr><td colspan="4">基础知识</td><td colspan="2">评分权重 30%</td><td colspan="2">得分：</td></tr>
<tr><td colspan="2">1. 柱钢筋验收内容(主控项目、一般项目)</td><td colspan="6"></td></tr>
<tr><td colspan="2">2. 柱钢筋连接方法有哪些?</td><td colspan="6"></td></tr>
<tr><td colspan="2">3. 柱底部第一个箍筋距嵌固部位距离</td><td colspan="6"></td></tr>
<tr><td colspan="4">实践操作</td><td colspan="2">评分权重 50%</td><td colspan="2">得分：</td></tr>
<tr><td colspan="2">1. 柱钢筋安装工具材料的准备</td><td colspan="6"></td></tr>
<tr><td colspan="2">2. 柱钢筋骨架安装顺序</td><td colspan="6"></td></tr>
<tr><td colspan="2">3. 柱纵筋断料长度</td><td colspan="6"></td></tr>
<tr><td colspan="2">4. 柱箍筋加密区长度</td><td colspan="6"></td></tr>
<tr><td colspan="2">5. 柱箍筋非加密区长度</td><td colspan="6"></td></tr>
<tr><td colspan="4">操作心得</td><td colspan="2">评分权重 20%</td><td colspan="2">得分：</td></tr>
<tr><td colspan="8"></td></tr>
</table>

评分员签名： 日期：

框架柱钢筋安装验收考核表 **附表 18**

姓名			专业		班级		成绩	
实训项目	框架柱钢筋安装		实训时间		实训地点			
序号	检验内容		要求及允许偏差		检验方法	验收记录	权重	得分
1	团队精神		分工明确、协同合作		巡查		5	
2	工匠精神		吃苦耐劳、精益求精		巡查		5	
3	施工进度		规范操作并按时完成		巡查		5	
4	主控项目		钢筋品种、级别、直径、数量		检查		10	
5	钢筋骨架长允许偏差		±10mm		尺量		5	
6	钢筋骨架宽、高允许偏差		±5mm		尺量		5	
7	受力钢筋	间距	±10mm		尺量两端、中间，取最大偏差值		5	
8		排距	±5mm				5	
9	绑扎箍筋	箍筋位置	正确		检查		5	
10		间距	±20mm		尺量三挡，取最大偏差值		5	
11		柱箍筋(非)加密区长度	正确		尺量		10	
13		搭接接头位置、长度	正确		检查		5	
14		弯钩叠合处错开绑扎受力筋与箍筋紧密贴合	错一处扣 1 分		检查		5	
15		转角与纵筋绑牢	错一处扣 1 分		检查		5	
16		非转角与纵筋梅花点绑牢	错一处扣 1 分		检查		5	
17	安全施工		有安全意识，听从指挥，没有不安全行为		巡查		5	
18	文明和绿色施工		工完场清，6S 标准		巡查		10	

评分员签名： 日期：

框架梁钢筋安装实训学生工作页　　附表 19

<table>
<tr><td>姓名</td><td></td><td>专业</td><td></td><td>班级</td><td></td><td>成绩</td><td></td></tr>
<tr><td>实训
项目</td><td>框架梁钢筋安装</td><td>实训
时间</td><td></td><td>实训
地点</td><td colspan="3"></td></tr>
<tr><td colspan="4">基础知识</td><td colspan="2">评分权重 30%</td><td colspan="2">得分：</td></tr>
<tr><td colspan="2">1. 钢筋工程验收内容（主控项目、一般项目）</td><td colspan="6"></td></tr>
<tr><td colspan="2">2. 钢筋连接质量主要控制项目</td><td colspan="6"></td></tr>
<tr><td colspan="2">3. 钢筋连接种类</td><td colspan="6"></td></tr>
<tr><td colspan="2">4. 梁端第一个箍筋距支座距离</td><td colspan="6"></td></tr>
<tr><td colspan="4">实践操作</td><td colspan="2">评分权重 50%</td><td colspan="2">得分：</td></tr>
<tr><td colspan="2">1. 梁钢筋安装所用工具</td><td colspan="6"></td></tr>
<tr><td colspan="2">2. 梁钢筋安装所用材料</td><td colspan="6"></td></tr>
<tr><td colspan="2">3. 梁钢筋骨架安装顺序</td><td colspan="6"></td></tr>
<tr><td colspan="2">4. 梁受力筋连接位置</td><td colspan="6"></td></tr>
<tr><td colspan="2">5. 梁受力筋连接数量</td><td colspan="6"></td></tr>
<tr><td colspan="4">操作心得</td><td colspan="2">评分权重 20%</td><td colspan="2">得分：</td></tr>
<tr><td colspan="8"></td></tr>
</table>

评分员签名：　　日期：

框架梁钢筋安装验收考核表 **附表 20**

<table>
<tr><td>姓名</td><td colspan="2"></td><td>专业</td><td></td><td>班级</td><td></td><td>成绩</td><td colspan="2"></td></tr>
<tr><td>实训项目</td><td colspan="2">框架梁钢筋安装</td><td>实训时间</td><td></td><td>实训地点</td><td colspan="4"></td></tr>
<tr><td>序号</td><td colspan="3">检验内容</td><td>要求及允许偏差</td><td colspan="2">检验方法</td><td>验收记录</td><td>权重</td><td>得分</td></tr>
<tr><td>1</td><td colspan="3">团队精神</td><td>分工明确、协同合作</td><td colspan="2">巡查</td><td></td><td>5</td><td></td></tr>
<tr><td>2</td><td colspan="3">工匠精神</td><td>吃苦耐劳、精益求精</td><td colspan="2">巡查</td><td></td><td>5</td><td></td></tr>
<tr><td>3</td><td colspan="3">施工进度</td><td>规范操作并按时完成</td><td colspan="2">巡查</td><td></td><td>5</td><td></td></tr>
<tr><td>4</td><td colspan="3">主控项目</td><td>钢筋品种、级别、直径、数量</td><td colspan="2">检查</td><td></td><td>5</td><td></td></tr>
<tr><td>5</td><td colspan="3">钢筋骨架长允许偏差</td><td>±10mm</td><td colspan="2">尺量</td><td></td><td>5</td><td></td></tr>
<tr><td>6</td><td colspan="3">钢筋骨架宽、高允许偏差</td><td>±5mm</td><td colspan="2">尺量</td><td></td><td>5</td><td></td></tr>
<tr><td>7</td><td rowspan="5">受力钢筋</td><td colspan="2">锚固长度</td><td>−20</td><td colspan="2">尺量</td><td></td><td>5</td><td></td></tr>
<tr><td>8</td><td colspan="2">间距</td><td>±10mm</td><td colspan="2" rowspan="2">尺量两端、中间，取最大偏差值</td><td></td><td>5</td><td></td></tr>
<tr><td>9</td><td colspan="2">排距</td><td>±5mm</td><td></td><td>5</td><td></td></tr>
<tr><td>10</td><td colspan="2">保护层厚度</td><td>±5mm</td><td colspan="2">尺量</td><td></td><td>5</td><td></td></tr>
<tr><td>11</td><td colspan="2">垫块间距 1000mm</td><td>不遗漏</td><td colspan="2">检查</td><td></td><td>5</td><td></td></tr>
<tr><td>12</td><td rowspan="7">绑扎箍筋</td><td colspan="2">箍筋位置</td><td>正确</td><td colspan="2">检查</td><td></td><td>5</td><td></td></tr>
<tr><td>13</td><td colspan="2">间距</td><td>±20mm</td><td colspan="2">尺量三挡，取最大偏差值</td><td></td><td>5</td><td></td></tr>
<tr><td>14</td><td colspan="2">梁箍筋加密区长度</td><td>正确</td><td colspan="2">尺量</td><td></td><td>5</td><td></td></tr>
<tr><td>15</td><td colspan="2">梁箍筋非加密区长度</td><td>正确</td><td colspan="2">尺量</td><td></td><td>5</td><td></td></tr>
<tr><td>16</td><td colspan="2">搭接接头位置、长度</td><td>正确</td><td colspan="2">检查</td><td></td><td>5</td><td></td></tr>
<tr><td>17</td><td colspan="2">弯钩叠合处错开绑扎，受力筋与箍筋紧密贴合</td><td>错一处扣 1 分</td><td colspan="2">检查</td><td></td><td>5</td><td></td></tr>
<tr><td>18</td><td colspan="2">转角与纵筋绑牢</td><td>错一处扣 1 分</td><td colspan="2">检查</td><td></td><td>5</td><td></td></tr>
<tr><td>19</td><td colspan="3">安全施工</td><td>有安全意识，听从指挥，没有不安全行为</td><td colspan="2">巡查</td><td></td><td>5</td><td></td></tr>
<tr><td>20</td><td colspan="3">文明和绿色施工</td><td>工完场清，6S 标准</td><td colspan="2">巡查</td><td></td><td>5</td><td></td></tr>
</table>

评分员签名： 日期：

现浇板钢筋安装实训学生工作页　　附表 21

<table>
<tr><td>姓名</td><td></td><td>专业</td><td></td><td>班级</td><td></td><td>成绩</td><td></td></tr>
<tr><td>实训项目</td><td>现浇板钢筋安装</td><td>实训时间</td><td></td><td>实训地点</td><td colspan="3"></td></tr>
<tr><td colspan="4">基础知识</td><td colspan="2">评分权重 30%</td><td colspan="2">得分：</td></tr>
<tr><td colspan="3">1. 板钢筋工程验收内容(主控项目、一般项目)</td><td colspan="5"></td></tr>
<tr><td colspan="3">2. 板第一根钢筋位置</td><td colspan="5"></td></tr>
<tr><td colspan="3">3. 板 X 向、Y 向钢筋上下关系</td><td colspan="5"></td></tr>
<tr><td colspan="4">实践操作</td><td colspan="2">评分权重 50%</td><td colspan="2">得分：</td></tr>
<tr><td colspan="3">1. 板钢筋安装所用工具材料的准备</td><td colspan="5"></td></tr>
<tr><td colspan="3">2. 板钢筋安装顺序</td><td colspan="5"></td></tr>
<tr><td colspan="3">3. 板纵筋断料长度</td><td colspan="5"></td></tr>
<tr><td colspan="3">4. 板 X 向钢筋位置</td><td colspan="5"></td></tr>
<tr><td colspan="3">5. 板 Y 向钢筋位置</td><td colspan="5"></td></tr>
<tr><td colspan="4">操作心得</td><td colspan="2">评分权重 20%</td><td colspan="2">得分：</td></tr>
<tr><td colspan="8"></td></tr>
</table>

评分员签名：　　　　　　　　　　日期：

现浇板钢筋安装实训验收考核表 附表 22

<table>
<tr><td>姓名</td><td colspan="2"></td><td>专业</td><td></td><td>班级</td><td></td><td>成绩</td><td colspan="2"></td></tr>
<tr><td>实训
项目</td><td colspan="2">现浇板钢筋安装</td><td>实训
时间</td><td></td><td>实训
地点</td><td colspan="4"></td></tr>
<tr><td>序号</td><td colspan="3">检验内容</td><td colspan="2">要求及允许偏差</td><td>检验
方法</td><td>验收
记录</td><td>权
重</td><td>得分</td></tr>
<tr><td>1</td><td colspan="3">团队精神</td><td colspan="2">分工明确、协同合作</td><td>巡查</td><td></td><td>5</td><td></td></tr>
<tr><td>2</td><td colspan="3">工匠精神</td><td colspan="2">吃苦耐劳、精益求精</td><td>巡查</td><td></td><td>5</td><td></td></tr>
<tr><td>3</td><td colspan="3">施工进度</td><td colspan="2">规范操作并按时完成</td><td>巡查</td><td></td><td>10</td><td></td></tr>
<tr><td>4</td><td colspan="3">主控项目</td><td colspan="2">钢筋品种、级别、
直径、数量</td><td>检查</td><td></td><td>10</td><td></td></tr>
<tr><td>5</td><td colspan="3">钢筋骨架长允许偏差</td><td colspan="2">±10mm</td><td>尺量</td><td></td><td>10</td><td></td></tr>
<tr><td>6</td><td colspan="3">钢筋骨架宽、高允许偏差</td><td colspan="2">±5mm</td><td>尺量</td><td></td><td>10</td><td></td></tr>
<tr><td>7</td><td rowspan="6">板钢筋</td><td colspan="2">锚固长度</td><td colspan="2">−20</td><td>尺量</td><td></td><td>10</td><td></td></tr>
<tr><td>8</td><td colspan="2">间距</td><td colspan="2">±10mm</td><td rowspan="2">尺量两端、中间，
取最大偏差值</td><td></td><td>10</td><td></td></tr>
<tr><td>9</td><td colspan="2">排距</td><td colspan="2">±5mm</td><td></td><td>5</td><td></td></tr>
<tr><td>10</td><td colspan="2">钢筋位置</td><td colspan="2">错一处扣 2.5 分</td><td>检查</td><td></td><td>5</td><td></td></tr>
<tr><td>11</td><td colspan="2">搭接接头位置、长度</td><td colspan="2">错一处扣 2.5 分</td><td>检查</td><td></td><td>5</td><td></td></tr>
<tr><td>12</td><td colspan="2">是否绑牢，绑扎点
是否符合要求</td><td colspan="2">错一处扣 1 分</td><td>检查</td><td></td><td>5</td><td></td></tr>
<tr><td>13</td><td colspan="3">安全施工</td><td colspan="2">有安全意识，听从指挥，
没有不安全行为</td><td>巡查</td><td></td><td>5</td><td></td></tr>
<tr><td>14</td><td colspan="3">文明和绿色施工</td><td colspan="2">工完场清，6S 标准</td><td>巡查</td><td></td><td>5</td><td></td></tr>
</table>

评分员签名： 日期：

楼梯钢筋安装实训学生工作页　　附表 23

<table>
<tr><td>姓名</td><td></td><td>专业</td><td></td><td>班级</td><td></td><td>成绩</td><td></td></tr>
<tr><td>实训
项目</td><td>楼梯钢筋安装</td><td>实训
时间</td><td></td><td>实训
地点</td><td colspan="3"></td></tr>
<tr><td colspan="4">基础知识</td><td colspan="2">评分权重 30%</td><td colspan="2">得分：</td></tr>
<tr><td colspan="3">1. 楼梯类型</td><td colspan="5"></td></tr>
<tr><td colspan="3">2. 楼梯钢筋工程验收内容(主控项目、一般项目)</td><td colspan="5"></td></tr>
<tr><td colspan="3">3. 楼梯 X 向、Y 向钢筋上下关系</td><td colspan="5"></td></tr>
<tr><td colspan="4">实践操作</td><td colspan="2">评分权重 50%</td><td colspan="2">得分：</td></tr>
<tr><td colspan="3">1. 楼梯钢筋安装所用工具材料的准备</td><td colspan="5"></td></tr>
<tr><td colspan="3">2. 楼梯钢筋安装顺序</td><td colspan="5"></td></tr>
<tr><td colspan="3">3. 楼梯第一根钢筋位置</td><td colspan="5"></td></tr>
<tr><td colspan="3">4. 楼梯 X 向钢筋位置</td><td colspan="5"></td></tr>
<tr><td colspan="3">5. 楼梯 Y 向钢筋位置</td><td colspan="5"></td></tr>
<tr><td colspan="4">操作心得</td><td colspan="2">评分权重 20%</td><td colspan="2">得分：</td></tr>
<tr><td colspan="8"></td></tr>
</table>

评分员签名：　　日期：

楼梯钢筋安装实训验收考核表　　附表 24

<table>
<tr><td>姓名</td><td colspan="2"></td><td>专业</td><td></td><td>班级</td><td></td><td>成绩</td><td colspan="2"></td></tr>
<tr><td>实训
项目</td><td colspan="2">楼梯钢筋安装</td><td>实训
时间</td><td></td><td>实训
地点</td><td colspan="4"></td></tr>
<tr><td>序号</td><td colspan="2">检验内容</td><td colspan="2">要求及允许偏差</td><td colspan="2">检验方法</td><td>验收记录</td><td>权重</td><td>得分</td></tr>
<tr><td>1</td><td colspan="2">团队精神</td><td colspan="2">分工明确、协同合作</td><td colspan="2">巡查</td><td></td><td>5</td><td></td></tr>
<tr><td>2</td><td colspan="2">工匠精神</td><td colspan="2">吃苦耐劳、精益求精</td><td colspan="2">巡查</td><td></td><td>5</td><td></td></tr>
<tr><td>3</td><td colspan="2">施工进度</td><td colspan="2">规范操作并按时完成</td><td colspan="2">巡查</td><td></td><td>10</td><td></td></tr>
<tr><td>4</td><td colspan="2">主控项目</td><td colspan="2">钢筋品种、级别、
直径、数量</td><td colspan="2">检查</td><td></td><td>10</td><td></td></tr>
<tr><td>5</td><td colspan="2">钢筋骨架长允许偏差</td><td colspan="2">±10mm</td><td colspan="2">尺量</td><td></td><td>10</td><td></td></tr>
<tr><td>6</td><td colspan="2">钢筋骨架宽、高允许偏差</td><td colspan="2">±5mm</td><td colspan="2">尺量</td><td></td><td>10</td><td></td></tr>
<tr><td>7</td><td rowspan="6">楼梯钢筋</td><td>锚固长度</td><td colspan="2">−20</td><td colspan="2">尺量</td><td></td><td>10</td><td></td></tr>
<tr><td>8</td><td>间距</td><td colspan="2">±10mm</td><td colspan="2" rowspan="2">尺量两端、中间，取最大偏差值</td><td></td><td>10</td><td></td></tr>
<tr><td>9</td><td>排距</td><td colspan="2">±5mm</td><td></td><td>5</td><td></td></tr>
<tr><td>10</td><td>钢筋位置</td><td colspan="2">错一处扣 2.5 分</td><td colspan="2">检查</td><td></td><td>5</td><td></td></tr>
<tr><td>11</td><td>搭接接头位置、长度</td><td colspan="2">错一处扣 2.5 分</td><td colspan="2">检查</td><td></td><td>5</td><td></td></tr>
<tr><td>12</td><td>是否绑牢，绑扎点
是否符合要求</td><td colspan="2">错一处扣 1 分</td><td colspan="2">检查</td><td></td><td>5</td><td></td></tr>
<tr><td>13</td><td colspan="2">安全施工</td><td colspan="2">有安全意识，听从指挥，
没有不安全行为</td><td colspan="2">巡查</td><td></td><td>5</td><td></td></tr>
<tr><td>14</td><td colspan="2">文明和绿色施工</td><td colspan="2">工完场清，6S 标准</td><td colspan="2">巡查</td><td></td><td>5</td><td></td></tr>
</table>

评分员签名：　　　　日期：

剪力墙钢筋安装实训学生工作页　　附表 25

姓名		专业		班级		成绩	
实训项目	剪力墙钢筋安装	实训时间		实训地点			
基础知识				评分权重 30%		得分：	
1. 剪力墙钢筋工程验收内容（主控项目、一般项目）							
2. 剪力墙第一根钢筋位置							
3. 剪力墙分为哪几个部分？该段墙属于哪种类型？							
实践操作				评分权重 50%		得分：	
1. 剪力墙钢筋安装所用工具材料的准备							
2. 剪力墙钢筋安装顺序							
3. 剪力墙水平筋位置							
4. 剪力墙竖向筋位置							
5. 剪力墙拉筋位置							
操作心得				评分权重 20%		得分：	

评分员签名：　　日期：

剪力墙钢筋安装实训验收考核表 附表 26

姓名		专业		班级		成绩		
实训项目	剪力墙钢筋安装	实训时间		实训地点				
序号	检验内容		要求及允许偏差	检验方法		验收记录	权重	得分
1	团队精神		分工明确、协同合作	巡查			5	
2	工匠精神		吃苦耐劳、精益求精	巡查			5	
3	施工进度		规范操作并按时完成	巡查			10	
4	主控项目		钢筋品种、级别、直径、数量	检查			10	
5	钢筋骨架长允许偏差		±10mm	尺量			10	
6	钢筋骨架宽、高允许偏差		±5mm	尺量			10	
7	剪力墙钢筋	锚固长度	−20	尺量			10	
8		间距	±10mm	尺量两端、中间，取最大偏差值			10	
9		排距	±5mm				5	
10		钢筋位置	错一处扣 2.5 分	检查			5	
11		搭接接头位置、长度	错一处扣 2.5 分	检查			5	
12		是否绑牢，绑扎点是否符合要求	错一处扣 1 分	检查			5	
13	安全施工		有安全意识，听从指挥，没有不安全行为	巡查			5	
14	文明和绿色施工		工完场清，6S 标准	巡查			5	

评分员签名： 日期：

模板加工实训学生工作页　　附表 27

<table>
<tr><td>姓名</td><td></td><td>专业</td><td></td><td>班级</td><td></td><td>成绩</td><td></td></tr>
<tr><td>实训
项目</td><td>模板加工</td><td>实训
时间</td><td></td><td>实训
地点</td><td colspan="3"></td></tr>
<tr><td colspan="4">基础知识</td><td colspan="2">评分权重 30%</td><td colspan="2">得分：</td></tr>
<tr><td colspan="3">1. 模板有哪几种？根据构件特点选用模板</td><td colspan="5"></td></tr>
<tr><td colspan="3">2. 一块原材料模板的尺寸是多少？</td><td colspan="5"></td></tr>
<tr><td colspan="3">3. 该种模板的构造组成</td><td colspan="5"></td></tr>
<tr><td colspan="4">实践操作</td><td colspan="2">评分权重 50%</td><td colspan="2">得分：</td></tr>
<tr><td colspan="3">1. 模板加工所用工具材料的准备</td><td colspan="5"></td></tr>
<tr><td colspan="3">2. 该构件模板的构成</td><td colspan="5"></td></tr>
<tr><td colspan="3">3. 该构件各拼板的长宽高尺寸</td><td colspan="5"></td></tr>
<tr><td colspan="3">4. 模板加工的顺序</td><td colspan="5"></td></tr>
<tr><td colspan="3">5. 模板加工质量包括哪些内容？</td><td colspan="5"></td></tr>
<tr><td colspan="4">操作心得</td><td colspan="2">评分权重 20%</td><td colspan="2">得分：</td></tr>
<tr><td colspan="8"></td></tr>
</table>

评分员签名：　　　　　　　　日期：

模板加工实训验收考核表 附表 28

姓名		专业		班级		成绩		
实训项目	模板加工	实训时间		实训地点				
序号	检验内容		要求及允许偏差		检验方法	验收记录	权重	得分
1	团队精神		分工明确、协同合作		巡查		10	
2	工匠精神		吃苦耐劳、精益求精		巡查		10	
3	施工进度		规范操作并按时完成		巡查		10	
4	模板加工		平直		检查		10	
5	模板拼缝		紧密		检查		10	
6	模板尺寸		±10mm		尺量		10	
7	表面平整度		5mm		2m 靠尺和塞尺检查		10	
8	相邻两板表面高低差		2mm		尺量		10	
9	安全施工		有安全意识，听从指挥，没有不安全行为		巡查		10	
10	文明和绿色施工		工完场清，6S 标准		巡查		10	

评分员签名： 日期：

基础模板安装实训学生工作页 附表 29

姓名		专业		班级		成绩	
实训项目	基础模板安装	实训时间		实训地点			
基础知识				评分权重 30%		得分:	
1. 根据构件应选用哪种模板？该模板的优缺点是什么？							
2. 如何保证该模板的强度、刚度和稳定性？							
3. 模板质量验收有哪些内容？							
实践操作				评分权重 50%		得分:	
1. 该基础模板安装所用工具材料的准备							
2. 该基础模板的构成							
3. 该模板的长宽高尺寸							
4. 放线是否符合标准要求？							
5. 如何保证基础模板位置与其轴线对齐？							
6. 如何检查和调整基础模板垂直度？							
7. 基础模板安装顺序							
8. 基础模板内部尺寸							
9. 相邻两板表面高低差							
10. 表面平整度							
操作心得				评分权重 20%		得分:	

评分员签名： 日期：

基础模板安装实训验收考核表 附表 30

姓名		专业		班级		成绩	
实训项目	基础模板安装	实训时间		实训地点			
序号	检验内容	要求及允许偏差		检验方法	验收记录	权重	得分
1	团队精神	分工明确、协同合作		巡查		10	
2	工匠精神	吃苦耐劳、精益求精		巡查		10	
3	施工进度	规范操作并按时完成		巡查		10	
4	模板与轴线对中	允许偏差±5mm		尺量		10	
5	底模上表面标高	±5mm		水准仪或拉线、尺量		10	
6	层高垂直度(≤5m)	6mm		经纬仪或吊线、尺量		10	
7	模板内部尺寸	±10mm		尺量		10	
8	表面平整度	5mm		2m 靠尺和塞尺检查		10	
9	相邻两板表面高低差	2mm		尺量		10	
10	安全施工	有安全意识,听从指挥,没有不安全行为		巡查		5	
11	文明和绿色施工	工完场清,6S 标准		巡查		5	

评分员签名: 日期:

框架柱模板安装实训学生工作页　　附表 31

<table>
<tr><td>姓名</td><td></td><td>专业</td><td></td><td>班级</td><td></td><td>成绩</td><td></td></tr>
<tr><td>实训
项目</td><td>框架柱模板安装</td><td>实训
时间</td><td></td><td>实训
地点</td><td colspan="3"></td></tr>
<tr><td colspan="5">基础知识</td><td colspan="2">评分权重 30%</td><td>得分：</td></tr>
<tr><td colspan="3">1. 根据构件应选用哪种模板？该模板的优缺点是什么？</td><td colspan="5"></td></tr>
<tr><td colspan="3">2. 如何保证该模板的强度、刚度和稳定性？</td><td colspan="5"></td></tr>
<tr><td colspan="3">3. 模板质量验收有哪些内容？</td><td colspan="5"></td></tr>
<tr><td colspan="5">实践操作</td><td colspan="2">评分权重 50%</td><td>得分：</td></tr>
<tr><td colspan="3">1. 该柱模板安装所用工具材料的准备</td><td colspan="5"></td></tr>
<tr><td colspan="3">2. 该柱模板的构成</td><td colspan="5"></td></tr>
<tr><td colspan="3">3. 该模板的长宽高尺寸</td><td colspan="5"></td></tr>
<tr><td colspan="3">4. 放线是否符合标准要求？</td><td colspan="5"></td></tr>
<tr><td colspan="3">5. 如何保证柱模板位置与其轴线对齐？</td><td colspan="5"></td></tr>
<tr><td colspan="3">6. 如何检查和调整柱模板垂直度？</td><td colspan="5"></td></tr>
<tr><td colspan="3">7. 柱模板安装顺序</td><td colspan="5"></td></tr>
<tr><td colspan="3">8. 柱模板内部尺寸</td><td colspan="5"></td></tr>
<tr><td colspan="3">9. 相邻两板表面高低差</td><td colspan="5"></td></tr>
<tr><td colspan="3">10. 表面平整度</td><td colspan="5"></td></tr>
<tr><td colspan="5">操作心得</td><td colspan="2">评分权重 20%</td><td>得分：</td></tr>
<tr><td colspan="8"></td></tr>
</table>

评分员签名：　　日期：

框架柱模板安装实训验收考核表　　附表 32

<table>
<tr><td>姓名</td><td></td><td>专业</td><td></td><td>班级</td><td colspan="2"></td><td>成绩</td><td></td></tr>
<tr><td>实训项目</td><td>框架柱模板安装</td><td>实训时间</td><td></td><td>实训地点</td><td colspan="4"></td></tr>
<tr><td>序号</td><td colspan="2">检验内容</td><td colspan="2">要求及允许偏差</td><td>检验方法</td><td>验收记录</td><td>权重</td><td>得分</td></tr>
<tr><td>1</td><td colspan="2">团队精神</td><td colspan="2">分工明确、协同合作</td><td>巡查</td><td></td><td>10</td><td></td></tr>
<tr><td>2</td><td colspan="2">工匠精神</td><td colspan="2">吃苦耐劳、精益求精</td><td>巡查</td><td></td><td>10</td><td></td></tr>
<tr><td>3</td><td colspan="2">施工进度</td><td colspan="2">规范操作并按时完成</td><td>巡查</td><td></td><td>10</td><td></td></tr>
<tr><td>4</td><td colspan="2">模板与轴线对中</td><td colspan="2">允许偏差±5mm</td><td>尺量</td><td></td><td>10</td><td></td></tr>
<tr><td>5</td><td colspan="2">柱模板顶面标高</td><td colspan="2">±5mm</td><td>水准仪或拉线、尺量</td><td></td><td>10</td><td></td></tr>
<tr><td>6</td><td colspan="2">层高垂直度(≤5m)</td><td colspan="2">6mm</td><td>经纬仪或吊线、尺量</td><td></td><td>10</td><td></td></tr>
<tr><td>7</td><td colspan="2">模板内部尺寸</td><td colspan="2">±10mm</td><td>尺量</td><td></td><td>10</td><td></td></tr>
<tr><td>8</td><td colspan="2">表面平整度</td><td colspan="2">5mm</td><td>2m 靠尺和塞尺检查</td><td></td><td>10</td><td></td></tr>
<tr><td>9</td><td colspan="2">相邻两板表面高低差</td><td colspan="2">2mm</td><td>尺量</td><td></td><td>10</td><td></td></tr>
<tr><td>10</td><td colspan="2">安全施工</td><td colspan="2">有安全意识，听从指挥，没有不安全行为</td><td>巡查</td><td></td><td>5</td><td></td></tr>
<tr><td>11</td><td colspan="2">文明和绿色施工</td><td colspan="2">工完场清，6S 标准</td><td>巡查</td><td></td><td>5</td><td></td></tr>
</table>

评分员签名：　　日期：

框架梁模板安装实训学生工作页　　附表 33

姓名		专业		班级		成绩	
实训项目	框架梁模板安装	实训时间		实训地点			
基础知识				评分权重 30%		得分：	
1. 根据构件应选用哪种模板？该模板的优缺点是什么？							
2. 如何保证该模板的强度、刚度和稳定性？							
3. 模板质量验收有哪些内容？							
实践操作				评分权重 50%		得分：	
1. 该梁模板安装所用工具材料的准备							
2. 该梁模板的构成							
3. 该模板的长宽高尺寸							
4. 放线是否符合标准要求？							
5. 如何保证梁模板位置与其轴线对齐？							
6. 如何检查和调整梁模板垂直度？							
7. 梁模板安装顺序							
8. 梁模板内部尺寸							
9. 相邻两板表面高低差							
10. 表面平整度							
操作心得				评分权重 20%		得分：	

评分员签名：　　　　　　　　　　　　　　　　　　日期：

框架梁模板安装实训验收考核表 附表 34

姓名		专业		班级		成绩	
实训项目	框架梁模板安装	实训时间		实训地点			
序号	检验内容		要求及允许偏差	检验方法	验收记录	权重	得分
1	团队精神		分工明确、协同合作	巡查		10	
2	工匠精神		吃苦耐劳、精益求精	巡查		10	
3	施工进度		规范操作并按时完成	巡查		10	
4	模板与轴线对中		允许偏差±5mm	尺量		10	
5	底模上表面标高		±5mm	水准仪或拉线、尺量		10	
6	层高垂直度(≤5m)		6mm	经纬仪或吊线、尺量		10	
7	模板内部尺寸		±10mm	尺量		10	
8	表面平整度		5mm	2m 靠尺和塞尺检查		10	
9	相邻两板表面高低差		2mm	尺量		10	
10	安全施工		有安全意识，听从指挥，没有不安全行为	巡查		5	
11	文明和绿色施工		工完场清，6S 标准	巡查		5	

评分员签名： 日期：

现浇板模板安装实训学生工作页　　附表 35

<table>
<tr><td>姓名</td><td></td><td>专业</td><td></td><td>班级</td><td></td><td>成绩</td><td></td></tr>
<tr><td>实训项目</td><td>现浇板模板安装</td><td>实训时间</td><td></td><td>实训地点</td><td colspan="3"></td></tr>
<tr><td colspan="4">基础知识</td><td colspan="2">评分权重 30%</td><td colspan="2">得分：</td></tr>
<tr><td colspan="3">1. 根据构件应选用哪种模板？该模板的优缺点是什么？</td><td colspan="5"></td></tr>
<tr><td colspan="3">2. 如何保证该模板的强度、刚度和稳定性？</td><td colspan="5"></td></tr>
<tr><td colspan="3">3. 模板质量验收有哪些内容？</td><td colspan="5"></td></tr>
<tr><td colspan="4">实践操作</td><td colspan="2">评分权重 50%</td><td colspan="2">得分：</td></tr>
<tr><td colspan="3">1. 该板模板安装所用工具材料的准备</td><td colspan="5"></td></tr>
<tr><td colspan="3">2. 该板模板的构成</td><td colspan="5"></td></tr>
<tr><td colspan="3">3. 该模板的长宽高尺寸</td><td colspan="5"></td></tr>
<tr><td colspan="3">4. 放线是否符合标准要求？</td><td colspan="5"></td></tr>
<tr><td colspan="3">5. 如何保证板模板定位？</td><td colspan="5"></td></tr>
<tr><td colspan="3">6. 如何检查和调整板模板标高？</td><td colspan="5"></td></tr>
<tr><td colspan="3">7. 板模板安装顺序</td><td colspan="5"></td></tr>
<tr><td colspan="3">8. 板模板内部尺寸</td><td colspan="5"></td></tr>
<tr><td colspan="3">9. 相邻两板表面高低差</td><td colspan="5"></td></tr>
<tr><td colspan="3">10. 表面平整度</td><td colspan="5"></td></tr>
<tr><td colspan="4">操作心得</td><td colspan="2">评分权重 20%</td><td colspan="2">得分：</td></tr>
<tr><td colspan="8"></td></tr>
</table>

评分员签名：　　　　日期：

现浇板模板安装实训验收考核表

附表 36

姓名		专业		班级		成绩	
实训项目	现浇板模板安装	实训时间		实训地点			

序号	检验内容	要求及允许偏差	检验方法	验收记录	权重	得分
1	团队精神	分工明确、协同合作	巡查		10	
2	工匠精神	吃苦耐劳、精益求精	巡查		10	
3	施工进度	规范操作并按时完成	巡查		10	
4	模板与轴线对中	允许偏差±5mm	尺量		10	
5	底模上表面标高	±5mm	水准仪或拉线、尺量		10	
6	模板内部尺寸	±10mm	尺量		10	
7	表面平整度	5mm	2m 靠尺和塞尺检查		10	
8	相邻两板表面高低差	2mm	尺量		10	
9	安全施工	有安全意识，听从指挥，没有不安全行为	巡查		10	
10	文明和绿色施工	工完场清，6S 标准	巡查		10	

评分员签名：　　　　　　　　　　　　日期：

现浇楼梯模板安装实训学生工作页　　附表 37

<table>
<tr><td>姓名</td><td></td><td>专业</td><td></td><td>班级</td><td></td><td>成绩</td><td></td></tr>
<tr><td>实训项目</td><td>现浇楼梯模板安装</td><td>实训时间</td><td></td><td>实训地点</td><td colspan="3"></td></tr>
<tr><td colspan="4">基础知识</td><td colspan="2">评分权重 30%</td><td colspan="2">得分：</td></tr>
<tr><td colspan="3">1. 根据构件应选用哪种模板？该模板的优缺点是什么？</td><td colspan="5"></td></tr>
<tr><td colspan="3">2. 如何保证该模板的强度、刚度和稳定性？</td><td colspan="5"></td></tr>
<tr><td colspan="3">3. 模板质量验收有哪些内容？</td><td colspan="5"></td></tr>
<tr><td colspan="4">实践操作</td><td colspan="2">评分权重 50%</td><td colspan="2">得分：</td></tr>
<tr><td colspan="3">1. 该楼梯模板安装所用工具材料的准备</td><td colspan="5"></td></tr>
<tr><td colspan="3">2. 该楼梯模板的构成</td><td colspan="5"></td></tr>
<tr><td colspan="3">3. 该模板的长宽高尺寸</td><td colspan="5"></td></tr>
<tr><td colspan="3">4. 放线是否符合标准要求？</td><td colspan="5"></td></tr>
<tr><td colspan="3">5. 如何保证楼梯模板位置与其轴线对齐？</td><td colspan="5"></td></tr>
<tr><td colspan="3">6. 如何检查和调整楼梯模板垂直度？</td><td colspan="5"></td></tr>
<tr><td colspan="3">7. 楼梯模板安装顺序</td><td colspan="5"></td></tr>
<tr><td colspan="3">8. 楼梯模板内部尺寸</td><td colspan="5"></td></tr>
<tr><td colspan="3">9. 相邻两板表面高低差</td><td colspan="5"></td></tr>
<tr><td colspan="3">10. 表面平整度</td><td colspan="5"></td></tr>
<tr><td colspan="4">操作心得</td><td colspan="2">评分权重 20%</td><td colspan="2">得分：</td></tr>
<tr><td colspan="8"></td></tr>
</table>

评分员签名：　　　　日期：

现浇楼梯模板安装实训验收考核表 附表 38

姓名		专业		班级		成绩	
实训项目	现浇楼梯模板安装	实训时间		实训地点			
序号	检验内容	要求及允许偏差		检验方法	验收记录	权重	得分
1	团队精神	分工明确、协同合作		巡查		10	
2	工匠精神	吃苦耐劳、精益求精		巡查		10	
3	施工进度	规范操作并按时完成		巡查		10	
4	模板与轴线对中	允许偏差±5mm		尺量		10	
5	底模上表面标高	±5mm		水准仪或拉线、尺量		10	
6	层高垂直度(≤5m)	6mm		经纬仪或吊线、尺量		10	
7	模板内部尺寸	±10mm		尺量		10	
8	表面平整度	5mm		2m 靠尺和塞尺检查		10	
9	相邻两板表面高低差	2mm		尺量		10	
10	安全施工	有安全意识，听从指挥，没有不安全行为		巡查		5	
11	文明和绿色施工	工完场清，6S 标准		巡查		5	

评分员签名： 日期：

剪力墙模板安装实训学生工作页　　附表 39

<table>
<tr><td>姓名</td><td></td><td>专业</td><td></td><td>班级</td><td></td><td>成绩</td><td></td></tr>
<tr><td>实训
项目</td><td>剪力墙模板安装</td><td>实训
时间</td><td></td><td>实训
地点</td><td colspan="3"></td></tr>
<tr><td colspan="4">基础知识</td><td colspan="2">评分权重 30%</td><td colspan="2">得分：</td></tr>
<tr><td colspan="2">1. 根据构件应选用哪种模板？该模板的优缺点是什么？</td><td colspan="6"></td></tr>
<tr><td colspan="2">2. 如何保证该模板的强度、刚度和稳定性？</td><td colspan="6"></td></tr>
<tr><td colspan="2">3. 模板质量验收有哪些内容？</td><td colspan="6"></td></tr>
<tr><td colspan="4">实践操作</td><td colspan="2">评分权重 50%</td><td colspan="2">得分：</td></tr>
<tr><td colspan="2">1. 该剪力墙模板安装所用工具材料的准备</td><td colspan="6"></td></tr>
<tr><td colspan="2">2. 该剪力墙模板的构成</td><td colspan="6"></td></tr>
<tr><td colspan="2">3. 该模板的长宽高尺寸</td><td colspan="6"></td></tr>
<tr><td colspan="2">4. 放线是否符合标准要求？</td><td colspan="6"></td></tr>
<tr><td colspan="2">5. 如何保证剪力墙模板位置与其轴线对齐？</td><td colspan="6"></td></tr>
<tr><td colspan="2">6. 如何检查和调整剪力墙模板垂直度？</td><td colspan="6"></td></tr>
<tr><td colspan="2">7. 剪力墙模板安装顺序</td><td colspan="6"></td></tr>
<tr><td colspan="2">8. 剪力墙模板内部尺寸</td><td colspan="6"></td></tr>
<tr><td colspan="2">9. 相邻两板表面高低差</td><td colspan="6"></td></tr>
<tr><td colspan="2">10. 表面平整度</td><td colspan="6"></td></tr>
<tr><td colspan="4">操作心得</td><td colspan="2">评分权重 20%</td><td colspan="2">得分：</td></tr>
<tr><td colspan="8"></td></tr>
</table>

评分员签名：　　　　　　　　　　　　　　　　　　日期：

剪力墙模板安装实训验收考核表 **附表 40**

姓名		专业		班级		成绩	
实训项目	剪力墙模板安装	实训时间		实训地点			

序号	检验内容	要求及允许偏差	检验方法	验收记录	权重	得分
1	团队精神	分工明确、协同合作	巡查		10	
2	工匠精神	吃苦耐劳、精益求精	巡查		10	
3	施工进度	规范操作并按时完成	巡查		10	
4	模板与轴线对中	允许偏差±5mm	尺量		10	
5	剪力墙模板顶面标高	±5mm	水准仪或拉线、尺量		10	
6	层高垂直度(≤5m)	6mm	经纬仪或吊线、尺量		10	
7	模板内部尺寸	±10mm	尺量		10	
8	表面平整度	5mm	2m 靠尺和塞尺检查		10	
9	相邻两板表面高低差	2mm	尺量		10	
10	安全施工	有安全意识,听从指挥,没有不安全行为	巡查		5	
11	文明和绿色施工	工完场清,6S 标准	巡查		5	

评分员签名： 日期：

模板拆除及现浇结构观感质量验收实训学生工作页 附表 41

<table>
<tr><td>姓名</td><td></td><td>班级</td><td></td><td>指导
教师</td><td></td><td>成绩</td><td></td></tr>
<tr><td>实训
项目</td><td>模板拆除及现浇结构观感
质量验收</td><td>实训
时间</td><td></td><td>实训
地点</td><td colspan="3"></td></tr>
<tr><td colspan="4">基础知识</td><td colspan="2">评分权重 30%</td><td colspan="2">得分：</td></tr>
<tr><td colspan="2">1. 该构件模板拆除时间确定程序</td><td colspan="6"></td></tr>
<tr><td colspan="2">2. 现浇结构位置和尺寸主要检查哪些项目?</td><td colspan="6"></td></tr>
<tr><td colspan="2">3. 现浇结构经常会出现哪些质量缺陷?</td><td colspan="6"></td></tr>
<tr><td colspan="4">实践操作</td><td colspan="2">评分权重 50%</td><td colspan="2">得分：</td></tr>
<tr><td colspan="2">1. 该构件模板拆除所用工具材料的准备</td><td colspan="6"></td></tr>
<tr><td colspan="2">2. 该构件的模板拆除顺序</td><td colspan="6"></td></tr>
<tr><td colspan="2">3. 该构件模板拆除时间</td><td colspan="6"></td></tr>
<tr><td colspan="2">4. 该构件现浇结构有哪些质量缺陷?是一般质量缺陷还是严重质量缺陷?</td><td colspan="6"></td></tr>
<tr><td colspan="2">5. 检查该构件现浇结构的位置和尺寸是否在允许偏差内</td><td colspan="6"></td></tr>
<tr><td colspan="4">操作心得</td><td colspan="2">评分权重 20%</td><td colspan="2">得分：</td></tr>
<tr><td colspan="8"></td></tr>
</table>

评分员签名： 日期：

模板拆除及现浇结构观感质量验收实训考核表 附表 42

<table>
<tr><td>姓名</td><td></td><td>班级</td><td></td><td>指导
教师</td><td></td><td>成绩</td><td></td></tr>
<tr><td>实训
项目</td><td>模板拆除及现浇
结构观感质量验收</td><td>实训
时间</td><td></td><td>实训
地点</td><td colspan="3"></td></tr>
<tr><td>序
号</td><td colspan="2">检验内容</td><td>要求及允许偏差</td><td>检验
方法</td><td>验收记录</td><td>权重</td><td>得分</td></tr>
<tr><td>1</td><td colspan="2">团队精神</td><td>分工明确、协同合作</td><td>巡查</td><td></td><td>10</td><td></td></tr>
<tr><td>2</td><td colspan="2">工匠精神</td><td>吃苦耐劳、精益求精</td><td>巡查</td><td></td><td>10</td><td></td></tr>
<tr><td>3</td><td colspan="2">施工进度</td><td>规范操作并按时完成</td><td>巡查</td><td></td><td>10</td><td></td></tr>
<tr><td rowspan="2">4</td><td colspan="2" rowspan="2">现浇结构外观质量缺陷</td><td>严重质量缺陷扣 10 分</td><td>目测、尺量</td><td></td><td>10</td><td></td></tr>
<tr><td>一般质量缺陷每处扣 2 分</td><td>目测、尺量</td><td></td><td>10</td><td></td></tr>
<tr><td rowspan="3">5</td><td rowspan="3">轴线位置</td><td>整体基础</td><td>15mm</td><td rowspan="3">经纬仪及尺量</td><td rowspan="3"></td><td rowspan="3">10</td><td rowspan="3"></td></tr>
<tr><td>独立基础</td><td>10mm</td></tr>
<tr><td>柱、墙、梁</td><td>8mm</td></tr>
<tr><td rowspan="2">6</td><td rowspan="2">标高</td><td>层高</td><td>±10mm</td><td rowspan="2">水准仪或
吊线、尺量</td><td rowspan="2"></td><td rowspan="2">10</td><td rowspan="2"></td></tr>
<tr><td>全高</td><td>±30mm</td></tr>
<tr><td rowspan="2">7</td><td rowspan="2">柱、墙
垂直度</td><td>层高≤5m</td><td>8mm</td><td rowspan="2">经纬仪或
吊线、尺量</td><td rowspan="2"></td><td rowspan="2">10</td><td rowspan="2"></td></tr>
<tr><td>层高>5m</td><td>10mm</td></tr>
<tr><td>8</td><td colspan="2">表面平整度</td><td>5mm</td><td>2m 靠尺和
塞尺检查</td><td></td><td>10</td><td></td></tr>
<tr><td>9</td><td colspan="2">安全施工</td><td>有安全意识，听从指挥，
没有不安全行为</td><td>巡查</td><td></td><td>10</td><td></td></tr>
<tr><td>10</td><td colspan="2">文明和绿色施工</td><td>工完场清，6S 标准</td><td>巡查</td><td></td><td>10</td><td></td></tr>
</table>

评分员签名： 日期：

混凝土浇筑及养护实训学生工作页 附表 43

姓名		专业		班级		成绩	
实训项目	混凝土浇筑及养护	实训时间		实训地点			
基础知识				评分权重 30%		得分：	
1. 混凝土浇筑及养护的顺序							
2. 混凝土振捣密实的判断标准							
3. 养护方法是什么？养护开始时间							
实践操作				评分权重 50%		得分：	
1. 混凝土浇筑及养护所用工具材料的准备							
2. 坍落度是否符合要求？							
3. 浇筑至什么位置？作业方向顺序							
4. 钢筋是否变形、移位？							
5. 是否胀模、跑模、漏浆？							
6. 混凝土是否振捣密实							
7. 施工缝留设位置是否正确？							
8. 施工缝接浆处理的步骤							
9. 工具设备使用是否规范？							
10. 是否在初凝前浇筑完毕？							
操作心得				评分权重 20%		得分：	

评分员签名： 日期：

混凝土浇筑及养护实训验收考核表 附表 44

<table>
<tr><td>姓名</td><td></td><td>专业</td><td colspan="2"></td><td>班级</td><td></td><td>成绩</td><td></td></tr>
<tr><td>实训项目</td><td>混凝土浇筑及养护</td><td>实训时间</td><td colspan="2"></td><td>实训地点</td><td colspan="3"></td></tr>
<tr><td>序号</td><td colspan="2">检验内容</td><td colspan="2">要求及允许偏差</td><td>检验方法</td><td>验收记录</td><td>权重</td><td>得分</td></tr>
<tr><td>1</td><td colspan="2">团队精神</td><td colspan="2">分工明确、协同合作</td><td>巡查</td><td></td><td>10</td><td></td></tr>
<tr><td>2</td><td colspan="2">工匠精神</td><td colspan="2">吃苦耐劳、精益求精</td><td>巡查</td><td></td><td>10</td><td></td></tr>
<tr><td>3</td><td colspan="2">施工进度</td><td colspan="2">规范操作并按时完成</td><td>巡查</td><td></td><td>10</td><td></td></tr>
<tr><td>4</td><td colspan="2">正确使用工具设备</td><td colspan="2">规范使用</td><td>巡查</td><td></td><td>10</td><td></td></tr>
<tr><td rowspan="2">5</td><td colspan="2" rowspan="2">坍落度测定</td><td>C10、C15</td><td>30～50mm
±10mm</td><td rowspan="2">检查</td><td rowspan="2"></td><td rowspan="2">10</td><td rowspan="2"></td></tr>
<tr><td>C20～C35</td><td>70～90mm
±20mm</td></tr>
<tr><td>6</td><td colspan="2">钢筋变形、移位</td><td colspan="2">每发现一处扣 2 分</td><td>目测、尺量</td><td></td><td>10</td><td></td></tr>
<tr><td>7</td><td colspan="2">模板胀模、跑模、漏浆</td><td colspan="2">每发现一处扣 2 分</td><td>目测、尺量</td><td></td><td>10</td><td></td></tr>
<tr><td>8</td><td colspan="2">混凝土振捣密实</td><td colspan="2">每发现一处扣 5 分</td><td>目测、尺量</td><td></td><td>10</td><td></td></tr>
<tr><td>9</td><td colspan="2">施工缝留设位置</td><td colspan="2">正确</td><td>检查</td><td></td><td>10</td><td></td></tr>
<tr><td>10</td><td colspan="2">安全施工</td><td colspan="2">有安全意识，听从指挥，
没有不安全行为</td><td>巡查</td><td></td><td>5</td><td></td></tr>
<tr><td>11</td><td colspan="2">文明和绿色施工</td><td colspan="2">工完场清，6S 标准</td><td>巡查</td><td></td><td>5</td><td></td></tr>
</table>

评分员签名： 日期：

建筑设计说明

1. 设计依据：

1.1　经建设单位及规划部门审批通过的方案图

1.2　建设单位提供的《某县城市规划建筑线测设图》

1.3　建设单位提供的设计任务书及地质勘察报告

1.4	《建筑设计防火规范》(2018年版)	GB 50016—2014
1.5	《办公建筑设计标准》	JGJ/T 67—2019
1.6	《民用建筑设计统一标准》	GB 50352—2019
1.7	《建筑内部装修设计防火规范》	GB 50222—2017
1.8	《建筑灭火器配置设计规范》	CB 50140—2005
1.9	《公共建筑节能设计标准黑龙江省实施细则》	DB 23/1269—2008
1.10	《屋面工程技术规范》	GB 50345—2012

1.11　国家、地方有关建筑设计中卫生、环境保护、抗震等标准规定

2. 项目概况：

2.1　工程名称：某某县现代农业园区办公楼。

2.2　建设地点：某某县，具体位置见总平面图。

2.3　建设单位：某某县现代农业园区。

2.4　总建筑面积：4201.32m^2；建筑占地面积：1053.84m^2。

2.5　建筑层高：一层层高3.9m，二、三层层高3.6m，顶层层高3.9m，局部4.5m，建筑高度：17.40m（至最高处女儿墙）。

2.6　建筑结构形式：钢筋混凝土框架结构，基础形式：钢筋混凝土独立基础，建筑结构类别：3类，建筑合理使用年限：50年，抗震设防烈度：六度。

2.7　建筑使用性质及功能：本工程属多层办公建筑，为企业内部行政办公用房。

2.8　建筑耐火等级：二级。

3. 设计标高：

3.1　+0.000相当于黄海高程99.310m。

3.2　各层标注标高为建筑完成面标高，屋面标高为结构面标高。

本设计中标高以米（m）为单位，其他尺寸以毫米（mm）为单位。

4. 建筑防火设计：

4.1　防火分区：建筑一、二层划分为一个防火分区，三、四层为一个防火分区，每个防火分区不大于2500m^2。

4.2　安全疏散：本工程设两部封闭疏散楼梯间，楼梯最小疏散宽度：1.10m。

4.3　防火设施：建筑内厨房部分与办公部分隔墙耐火等级大于2h，隔墙上门为乙级防火门。

4.4　防火构造：玻璃幕墙在沿楼层梁板高度范围内满填防火岩棉。

4.5　灭火器配置：本建筑为中危险级，灭火器最大保护距离：20m，灭火器型号为MF/ABC3。

5. 墙体工程：

5.1　外围护墙：

5.1.1　地上非承重的外围护墙采用200mm厚陶粒混凝土砌块，局部造型部位为200mm厚陶粒砌块墙，外贴100mm厚阻燃型A级岩棉板，墙体砌筑按《工程做法龙02J2001》DBJT 07—200—01《框架结构填充GZL高保温砌块墙体建筑节能构造》要求，用保温砂浆砌筑，墙体拉结措施见结构图。

5.1.2　钢筋混凝土过梁挑檐及钢筋混凝土板端外伸部位均退后墙面30mm，外设30mm厚挤塑苯板，保证围护结构热桥。

5.1.3　部位的内表面温度不低于室内空气的露点温度。

5.2　内隔墙。

5.2.1　内墙200mm厚（局部100mm厚）陶粒砌块墙，砌块容重≤750kg/m^3。

砌块及砌筑砂浆的强度等级见结施。

5.2.2　墙体留洞及封堵：砌筑墙预留洞见建筑专业和设备专业图纸；砌筑墙体预留洞过梁见结构专业图纸；砌筑墙留洞待管道设备安装完毕后，用C20细石混凝土填实。

6. 建筑节能设计：

6.1　依据《公共建筑节能设计标准黑龙江省实施细则》DB 23/1269—2008进行节能设计。

6.2　本工程所处地区为严寒地区A区，本工程体形系数小于0.3。

6.3　外墙平均传热系数按≤0.45W/（m^2·k）控制，屋顶按≤0.35W/（m^2·k）控制，外窗要求≤2.0W/（m^2·k）。

6.4　外围护墙：一般为200mm厚陶粒混凝土砌块，传热系数0.38W/（m^2·k）。

6.5　建筑首层地面增设30mm厚挤塑苯板（距外墙2m范围内，有地沟处不设）。

6.6　屋面设100mm厚挤塑苯板。

7. 外装修工程：

7.1　外装修：外墙饰面为干挂花岗石，颜色参见效果图。

7.2　外墙涂料做法：1. 陶粒混凝土砌块外表面去凸整平；2. 基层处理剂一道；3. 6mm厚1∶0.5∶4水泥石灰膏砂浆打底扫毛；4. 6mm厚1∶1∶6水泥石灰膏砂浆刮平扫毛；

工程名称	办公楼				
图　　名	建筑设计说明（一）				
工程编号	20141001	图号	建施01	日期	2014.05

5.6mm 厚 1∶2.5 水泥砂浆找平；6. 喷刷外墙涂料

7.3　主入口轻钢结构雨篷由专业厂家配合施工。

8. 门窗：

8.1　建筑外门窗抗风压性能分级为 3 级，气密性能分级为 4 级，水密性能分级为 5 级，保温性能分级为 9 级，隔声性能分级为 3 级。

8.2　外门均为铝合金中空玻璃保温外门。

8.3　内门采用实木内门。

8.4　外窗采用单框三玻塑钢窗。

8.5　门窗立面均表示洞口尺寸，门窗加工时应根据面层厚度由厂家适当调整门窗尺寸。

8.6　门窗选料、颜色、玻璃见门窗表附注：门窗五金件购置与其配套产品。

9. 防水防潮：

9.1　墙身防潮层：墙身防潮层为 20mm 厚 1∶2.5 水泥砂浆，内掺刚性防水外加剂掺量按相应图集。

9.2　卫生间地面抹 1∶2.5 水泥砂浆，分两次抹平，坡向地漏最薄处 20mm 厚，卫生间墙距楼板 200mm 高范围内为 C20 素混凝土，厚度同墙等厚，防水遇墙时，上返 200mm。

9.3　卫生间的管道穿楼板处及地漏、坐便器处防水构造详见《TS 95 硅质防水剂刚性地下室防水建筑构造》DBJT 07—62—96 LJ521 第 6 页。

本工程所有穿楼地面管道均设套管，套管高出楼地面 30～50mm。

10. 屋面工程：

10.1　屋面防水等级设为Ⅱ级，防水层合理使用年限：15 年。

10.2　高分子复合防水卷材与防水混凝土组成的刚柔两道复合防水做法，详见墙身剖面节点详图。

10.3　屋面采用有组织排水，外排水雨水斗、雨水管采用镀锌钢板或 PVC 管。雨水管内径 100mm。

10.4　屋面保温层为 100mm 厚挤塑泡沫保温板（分双层错缝搭接）。

10.5　雨水管下端地面上设混凝土水簸箕。

11. 玻璃幕墙工程：

11.1　玻璃幕墙的设计、制作和安装应执行《玻璃幕墙工程技术规范》JGJ 102—2003。

11.2　金属与石材玻璃幕墙设计、制作和安装应执行《金属与石材幕墙工程技术规范》JGJ 133—2001。

11.3　本工程的玻璃幕墙立面图仅表示立面形式，分格、开启方式、颜色材质参照效果图。

11.4　玻璃幕墙厂家负责玻璃幕墙具体设计，并配合施工预留埋件。

11.5　玻璃幕墙与其周边防火分隔构件间的缝隙、与楼板或隔墙外沿间的缝隙、与实体墙面洞口边缘间的缝隙等，须用防火材料封堵。

11.6　石材幕墙材质颜色参照效果图或由建设单位确定。

12. 内装修工程：

12.1　内装修工程执行《建筑内部装修防火规范》GB 50222—2017，楼地面执行《建筑地面设计规范》GB 50037—2013。

12.2　本工程室内一般装修详见室内装修材料做法表，图中未注明颜色的饰面材料须经建设单位与设计单位确认样品后再定颜色。

12.3　室内装修构造层次依据黑龙江省标准图集《工程做法龙 02J2001》DBJT 07—200—01。

12.4　室内墙体阳角处面抹 20mm 厚 100mm 宽 1∶2 水泥砂浆，高同门洞高。

12.5　室内楼梯、踏步、栏杆扶手：楼梯栏杆 900mm 高，水平段 1050mm 高，室内楼梯栏杆扶手做法见《楼梯建筑构造》99SJ403 第 10 页⑨～⑫。

12.6　楼梯踏步防滑条做法见《楼梯建筑构造》99SJ403 第 66 页㉕。

12.7　室内窗台板饰面采用人造大理石。

12.8　楼梯栏杆扶手选用白钢，除锈后先刷樟丹一道，再刷黑色调合漆两遍。木制扶手刷浅咖啡色漆。

12.9　室内木制门选用浅咖啡色油漆。

13. 防腐防锈：

13.1　露明铁件需除锈后刷樟丹防锈漆两遍再施工。

13.2　所有预埋木砖施工前需油浸沥青。

14. 建筑设备　设施工程：

14.1　卫生洁具购成品；卫生间隔断选成品隔断。

14.2　灯具等影响美观的器具须经建设单位与设计单位确认样品后，方可批量加工、安装。

14.3　图中所选用标准图中有对结构工种的预埋件、预留洞及本图所标注的各种留洞与预埋件与各工种密切配合后，确认无误方可施工。

14.4　两种材料的墙体交接处，应在做饰面前加钉金属网或在施工中加贴玻璃丝网格布，防止抹灰层裂缝。

14.5　预埋木砖及贴邻墙体的木质面均做防腐处理，露明铁件均做防锈处理。

14.6　配电箱应配合电气专业图纸施工；消火栓箱留洞应配合水暖专业图纸施工。

14.7　消火栓、配电箱暗装时，如墙体剩余厚度不足 100mm 时，其后设金属网抹 20mm 厚 1∶3 水泥砂浆，然后再做内饰面层。

14.8　土建与设备专业互相配合施工，以免错漏碰缺，未经设计单位同意不得修改设计。

14.9　施工中应严格执行国家各项施工质量验收标准。

工程名称	办公楼				
图　名	建筑设计说明（二）				
工程编号	20141001	图号	建施 02	日期	2014.05

15. 本工程所用的建筑材料必须有国家相关部门的检测及验收合格报告。

16. 本工程须经规划、消防、卫生等上级主管部门审查批准后方可施工。

围护结构各部位传热系数限值和小于限值的实设值 *K*　　表-1

维护结构部位		体形系数<0.3	
		限值[kW/(m^2·K)]	实设值[kW/(m^2·K)]
屋面		≤0.35	0.29
外墙(包括非透明玻璃幕墙)包括结构性热桥在内的平均值		≤0.45	0.42
底面接触室外空气的架空楼板或外挑楼板			
非采暖房间与采暖房间的隔墙或楼板			
单一朝向外窗(包括透明玻璃幕墙)窗墙面积比	0.2~≤0.3	≤3.0	<2.0

围护结构各部位传热系数限值和小于限值的实设值 *K*　　表-2

气候分区	围护结构部位	限值(Rm^2·K/W)	实设值(Rm^2·K/W)
严寒地区A区	地面:周边地面 非周边地面	≥2.0 ≥1.8	2.44 2.44

工程名称	办公楼					
图　名	建筑设计说明（三）					
工程编号	20141001	图号	建施03	日期	2014.05	

室内装修表

			楼(地)面	踢脚	墙面	顶棚
一层	1	门厅 走廊 楼梯 展厅	磨光大理石地面	大理石踢脚	乳胶漆墙面	涂料顶棚
			1 20厚磨光大理石铺面，灌稀水泥浆擦缝 2 撒素水泥面(洒适量清水) 3 30厚1：4干硬性水泥砂浆结合层 4 刷素水泥浆结合层一道 5 60厚C15混凝土垫层 6 60厚挤塑板 7 150厚碎砖碎石夯实灌M2.5混合砂浆 8 素土夯实	1 20厚黑色磨光大理石踢脚，灌稀水泥浆擦缝 2 20厚1：2.5水泥砂浆结合层	1 树脂乳液涂料二道饰面 2 封底漆一道(干燥后再做面涂) 3 5厚1：0.5：2.5水泥石灰膏砂浆找平 4 9厚1：0.5：2.5水泥石灰膏砂浆打底划出纹理 5 刷加气混凝土界面处理剂一道 6 陶粒混凝土砌块墙体基层	1 刷(喷)白色涂料 2 3厚细纸筋(麻刀)石灰膏抹面 3 7厚1：0.3：3水泥石灰砂浆打底 4 刷素水泥浆一道(内掺建筑胶) 5 现浇钢筋混凝土板底
	2	办公室 接待室	地板地面	地板踢脚	乳胶漆墙面	涂料顶棚
			1 8厚强化地热专用木地板楼面(浮铺) 2 铺一层2～3厚配套软质衬垫(带防潮薄膜) 3 10厚1：2.5水泥砂浆打底压实赶光 4 60厚C15混凝土垫层 (上下配 ϕ3@50钢丝网片，中间配散热管) 5 0.2厚真空镀铝聚酯薄膜 6 20厚聚苯乙烯泡沫板(密度≥20kg/m) 7 1.5厚聚氨酯涂料防潮层 8 10厚1：3水泥砂浆找平层 9 60厚C15混凝土垫层 10 素土夯实	1 地板配套踢脚 2 20厚1：2.5水泥砂浆打底压实赶光	1 树脂乳液涂料二道饰面 2 封底漆一道(干燥后再做面涂) 3 5厚1：0.5：2.5水泥石灰膏砂浆找平 4 9厚1：0.5：2.5水泥石灰膏砂浆打底划出纹理 5 刷加气混凝土界面处理剂一道 6 陶粒混凝土砌块墙体基层	1 刷(喷)白色涂料 2 3厚细纸筋(麻刀)石灰膏抹面 3 7厚1：0.3：3水泥石灰砂浆打底 4 刷素水泥浆一道(内掺建筑胶) 5 现浇钢筋混凝土板底
	3	卫生间	防滑地砖地面	花岗石踢脚	瓷砖墙面	涂料顶棚
			1 铺8～10厚地砖楼面，干水泥擦缝 2 撒素水泥面(洒适量清水) 3 20厚1：4干硬性水泥砂浆结合层 4 1.5厚涂膜防水层 5 20厚1：2.5水泥砂浆找平层向地漏找坡，坡度1%掺10% TH2000防水剂(水泥重量) 6 刷素水泥浆结合层一道 7 60厚C15混凝土垫层 8 60厚挤塑保温板 9 150厚碎砖碎石夯实灌M2.5混合砂浆 10 素土夯实	1 20厚黑色磨光花岗石踢脚，灌稀水泥浆擦缝 2 20厚1：2.5水泥砂浆结合层 3 涂膜防水层上返300高	1 白水泥擦缝 2 贴5厚瓷砖(在瓷砖粘贴面上涂抹专用胶粘剂，然后粘贴) 3 8厚1：0.1：2.5水泥石灰膏砂浆结合层 4 8厚1：0.5：4水泥石灰膏砂浆打底扫毛或划出纹道 5 刷加气混凝土界面处理剂一道 6 陶粒混凝土砌块墙体基层	1 刷(喷)白色涂料 2 3厚细纸筋(麻刀)石灰膏抹面 3 7厚1：0.3：3水泥石灰砂浆打底 4 刷素水泥浆一道(内掺建筑胶) 5 现浇钢筋混凝土板底

注：未注明单位均为mm。

工程名称	办公楼				
图　　名	室内装修表、门窗表(一)				
工程编号	20141001		建施04	日期	2014.05

续表

			楼(地)面	踢脚	墙面	顶棚
二层至四层	4	走廊楼梯	地板地面	地板踢脚	乳胶漆墙面	涂料顶棚
			1 8厚强化地热专用木地板楼面(浮铺) 2 铺一层2～3厚配套软质衬垫(带防潮薄膜) 3 10厚1∶2.5水泥砂浆打底压实赶光 4 40厚C15混凝土垫层 (上下配 $\phi3@50$ 钢丝网片,中间配散热管) 5 0.2厚真空镀铝聚酯薄膜 6 20厚聚苯乙烯泡沫板(密度≥20kg/m) 7 1.5厚聚氨酯涂料防潮层 8 10厚1∶3水泥砂浆找平层 9 现浇钢筋混凝土楼板	1 地板配套踢脚 2 20厚1∶2.5水泥砂浆打底压实赶光	1 树脂乳液涂料二道饰面 2 封底漆一道(干燥后再做面涂) 3 5厚1∶0.5∶2.5水泥石灰膏砂浆找平 4 9厚1∶0.5∶2.5水泥石灰膏砂浆打底划出纹理 5 刷加气混凝土界面处理剂一道 6 陶粒混凝土砌块墙体基层	1 刷(喷)白色涂料 2 3厚细纸筋(麻刀)石灰膏抹面 3 7厚1∶0.3∶3水泥石灰砂浆打底 4 刷素水泥浆一道(内掺建筑胶) 5 现浇钢筋混凝土板底
	5	办公室会议室	地板地面	地板踢脚	乳胶漆墙面	涂料顶棚
			1 8厚强化地热专用木地板楼面(浮铺) 2 铺一层2～3厚配套软质衬垫(带防潮薄膜) 3 10厚1∶2.5水泥砂浆打底压实赶光 4 40厚C15混凝土垫层 (上下配 $\phi3@50$ 钢丝网片,中间配散热管) 5 0.2厚真空镀铝聚酯薄膜 6 20厚聚苯乙烯泡沫板(密度≥20kg/m) 7 1.5厚聚氨酯涂料防潮层 8 10厚1∶3水泥砂浆找平层 9 现浇钢筋混凝土楼板	1 地板配套踢脚 2 20厚1∶2.5水泥砂浆打底压实赶光	1 树脂乳液涂料二道饰面 2 封底漆一道(干燥后再做面涂) 3 5厚1∶0.5∶2.5水泥石灰膏砂浆找平 4 9厚1∶0.5∶2.5水泥石灰膏砂浆打底划出纹理 5 刷加气混凝土界面处理剂一道 6 陶粒混凝土砌块墙体基层	1 刷(喷)白色涂料 2 3厚细纸筋(麻刀)石灰膏抹面 3 7厚1∶0.3∶3水泥石灰砂浆打底 4 刷素水泥浆一道(内掺建筑胶) 5 现浇钢筋混凝土板底
	6	卫生间	防滑地砖地面	花岗石踢脚	瓷砖墙面	涂料顶棚
			1 铺8～10厚地砖楼面,干水泥擦缝 2 撒素水泥面(洒适量清水) 3 20厚1∶4干硬性水泥砂浆结合层 4 1.5厚涂膜防水层 5 20厚1∶2.5水泥砂浆找平层向地漏找坡,坡度1%掺10%TH2000防水剂(水泥重量) 6 刷素水泥浆结合层一道 7 现浇钢筋混凝土楼板	1 20厚黑色磨光花岗石踢脚,灌稀水泥浆擦缝 2 20厚1∶2.5水泥砂浆结合层 3 涂膜防水层上返300高	1 白水泥擦缝 2 贴5厚瓷砖(在瓷砖粘贴面上涂抹专用胶粘剂,然后粘贴) 3 8厚1∶0.1∶2.5水泥石灰膏砂浆结合层 4 8厚1∶0.5∶4水泥石灰膏砂浆打底扫毛或划出纹道 5 刷加气混凝土界面处理剂一道 6 陶粒混凝土砌块墙体基层	1 刷(喷)白色涂料 2 3厚细纸筋(麻刀)石灰膏抹面 3 7厚1∶0.3∶3水泥石灰砂浆打底 4 刷素水泥浆一道(内掺建筑胶) 5 现浇钢筋混凝土板底

注：未注明单位均为mm。

工程名称	办公楼				
图　　名	室内装修表、门窗表（二）				
工程编号	20141001		建施05	日期	2014.05

门窗表

类别	门窗名称	洞口尺寸	各层樘数					总数	类型	备注
			1层	2层	3层	4层	机房层			
乙级防火门	FHM乙1221	1200×2100	1					1	乙级防火门	采购成品
门	WM1839	1800×3900	2					2	断热桥铝合金氟碳门	由甲方选购
	WM1843	1800×4350	2					2	断热桥铝合金氟碳门	由甲方选购
	M1823	1800×2300	2					2	断热桥铝合金氟碳门	由甲方选购
	M1539	1500×3900	2					2	断热桥铝合金氟碳门	由甲方选购
	M0821	0800×2100	3	7				10	普通木门	由甲方选购
	M0918	0900×1800					3	3	普通木门	由甲方选购
	M1021	1000×2100		3				3	普通木门	由甲方选购
	M1027	1000×2700	4	9	2	2		17	普通木门	由甲方选购
	M1224	1200×2400	5					5	普通木门　三防门	由甲方选购
	M1227	1200×2700	1					1	普通木门　三防门	由甲方选购
	M1527	1500×2700	10	7	19	8		44	普通木门　三防门	由甲方选购
窗	C1219	1200×1900		6	6			12	塑包铝平开窗	由甲方选购
	C1224	1200×2400	6			6		12	塑包铝平开窗	由甲方选购
	C1227	1200×2700	2	1	1	2		6	塑包铝平开窗	由甲方选购
	C1520	1500×2000		2	2			4	塑包铝平开窗	由甲方选购
	C1526	1500×2600	1			2		3	塑包铝平开窗	由甲方选购
	C1527	1500×2700	19	14	14	19		66	塑包铝平开窗	由甲方选购
	C1820	1800×2000	1					1		由甲方选购
	C2420	2400×2000		4	4			8	塑包铝平开窗	由甲方选购
	C2426	2400×2600	4			4		8	塑包铝平开窗	由甲方选购
	C3227	3200×2700		1	1			2	塑包铝平开窗	由甲方选购
	C3527	3500×2700		2	2			4	塑包铝平开窗	由甲方选购
	C6018	6000×1800		1	1	1		3	塑包铝平开窗	由甲方选购
	C6027	6000×2700		1	1	1		3	塑包铝平开窗	由甲方选购

注：未注明单位均为mm。

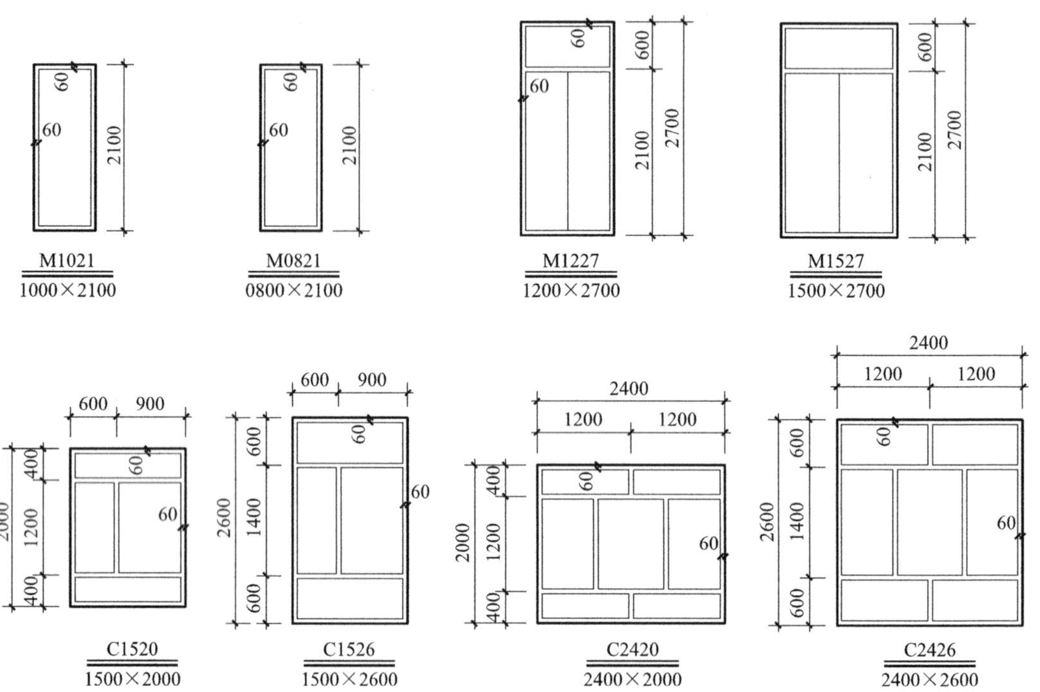

工程名称	办公楼				
图　名	室内装修表、门窗表（三）				
工程编号	20141001		建施06	日期	2014.05

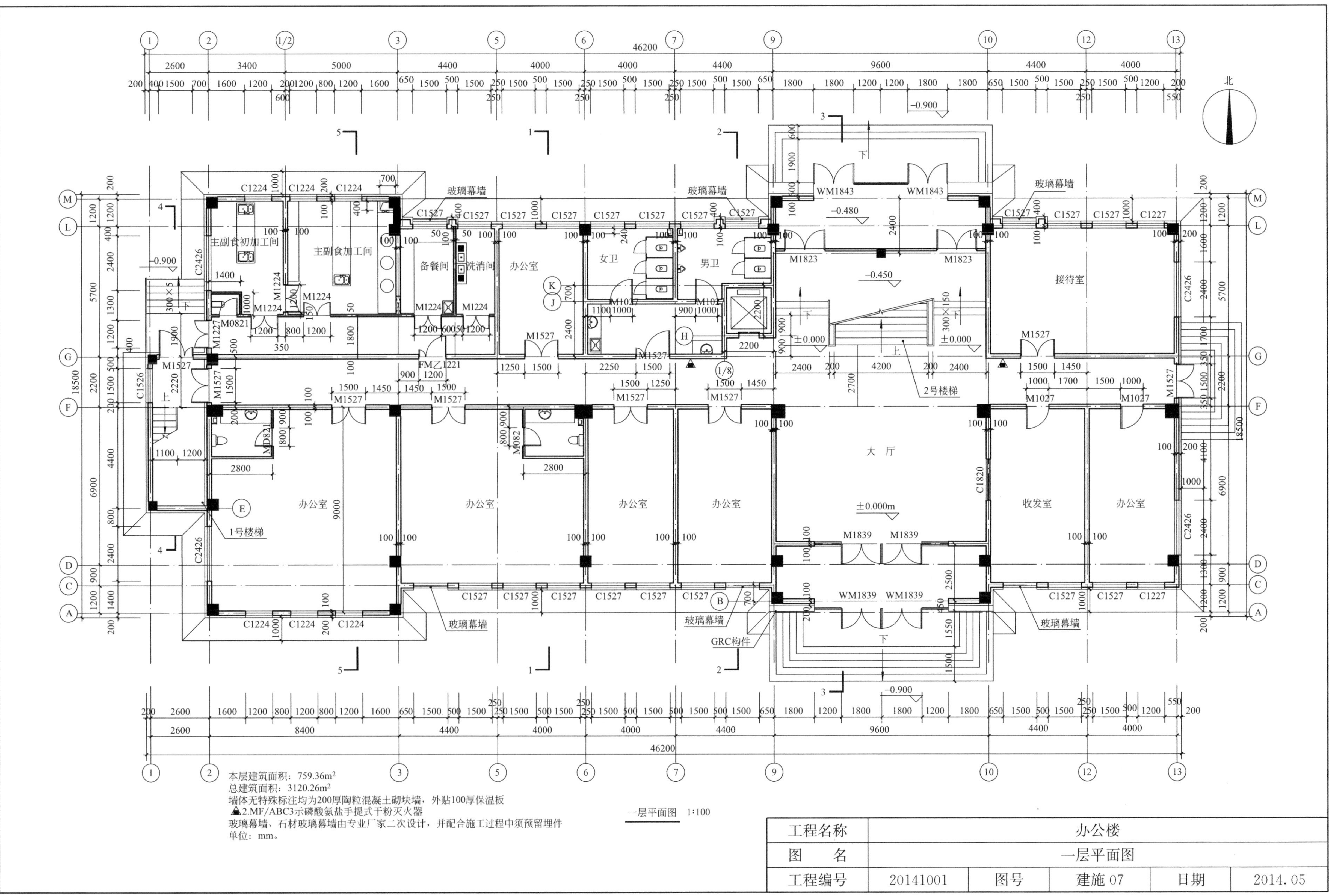
北
主副食初加工间
主副食加工间
备餐间
洗消间
办公室
女卫
男卫
接待室
大 厅
收发室
2号楼梯
1号楼梯
玻璃幕墙
GRC构件
±0.000m
−0.900
−0.480
−0.450
本层建筑面积：759.36m²
总建筑面积：3120.26m²
墙体无特殊标注均为200厚陶粒混凝土砌块墙，外贴100厚保温板
2.MF/ABC3示磷酸氨盐手提式干粉灭火器
玻璃幕墙、石材玻璃幕墙由专业厂家二次设计，并配合施工过程中须预留埋件
单位：mm。
一层平面图 1:100
工程名称
办公楼
图 名
一层平面图
工程编号
20141001
图号
建施 07
日期
2014.05

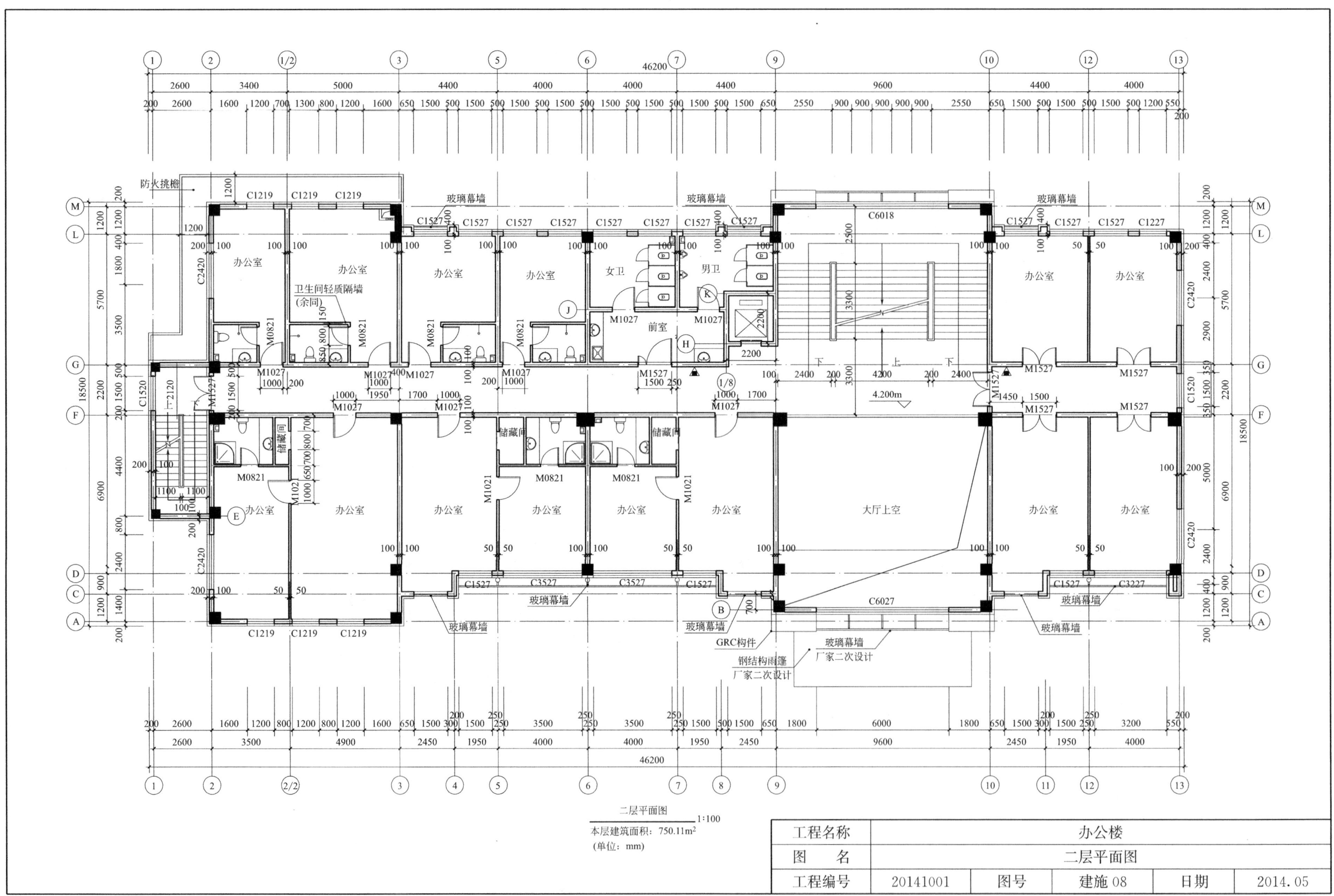

防火挑檐
玻璃幕墙
办公室
卫生间轻质隔墙
(余同)
女卫
男卫
前室
储藏间
大厅上空
4.200m
上
下
GRC构件
钢结构雨篷
厂家二次设计
玻璃幕墙
厂家二次设计
46200
18500
二层平面图
1:100
本层建筑面积：750.11m²
(单位：mm)
工程名称
办公楼
图 名
二层平面图
工程编号
20141001
图号
建施 08
日期
2014.05

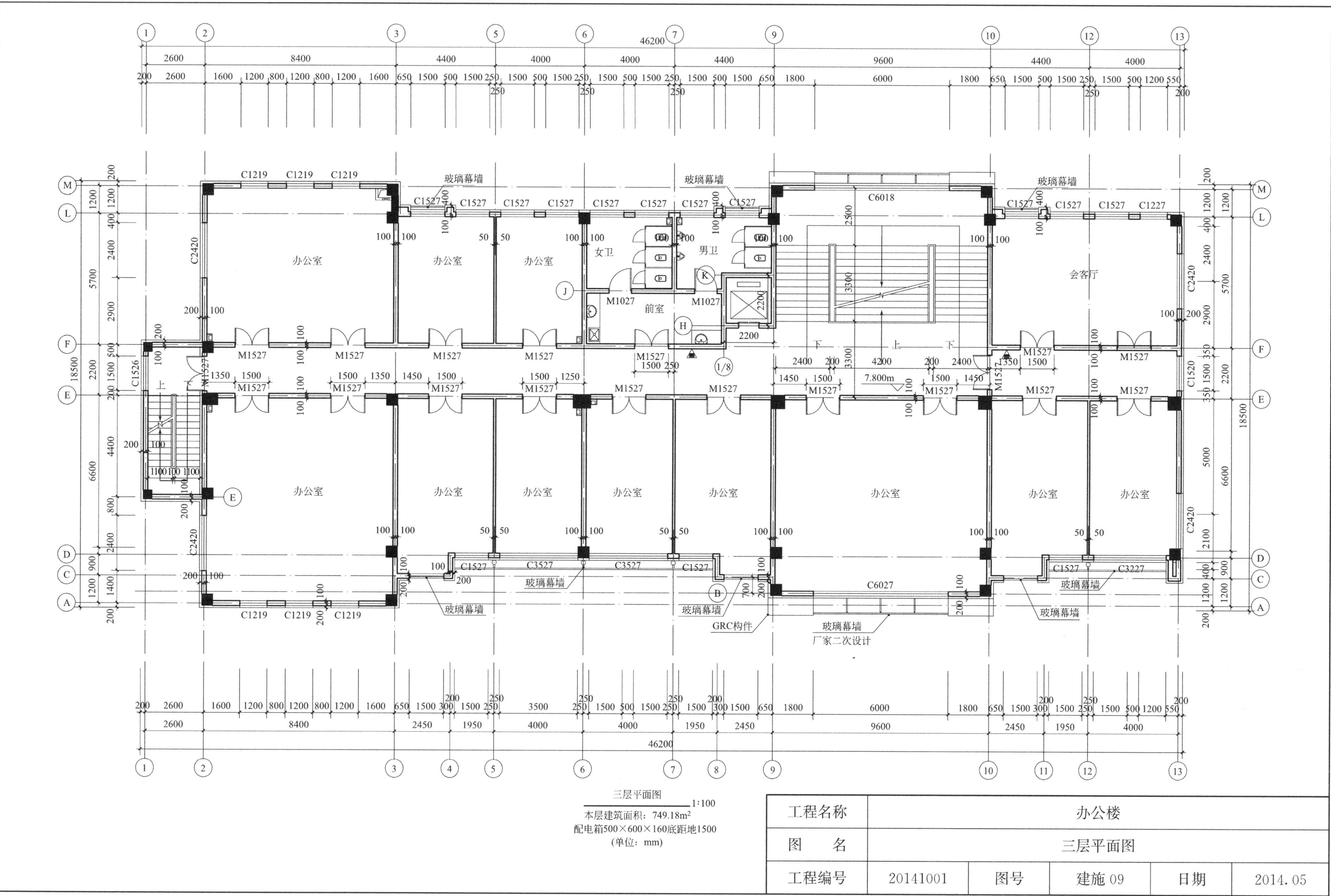

工程名称	办公楼				
图　名	三层平面图				
工程编号	20141001	图号	建施 09	日期	2014.05

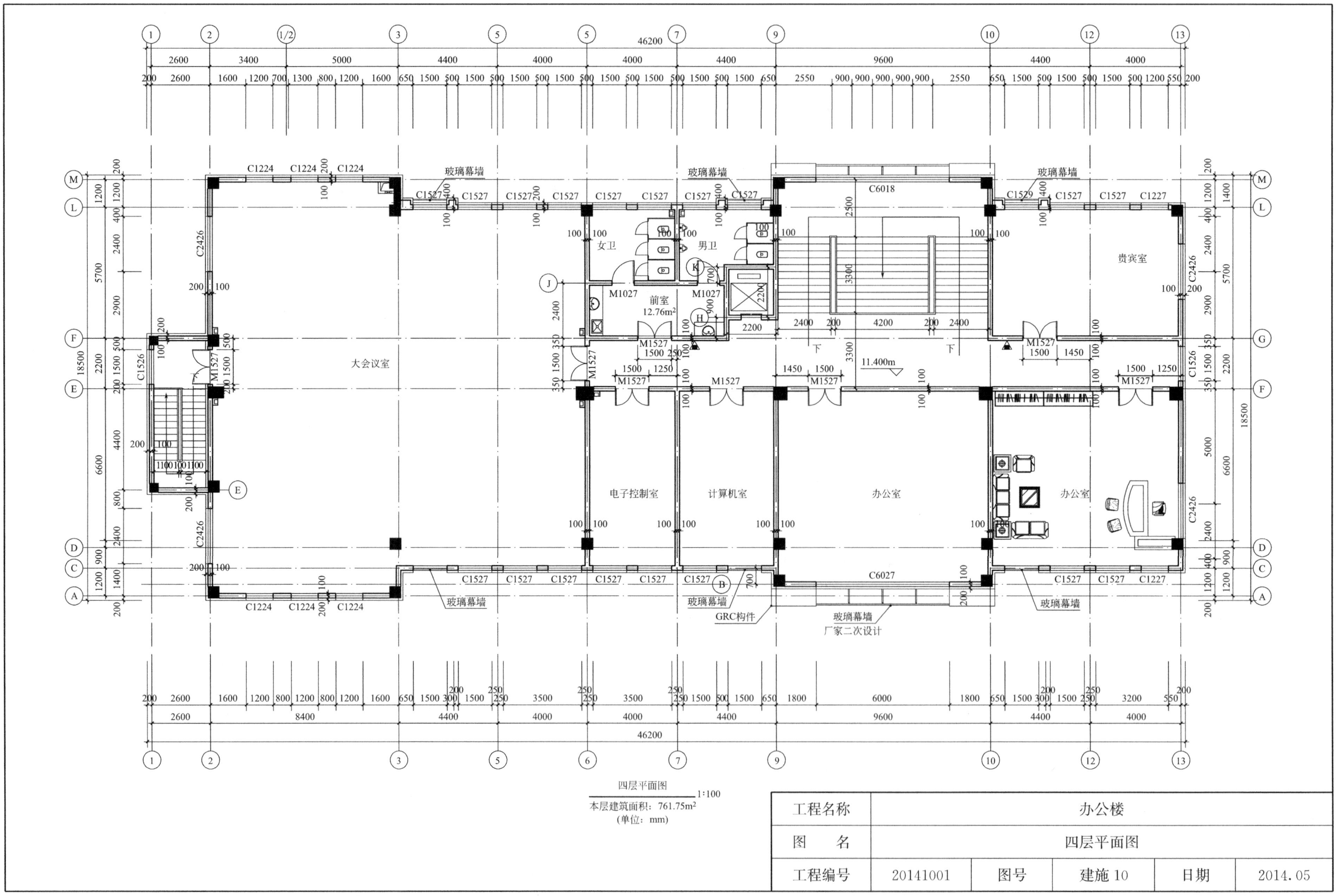

工程名称	办公楼				
图　名	四层平面图				
工程编号	20141001	图号	建施 10	日期	2014.05

①—⑬轴立面图 1:100

石材、玻璃幕墙颜色规格参照效果图或由甲方定
(单位：mm)

工程名称	办公楼				
图名	①—⑬轴立面图				
工程编号	20141001	图号	建施 11	日期	2014.05

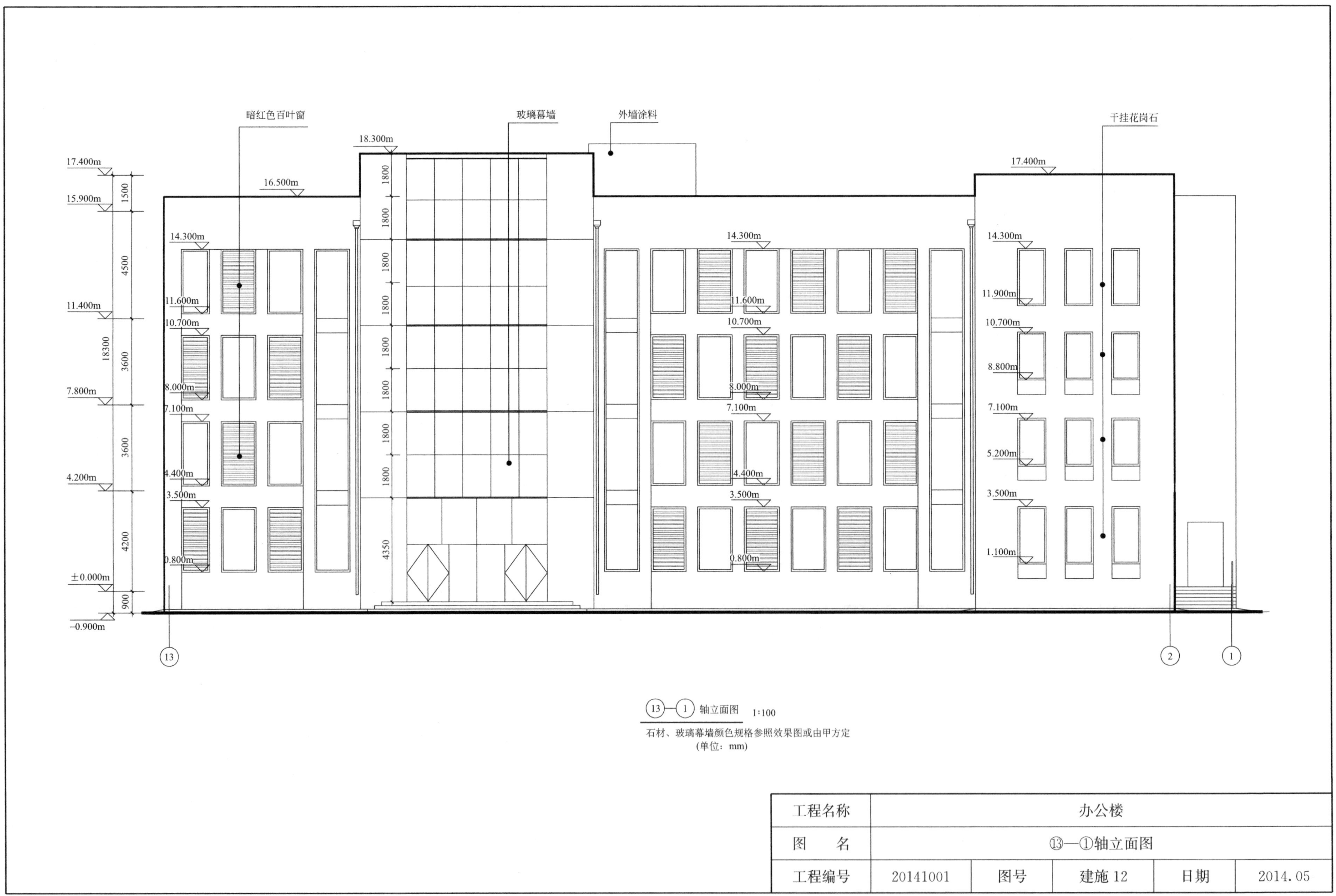

工程名称	办公楼				
图　名	⑬—①轴立面图				
工程编号	20141001	图号	建施 12	日期	2014.05

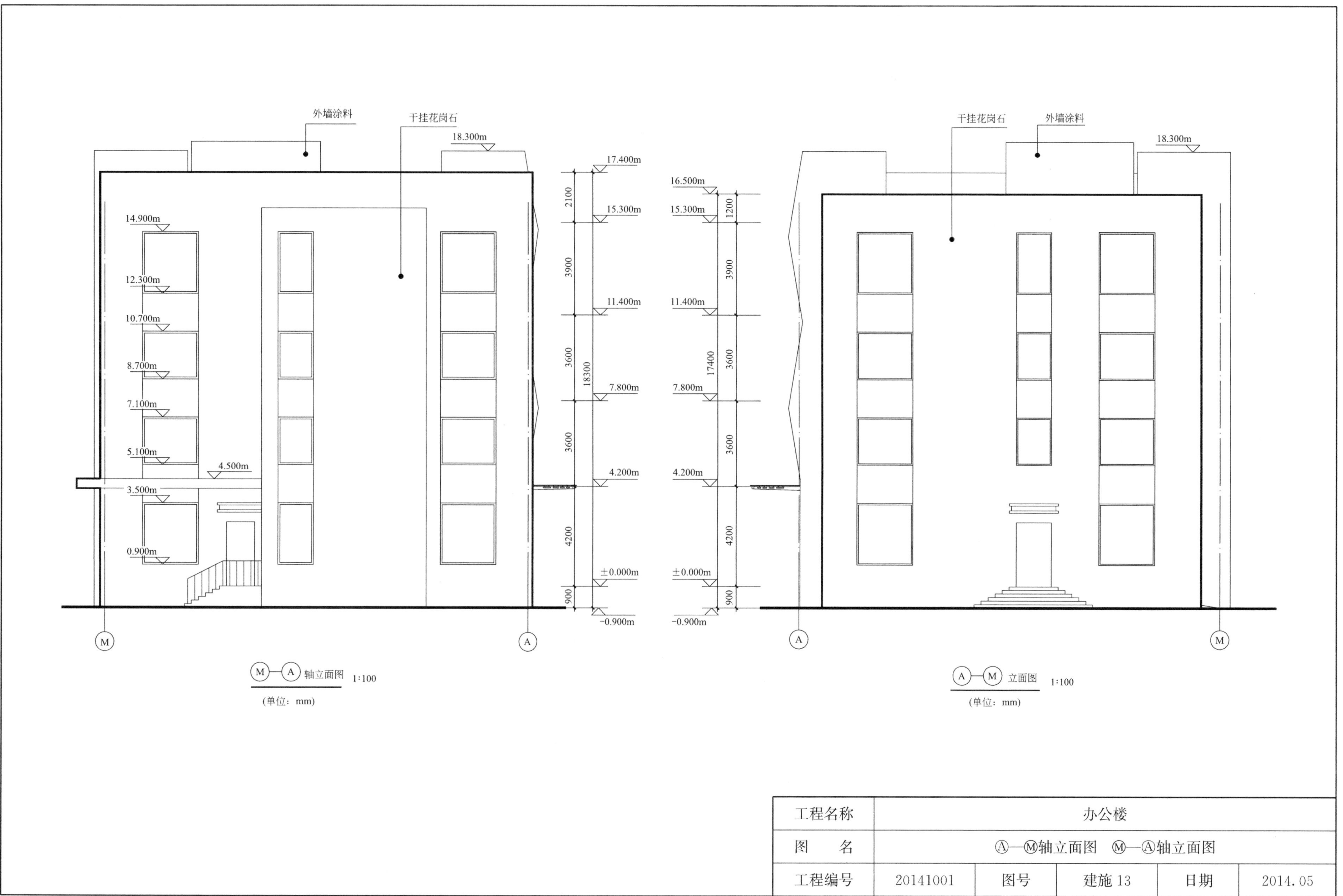
外墙涂料
干挂花岗石
18.300m
17.400m
16.500m
15.300m
14.900m
12.300m
11.400m
10.700m
8.700m
7.800m
7.100m
5.100m
4.500m
4.200m
3.500m
0.900m
±0.000m
-0.900m
2100
1200
3900
3600
4200
900
18300
17400
M
A
Ⓜ—Ⓐ轴立面图 1:100
(单位：mm)
Ⓐ—Ⓜ立面图 1:100
(单位：mm)
工程名称
办公楼
图 名
Ⓐ—Ⓜ轴立面图 Ⓜ—Ⓐ轴立面图
工程编号
20141001
图号
建施 13
日期
2014.05

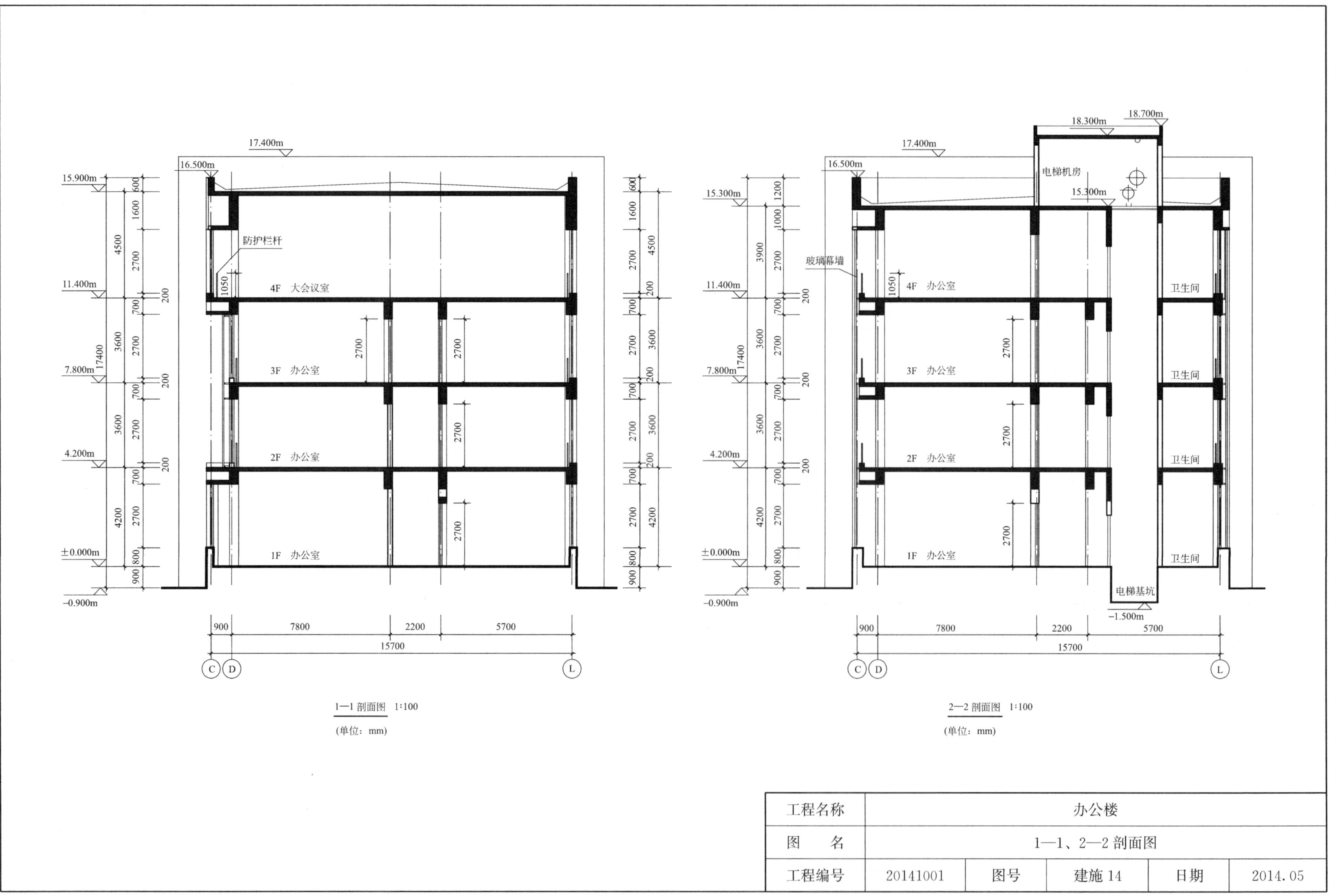

工程名称	办公楼				
图　　名	1—1、2—2 剖面图				
工程编号	20141001	图号	建施 14	日期	2014.05

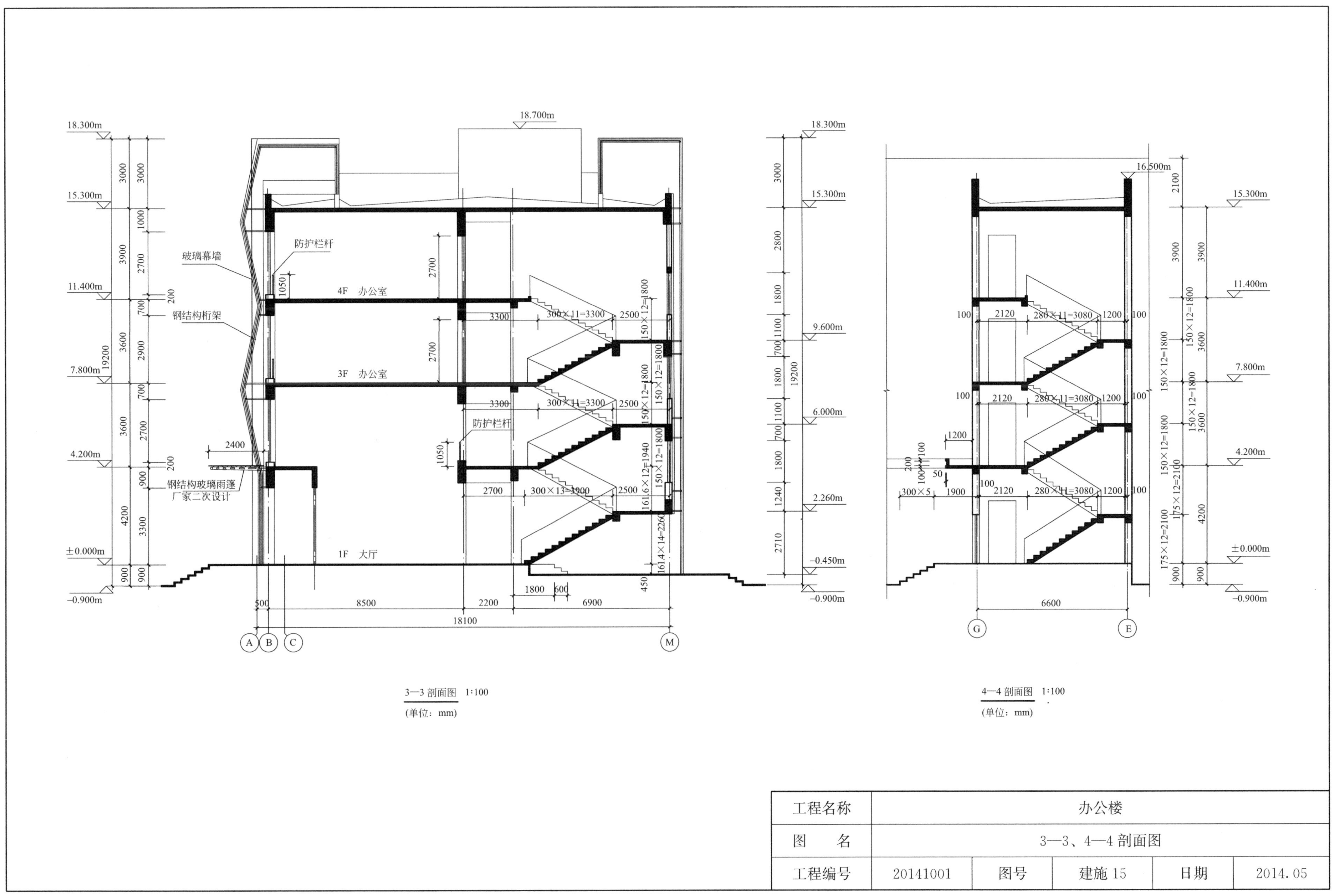

工程名称	办公楼				
图　　名	3—3、4—4 剖面图				
工程编号	20141001	图号	建施 15	日期	2014.05

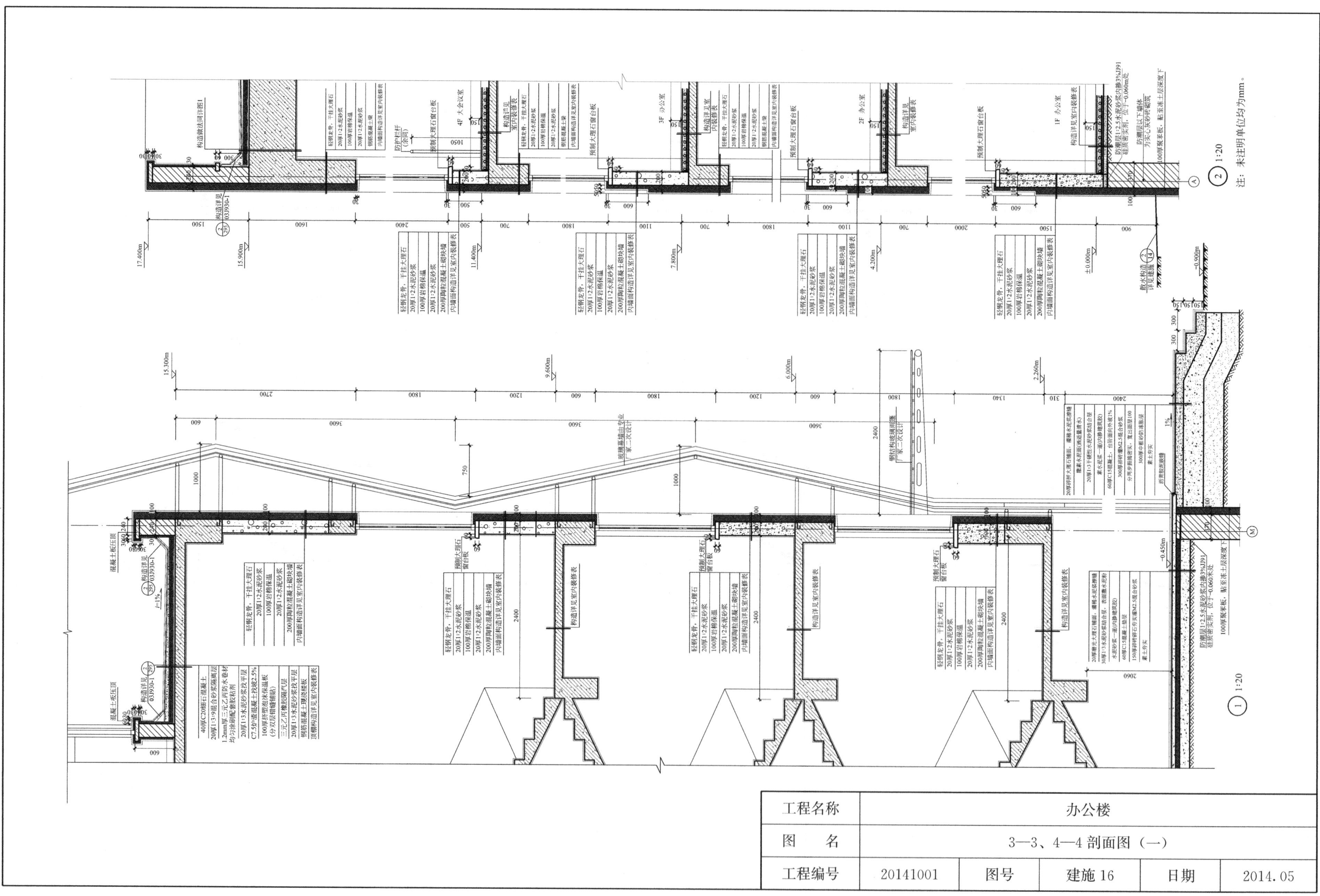

工程名称	办公楼				
图　　名	3—3、4—4 剖面图（一）				
工程编号	20141001	图号	建施 16	日期	2014.05

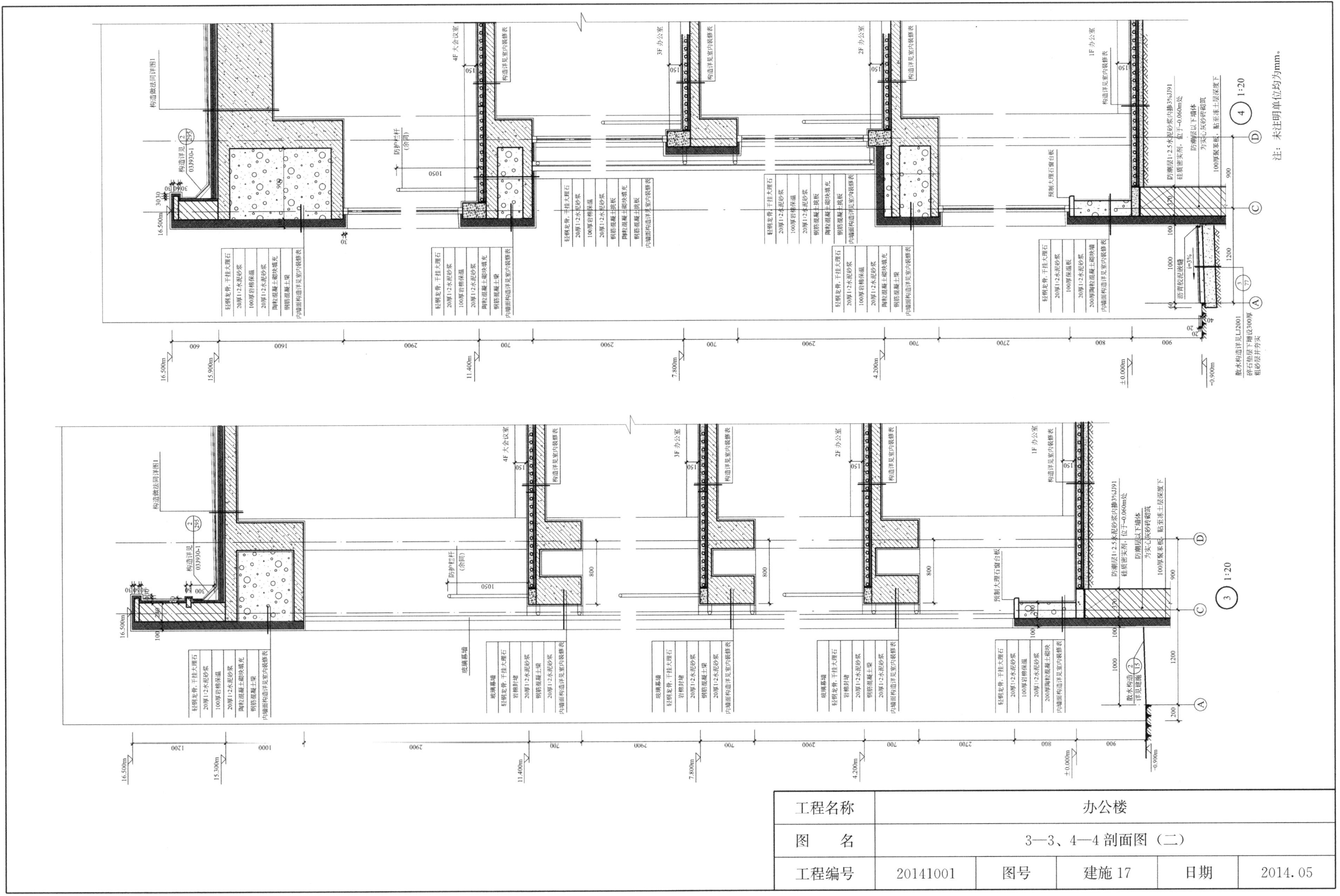

工程名称	办公楼				
图　　名	3—3、4—4 剖面图（二）				
工程编号	20141001	图号	建施 17	日期	2014.05

结构设计总说明

一、工程概况

本工程具体位置见建筑总平面图。

概况见下表：

项目名称	地上层数	高度(m)	结构类型	基础类型
办公楼	四层	16.200	框架结构	独立基础

二、自然条件

1. 基本风压：Wo＝0.55kN/m^2；

地面粗糙度：B类。

2. 基本雪压：So＝0.45kN/m^2。

3. 场地地震基本烈度：7度；

抗震设防烈度：7度；

设计基本地震加速度：0.05g；

设计地震分组：第一组；

建筑物场地土类别：Ⅲ类。

4. 场地的工程地质及地下水条件：

依据×××公司提供的岩土工程勘察报告工程编号（2010-124）进行设计。

三、设计总则

1. 建筑结构的安全等级：二级。

2. 设计使用年限：50年。

3. 建筑抗震设防类别：丙类。

4. 地基基础设计等级：乙级。

5. 本工程基础及卫生间混凝土环境类别为二a类，其余部位混凝土环境类别均为一类。

四、本工程±0.000标高相当于黄海高程99.310m

本工程室内外高差为900mm

五、本工程设计遵循的标准、规程

1.《建筑结构可靠性设计统一标准》 GB 50068—2018

2.《建筑结构荷载规范》 GB 50009—2012

3.《混凝土结构设计规范》 GB 50010—2010

4.《建筑抗震设计规范》 GB 50011—2010

5.《建筑工程抗震设防分类标准》 GB 50223—2008

6.《建筑地基基础设计规范》 GB 50007—2011

7.《地下工程防水技术规范》 GB 50108—2008

8.《砌体结构设计规范》 GB 50003—2011

六、本工程设计计算所采用的计算程序

采用中国建筑科学研究院PKPMCAD工程部编制的PKPM系列软件2010新规范版本（2010年3月版）进行结构整体分析。

七、设计采用的楼面及屋面均布活荷载标准值

部位	活荷载(kN/m^2)
会议室、多功能、活动室	3.5
走廊、各层休息厅	2.5
办公室	2.0
公共卫生间	4.0
楼梯	3.5

部位	活荷载(kN/m^2)
机房	7.0
屋面	1.0

注：使用荷载和施工荷载不得大于设计活荷载值。

八、地基基础

1. 本工程基础采用钢筋混凝土独立基础，具体说明详见基础设计说明。

2. 施工基础前须将槽内浮土、积水、淤泥、杂物等清理干净。

3. 基槽（坑）开挖过程中，若发现不良地质现象或地质分层与地质报告不符时，应及时通知勘察单位、设计单位及建设单位共同协商处理。

4. 基坑开挖时应采取有效可靠的支护措施，确保坑壁和相邻建筑安全。

5. 基槽（坑）开挖后应通知勘察单位、监理单位验槽，确认无误后方可继续施工。

6. 基槽（坑）开挖后应采取必要的措施，防止雨水、施工用水、地下水的侵入。

7. 基础施工完毕后基坑应及时回填，回填土应用砂质黏土或灰土或中粗砂振动分层夯实，夯实后压实系数不小于0.94，严禁采用建筑垃圾土或淤泥土回填。

8. 本工程基础结构采用国家标准图集《混凝土结构施工图平面整体表示方法制图规则和构造详图（独立基础、条形基础、筏形基础、桩基础）》22G101—3的表示方法，施工图中未注明的构造要求按照图集执行。

工程名称	办公楼				
图　名	结构设计总说明（一）				
工程编号	20141001	图号	结施-01	日期	2014.05

九、主要结构材料

1. 钢筋：

“ϕ”为 HPB300 热轧制筋，钢筋强度标准值 $f_{yk}=300\text{N/mm}^2$，钢筋强度设计值 $f_y=f'_y=270\text{N/mm}^2$。“Φ”为 HRB335 热轧钢筋，钢筋强度标准值 $f_{yk}=335\text{N/mm}^2$，强度设计值 $f_y=f'_y=300\text{N/mm}^2$“Φ”为 HRB400 热轧钢筋，钢筋强度标准值 $f_{yk}=400\text{N/mm}^2$，强度设计值 $f_y=f'_y=360\text{N/mm}^2$。钢筋的抗拉强度实测值与屈服强度实测值的比值不应小于 1.25；屈服强度实测值与强度标准值的比值不应大于 1.3。

2. 混凝土：

项目名称	构件部位	混凝土强度等级	备注
办公楼	基础	C30	
	基础垫层	C15	
	柱、梁、板	C30	
	构造柱、过梁	C25	

3. 砌体：

构件部位	砖、砌块强度等级	砂浆强度等级
±0.000 以下	MU15 混凝土普通砖	M10 水泥砂浆
±0.000 以上	陶粒混凝土砌块（容重不大于 8kN/m^3）	Mb5 混合砂浆

注：砂浆采用预拌砂浆。

楼梯间和人流通道的填充墙，采用钢丝网砂浆面层加强。

4. 型钢、钢板、钢管：Q235-B。

5. 焊条：钢筋焊接采用的焊条型号应与主体钢材相适应，并应符合相应标准。

十、钢筋混凝土结构构造

1. 本工程混凝土主体结构体系类型为框架结构，框架抗震等级三级。

2. 本工程上部结构采用国家标准图集《混凝土结构施工图平面整体表示方法制图规则和构造详图（现浇混凝土框架、剪力墙、梁、板）》22G101—1 的表示方法，施工图中未注明的构造要求按图集要求执行。

3. 钢筋的混凝土保护层：

（1）受力钢筋的保护层厚度不应小于钢筋的公称直径。

（2）设计年限为 50 年的结构，最外层钢筋的保护层厚度应符合下表规定：

环境类别		板、墙、壳		梁、柱、杆	
		≤C25	>C25	≤C25	>C25
一		20	15	25	20
二	a	25	20	30	25
	b	30	25	40	35

注：基础钢筋的混凝土保护层厚度为 40mm。

4. 钢筋接头形式及要求：

（1）钢筋的连接可分为：绑扎搭接、机械连接和焊接连接，机械连接和焊接接头的类型及质量应符合国家现行有关标准的规定。

（2）钢筋的连接应优先采用机械连接，梁纵筋不得采用电渣压力焊。当受力钢筋直径 $d\geqslant 25\text{mm}$ 时，应采用机械连接接头。

（3）轴心受拉及小偏心受拉杆件的纵向受力钢筋不得采用绑扎搭接接头，应采用机械连接或焊接接头。

（4）同一构件中相邻纵向受力钢筋接头的位置应相互错开。位于同一连接区段内的受力钢筋搭接接头面积百分率应符合下表要求：

接头形式	受拉区接头面积百分率	受压区接头面积百分率
机械连接	≤50%	不限
焊接连接	≤50%	不限
绑扎连接	<25%	≤50%

注：凡接头中点位于连接区段内的搭接接头均属于同一连接区段。

5. 纵向钢筋的锚固长度、搭接长度：

（1）纵向钢筋的锚固长度：

（a）纵向受拉钢筋的最小锚固长度按照平法图集 22G101 系列执行，本工程摘录部分见下表。

工程名称	办公楼				
图　　名	结构设计总说明（二）				
工程编号	20141001	图号	结施-02	日期	2014.05

钢筋种类	抗震等级	混凝土 C25	混凝土 C30
HPB300	三级(l_{abE})	36d	32d
	四级(l_{abE}) 非抗震(l_{ab})	34d	30d
HRB335	三级(l_{abE})	35d	31d
	四级(l_{abE}) 非抗震(l_{ab})	33d	29d
HRB400	三级(l_{abE})	42d	37d
	四级(l_{abE}) 非抗震(l_{ab})	40d	35d

注：受拉钢筋锚固长度修正系数取 1.00。

(b) 受压钢筋的锚固长度不应小于受拉钢筋锚固长度的 0.7 倍。

(2) 纵向钢筋的搭接长度均须按《混凝土结构施工图平面整体表示方法制图规则和构造详图（现浇混凝土框架、剪力墙、梁、板）》22G101—1 标准构造详图中的有关规定执行。

6. 现浇钢筋混凝土板：

除具体施工图中有特别规定者外，现浇钢筋混凝土板的施工应符合以下要求：

(1) 板的底部钢筋伸入墙或梁支座内的锚固长度应伸至墙或梁中心线且不应小于 5d，d 为受力钢筋直径。

(2) 板的边支座和中间支座板顶标高不同时，负筋在梁或墙内的锚固应满足受拉钢筋最小锚固长度，按本说明第 5 (1) 条确定。

(3) 当板底与梁底平时，板的下部钢筋伸入梁内须弯折后置于梁的下部纵向钢筋之上。

(4) 板上开洞（洞边无集中荷载）与洞边加强钢筋的构造做法详见《混凝土结构施工图平面整体表示方法制图规则和构造详图（现浇混凝土框架、剪力墙、梁、板）》22G101—1。

(5) 板内分布钢筋，除注明者外均为 ϕ6@200。

(6) 楼层梁板上不得任意增设建筑图中未标注的隔墙（泰柏板等轻质隔墙除外）。

7. 钢筋混凝土梁：

(1) 梁内第一根箍筋距柱边或梁边 50mm 起。

(2) 主梁内在次梁作用处，箍筋应贯通布置，凡未在次梁两侧注明箍筋者，均在次梁两侧各设 3 组箍筋，箍筋肢数、直径同梁箍筋，间距 50mm。次梁吊筋在梁配筋图中表示。

(3) 梁纵筋不采用并筋。主次梁高度相同时，次梁的下部纵向钢筋应置于主梁下部纵向钢筋之上。

(4) 梁上开洞加强筋示意详见图一。

(5) 梁除详图注明外，应按施工标准起拱。

8. 钢筋混凝土柱：

(1) 柱应按建筑施工图中填充墙的位置预留拉结筋。拉结筋 2ϕ6@500，沿框架柱高度方向设置，伸入墙内不应小于 1/5 墙长且不小于 1000mm。

(2) 柱与现浇过梁、圈梁连接处，在柱内预留插筋（同圈梁、过梁主筋），插筋伸出柱外皮长度为 1.2l_{aE}，锚入柱内长度为 l_{aE}。

(3) 当柱混凝土强度等级高于梁混凝土强度等级一个等级时，梁柱节点处混凝土可随梁混凝土强度等级浇筑。当柱混凝土强度等级高于梁混凝土强度等级两个等级，梁柱节点处混凝土应按柱混凝土强度等级浇筑，此时应先浇筑柱的高等级混凝土，然后再浇筑梁的低等级混凝土，也可以同时浇筑，但应特别注意，不应使低等级混凝土扩散到高等级混凝土的结构部位中，以确保高强混凝土结构质量，节点详见图二。

9. 填充墙：

(1) 填充墙位置见建筑图，不得随意更改。砌体施工质量控制等级为 B 级。

(2) 所有门窗洞顶除已有框架梁外，均应设置 C20 混凝土过梁，详见图三。若洞在柱边时详见图四。

(3) 当砌体填充墙高度大于 4m 时应设钢筋混凝土圈梁。如遇过梁取大值。

(4) 填充墙长度大于 5m 时，墙中设置构造柱 GZ，框架梁与构造柱的连接详见图五，当墙中不允许设置构造柱时，墙顶部与框架梁底采取可靠连接，详见图六。

(5) 填充墙应在主体结构施工完毕后，由上而下逐层砌筑，或将填充墙砌筑至梁、板底附近，最后再由上而下按下述第 (6) 条要求完成。

(6) 填充墙砌至板、梁底附近后，应待砌体沉实后再用斜砌法把下部砌体与上部板、梁间用砌块逐块敲紧填实，构造柱顶采用干硬性混凝土捻实。

10. 预埋件：

所有钢筋混凝土构件均应按各工种的要求，如建筑吊顶、门窗、栏杆、管道吊架等设置预埋件，各工种应配合土建施工，将需要的埋件设置完全。预埋件锚筋、吊环应采用 HPB300 制作，严禁使用冷加工钢筋。

十一、其他

1. 本工程图示尺寸以毫米（mm）为单位，标高以米（m）为单位。

2. 防雷接地做法详见电施图。

工程名称	办公楼				
图　　名	结构设计总说明（三）				
工程编号	20141001	图号	结施-03	日期	2014.05

3. 悬臂梁、悬挑板的支撑须待混凝土强度达到100%后方可拆除。

4. 施工时必须密切配合建施、结施、电施、水施、暖施等有关图纸施工，如配合建施图的栏杆、钢梯、门窗安装等设置预埋件或预留孔洞，柱与墙身的拉结钢筋，电施的预埋管线防雷装置，接地与柱内纵筋焊成一体，电施预埋铁板，水施图中的预埋管线及预留洞等。施工洞的留设必须征得设计单位的同意，严禁自行留洞或事后凿洞。

5. 设备定货与土建关系：

电梯定货必须符合本图所提供的电梯井道尺寸、门洞尺寸以及建筑图纸的电梯机房设计。门洞边的预留孔洞、电梯机房楼板、检修吊钩等，需待电梯定货后，经核实无误后方能施工。

6. 屋面钢筋混凝土女儿墙每隔12m左右设置一道伸缩缝。

7. 设备井道板厚100，内配筋 ϕ8@150双层双向，并根据设备需要层层封闭。

8. 未经技术鉴定或设计许可，不得改变结构用途和使用环境。

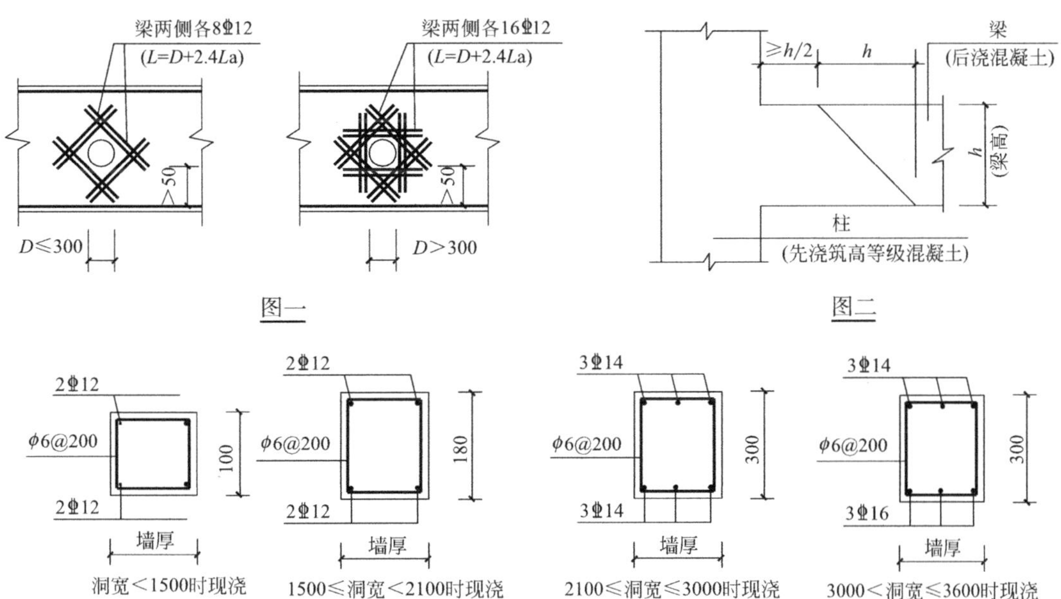

图三　门窗洞口过梁图

过梁长度＝洞口宽度＋500

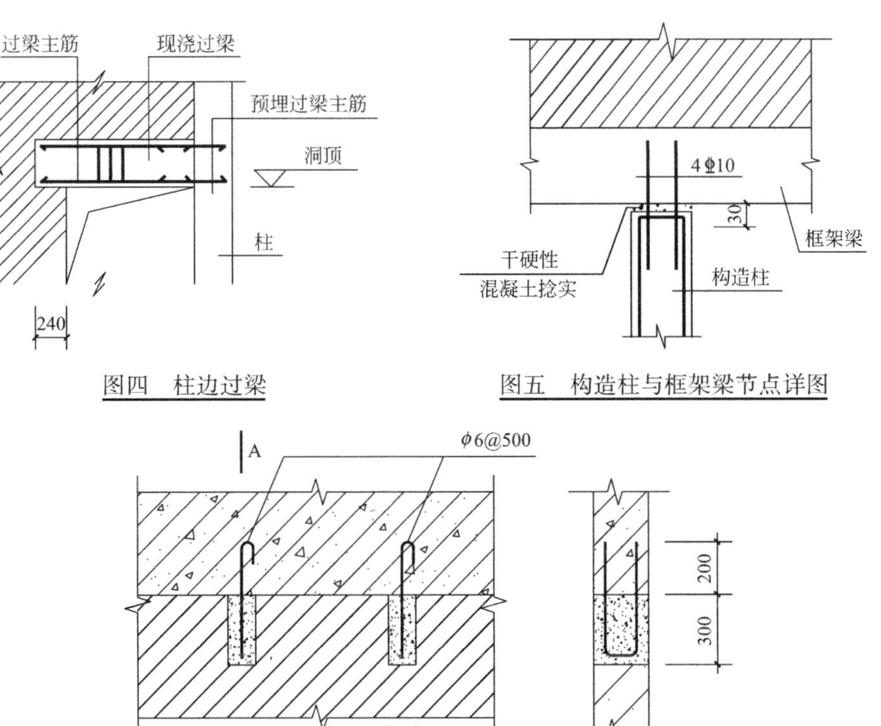

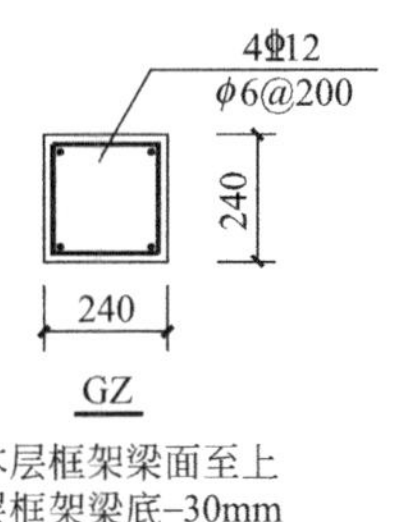

工程名称	办公楼				
图　名	结构设计总说明（四）				
工程编号	20141001	图号	结施-04	日期	2014.05

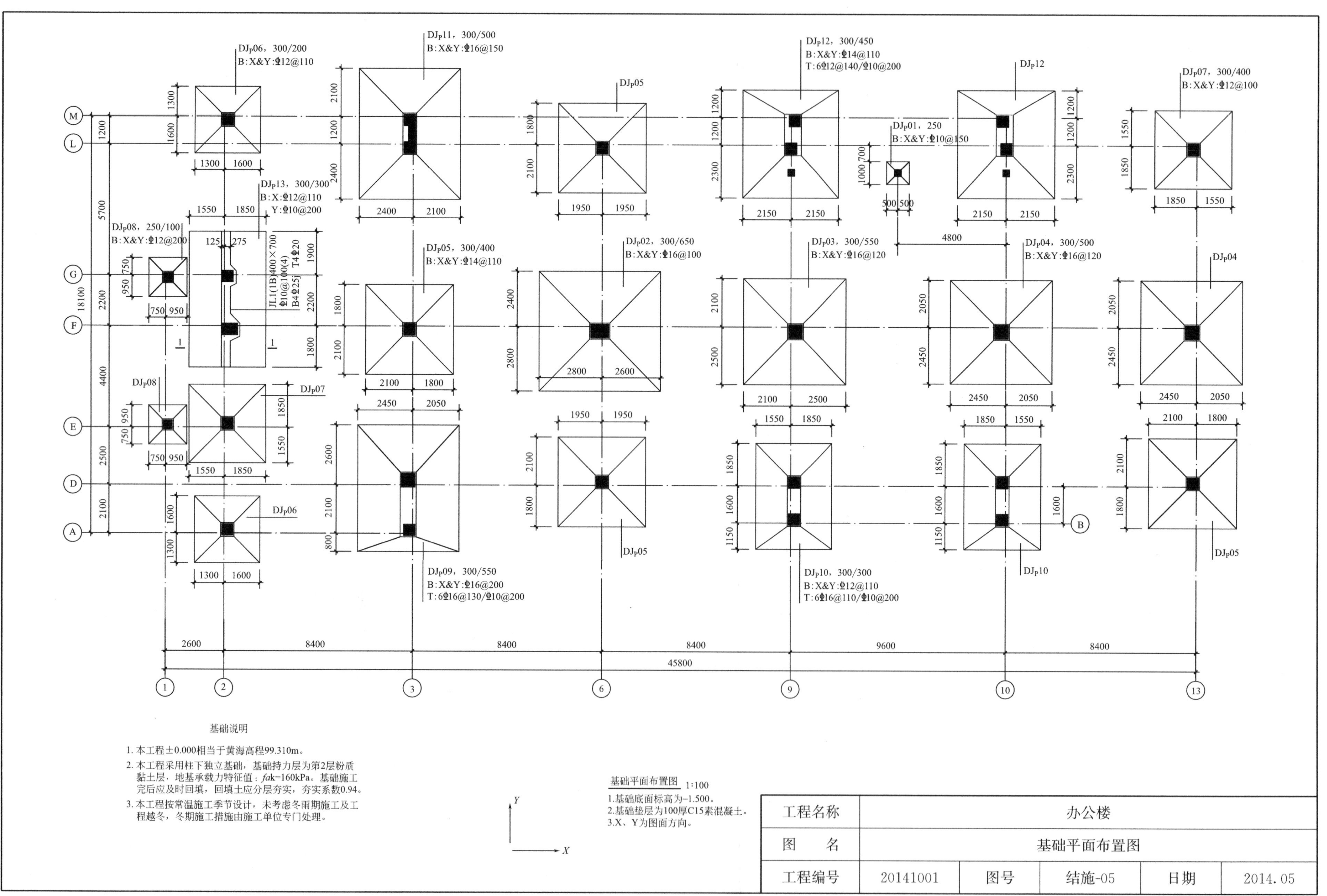
基础说明
1. 本工程±0.000相当于黄海高程99.310m。
2. 本工程采用柱下独立基础，基础持力层为第2层粉质黏土层，地基承载力特征值：fak=160kPa。基础施工完后应及时回填，回填土应分层夯实，夯实系数0.94。
3. 本工程按常温施工季节设计，未考虑冬雨期施工及工程越冬，冬期施工措施由施工单位专门处理。
基础平面布置图 1:100
1.基础底面标高为-1.500。
2.基础垫层为100厚C15素混凝土。
3.X、Y为图面方向。
工程名称
办公楼
图 名
基础平面布置图
工程编号
20141001
图号
结施-05
日期
2014.05

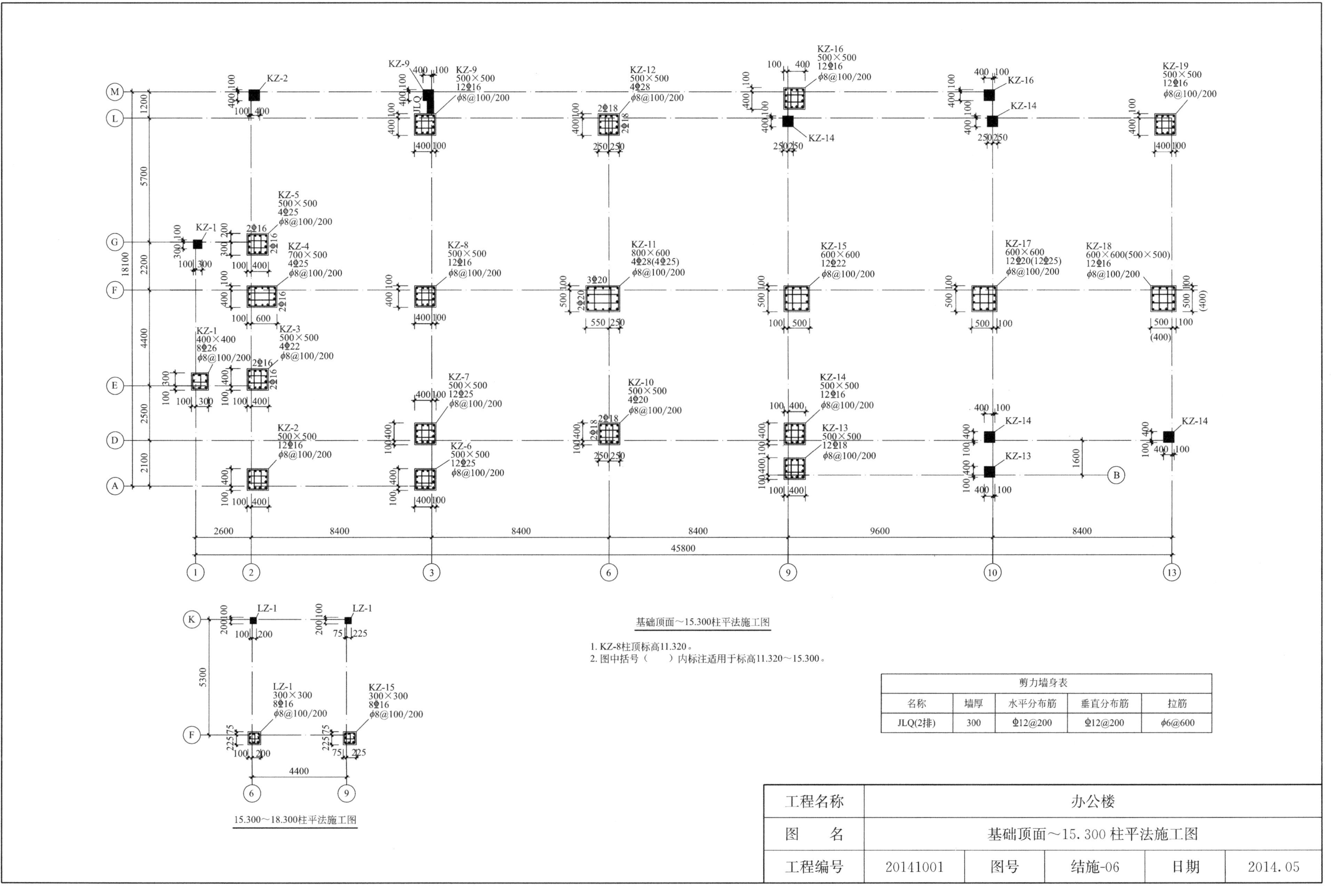

1. KZ-8柱顶标高11.320。
2. 图中括号（　　）内标注适用于标高11.320～15.300。

剪力墙身表

名称	墙厚	水平分布筋	垂直分布筋	拉筋
JLQ(2排)	300	Φ12@200	Φ12@200	ϕ6@600

工程名称	办公楼					
图　　名	基础顶面～15.300柱平法施工图					
工程编号	20141001	图号	结施-06	日期	2014.05	

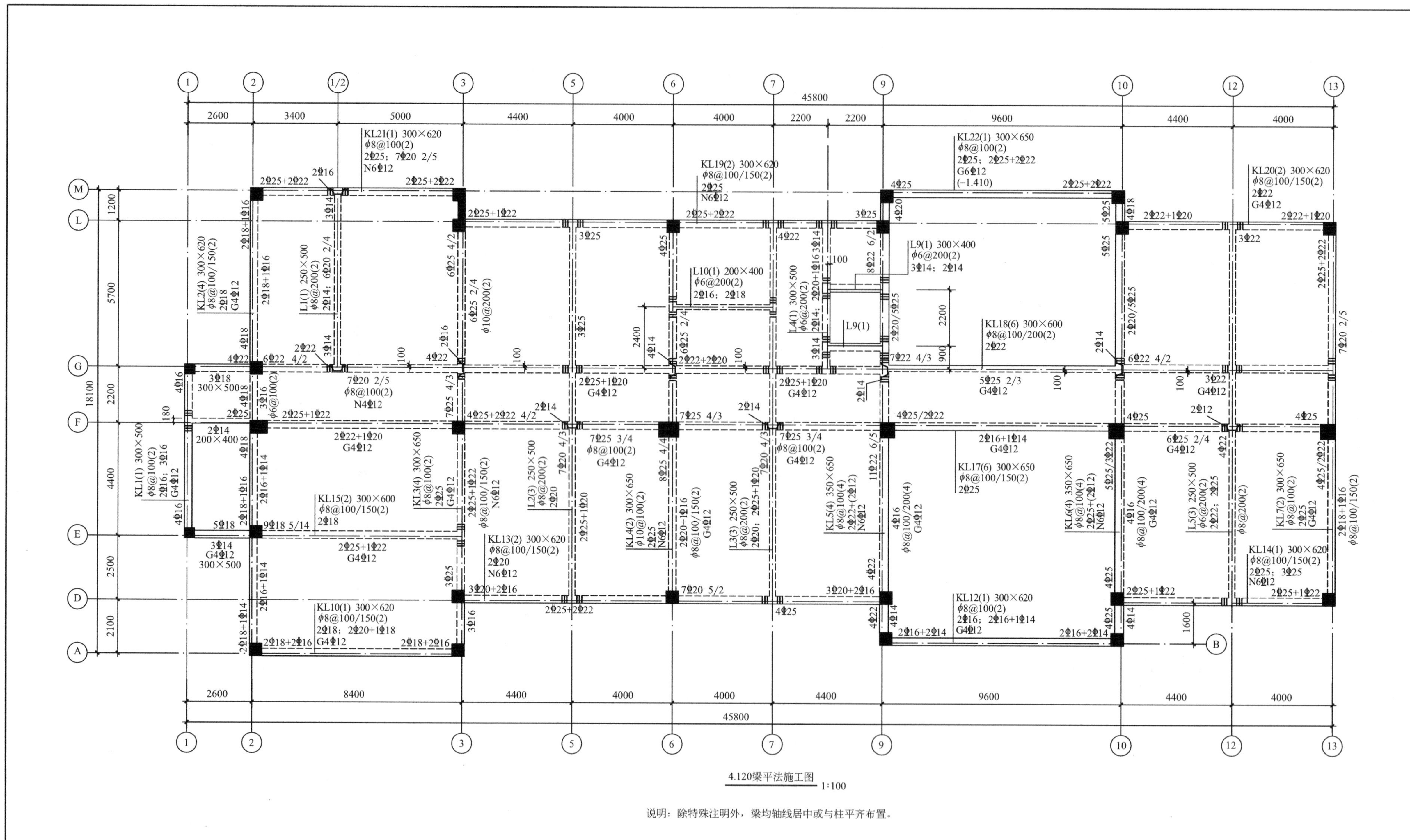

4.120梁平法施工图 1:100

说明：除特殊注明外，梁均轴线居中或与柱平齐布置。

工程名称	办公楼				
图　　名	4.120 梁平法施工图				
工程编号	20141001	图号	结施-07	日期	2014.05

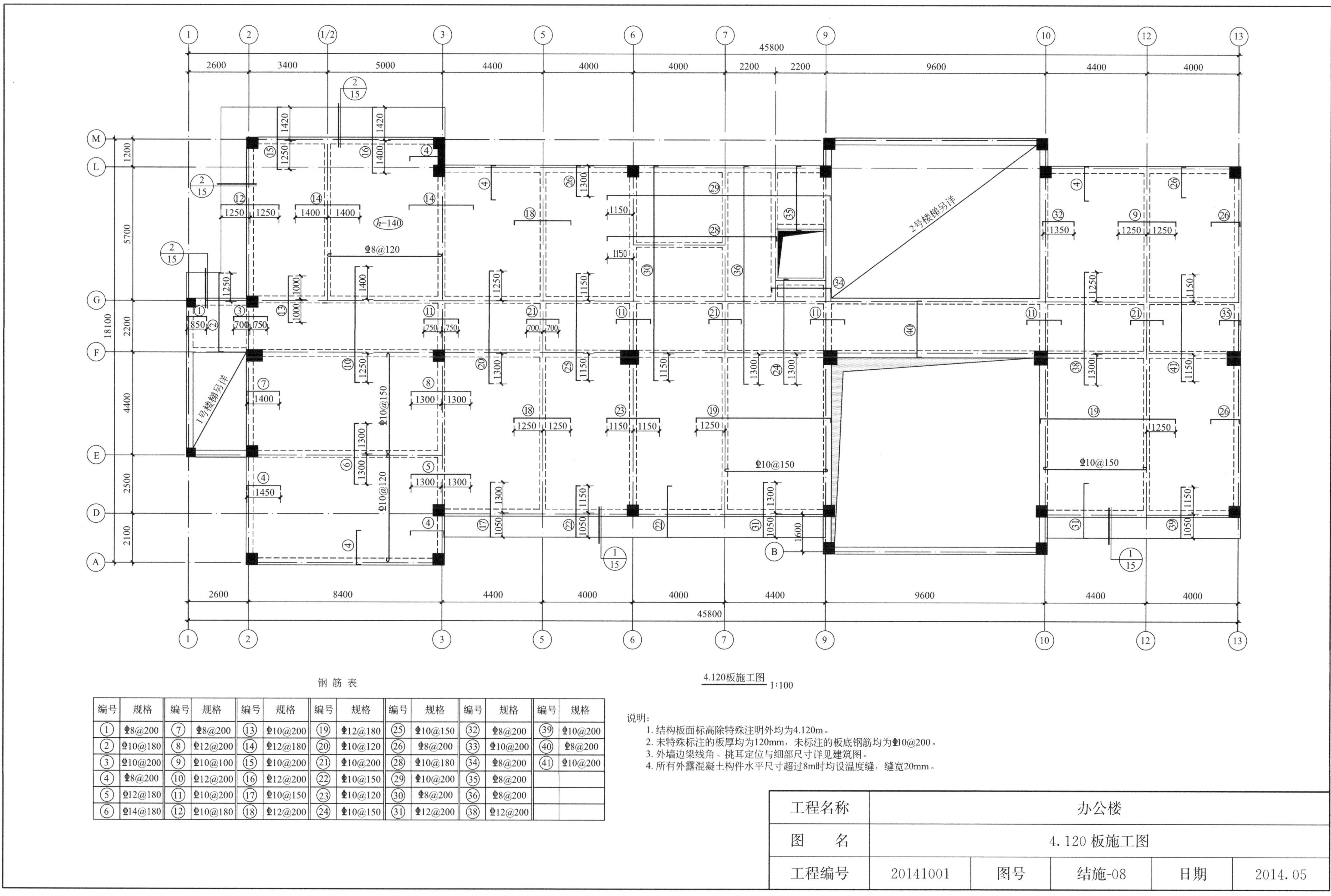

钢筋表

编号	规格	编号	规格	编号	规格	编号	规格	编号	规格	编号	规格	编号	规格
①	⌀8@200	⑦	⌀8@200	⑬	⌀10@200	⑲	⌀12@180	㉕	⌀10@150	㉜	⌀8@200	㊴	⌀10@200
②	⌀10@180	⑧	⌀12@200	⑭	⌀12@180	⑳	⌀10@120	㉖	⌀8@200	㉝	⌀10@200	㊵	⌀8@200
③	⌀10@200	⑨	⌀10@100	⑮	⌀10@200	㉑	⌀10@200	㉘	⌀10@180	㉞	⌀8@200	㊶	⌀10@200
④	⌀8@200	⑩	⌀12@200	⑯	⌀12@200	㉒	⌀10@150	㉙	⌀10@200	㉟	⌀8@200		
⑤	⌀12@180	⑪	⌀10@200	⑰	⌀10@150	㉓	⌀10@120	㉚	⌀8@200	㊱	⌀8@200		
⑥	⌀14@180	⑫	⌀10@180	⑱	⌀12@200	㉔	⌀10@150	㉛	⌀12@200	㊳	⌀12@200		

说明：

1. 结构板面标高除特殊注明外均为4.120m。
2. 未特殊标注的板厚均为120mm，未标注的板底钢筋均为⌀10@200。
3. 外墙边梁线角、挑耳定位与细部尺寸详见建筑图。
4. 所有外露混凝土构件水平尺寸超过8m时均设温度缝，缝宽20mm。

工程名称	办公楼				
图　　名	4.120 板施工图				
工程编号	20141001	图号	结施-08	日期	2014.05

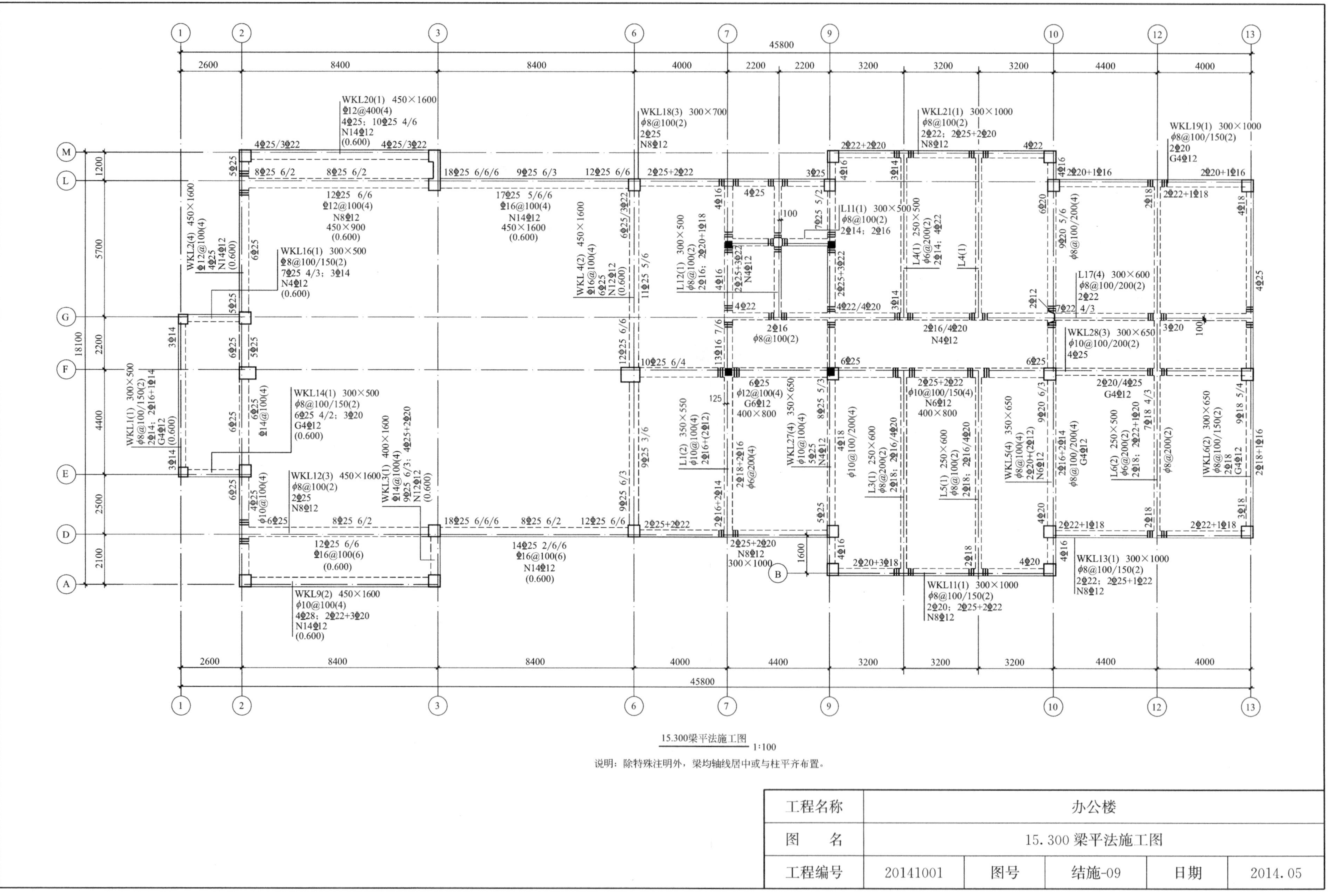
15.300梁平法施工图 1:100
说明：除特殊注明外，梁均轴线居中或与柱平齐布置。
工程名称 办公楼
图 名 15.300梁平法施工图
工程编号 20141001 图号 结施-09 日期 2014.05

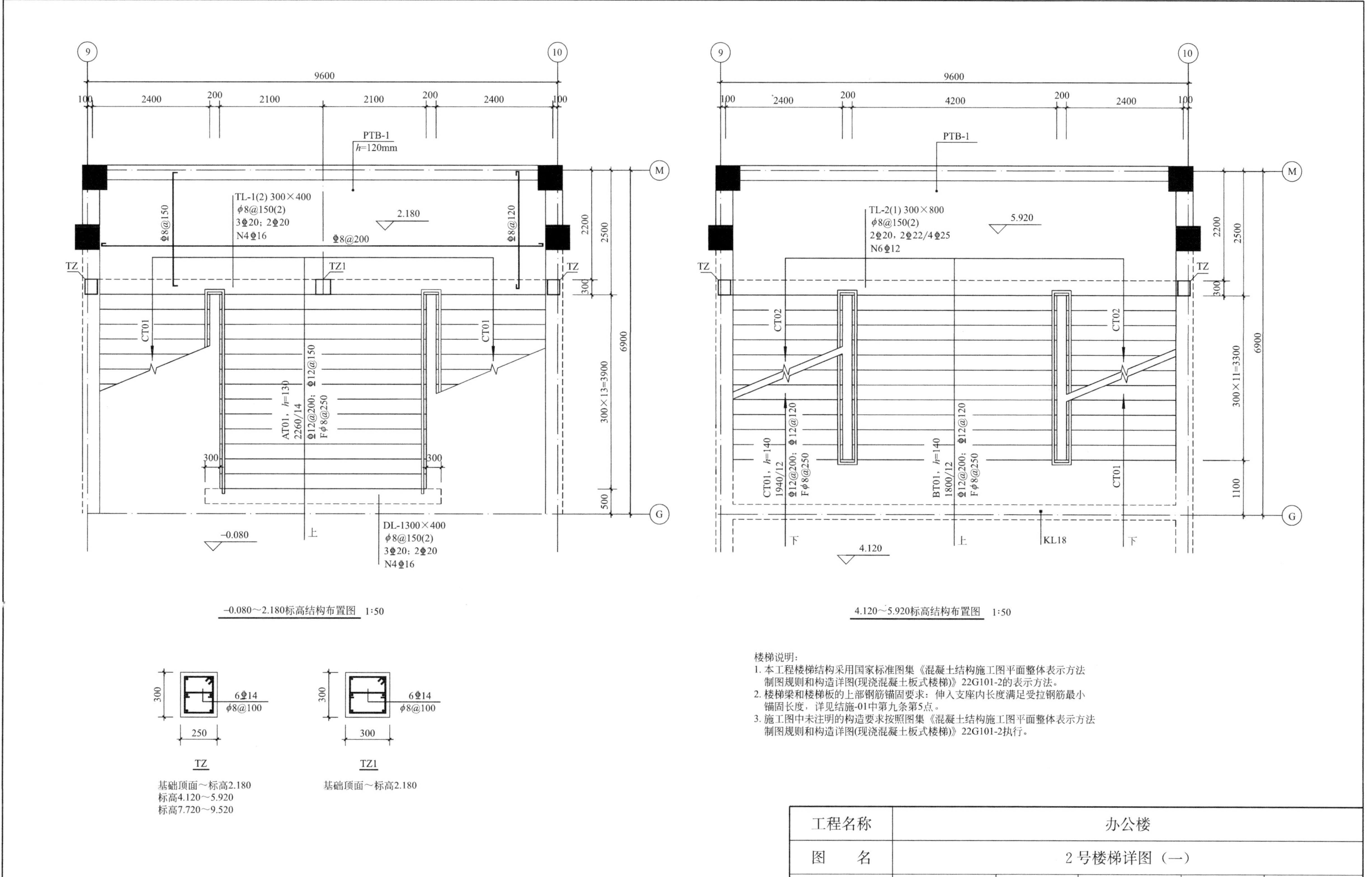

楼梯说明：

1. 本工程楼梯结构采用国家标准图集《混凝土结构施工图平面整体表示方法制图规则和构造详图(现浇混凝土板式楼梯)》22G101-2的表示方法。
2. 楼梯梁和楼梯板的上部钢筋锚固要求：伸入支座内长度满足受拉钢筋最小锚固长度，详见结施-01中第九条第5点。
3. 施工图中未注明的构造要求按照图集《混凝土结构施工图平面整体表示方法制图规则和构造详图(现浇混凝土板式楼梯)》22G101-2执行。

工程名称	办公楼				
图　　名	2 号楼梯详图（一）				
工程编号	20141001	图号	结施-10	日期	2014.05

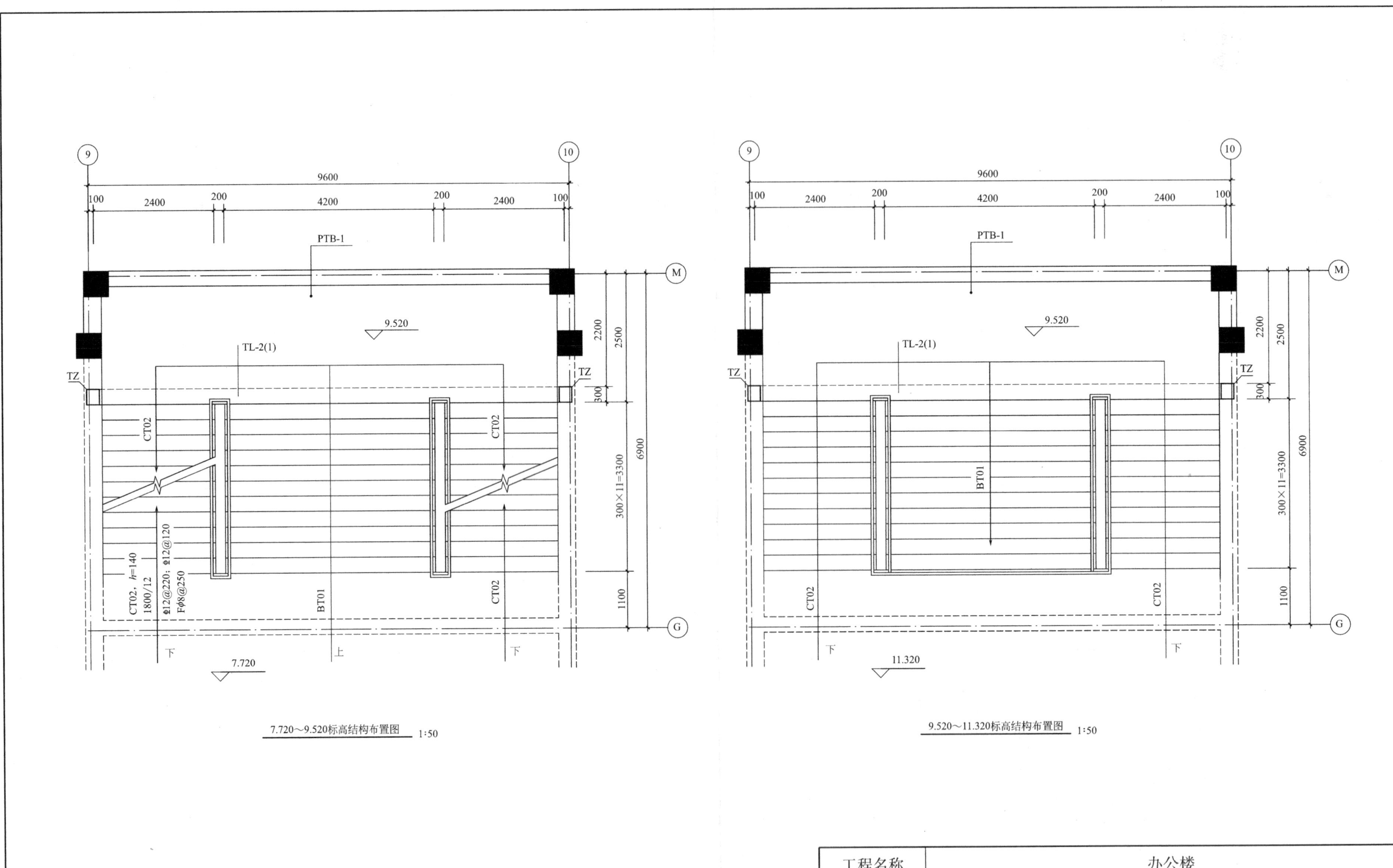

7.720～9.520标高结构布置图 1:50

9.520～11.320标高结构布置图 1:50

工程名称	办公楼				
图　名	2 号楼梯详图（二）				
工程编号	20141001	图号	结施-11	日期	2014.05